普通高等教育新工科机器人工程系列教材

机器人驱动及控制

李怀勇　朱为国　高　荣　杨权权　陈　中　编著

许立忠　主审

机械工业出版社

机器人被誉为"制造业皇冠顶端的明珠",其研发、制造和应用是衡量一个国家科技创新和高端制造业发展水平的重要标志。当前,机器人产业蓬勃发展、产业规模快速增长、技术水平持续提升、重点产业集群优势逐步显现,正极大改变着人类生产和生活方式,为经济社会发展注入强劲动力。

机器人正常动作需要各关节驱动器在控制系统的控制下正确驱动才能得以实现。本书围绕机器人常见驱动模式及控制方法展开介绍,主要讲述机器人电气、液压各驱动器的工作原理、工作特性和系统控制技术。全书共分为7章,分别是:绪论、机器人步进电动机驱动及控制、机器人直流伺服电动机驱动及控制、机器人交流伺服电动机驱动及控制、微型机器人压电电动机驱动及控制、液压控制元件基础、机器人电液伺服驱动及控制。读者通过本书的学习,可熟知和掌握机器人常用的电动机驱动、液压驱动与控制的基础理论、基本知识和基本技能,具备一定分析和解决机器人驱动与控制相关的工程技术问题的能力,了解这些技术的最新发展和应用前沿,为后续内容学习和机器人驱动系统创新设计奠定理论基础。

本书可作为高等院校机器人工程、机电工程类、电气自动化类及其他相关专业高年级本科生及研究生的教材,也可作为从事机器人驱动与控制、电液控制方面工作的工程技术人员的参考书。

图书在版编目(CIP)数据

机器人驱动及控制 / 李怀勇等编著. --北京:机械工业出版社,2024.6. --(普通高等教育新工科机器人工程系列教材). -- ISBN 978-7-111-76164-8

Ⅰ. TP24

中国国家版本馆 CIP 数据核字第 2024EX4823 号

机械工业出版社 (北京市百万庄大街 22 号 邮政编码 100037)
策划编辑:余 皞   责任编辑:余 皞 赵晓峰
责任校对:梁 静 李小宝   封面设计:陈 沛
责任印制:常天培
北京机工印刷厂有限公司印刷
2024 年 9 月第 1 版第 1 次印刷
184mm×260mm·17 印张·417 千字
标准书号:ISBN 978-7-111-76164-8
定价:59.80 元

电话服务   网络服务
客服电话:010-88361066   机 工 官 网:www.cmpbook.com
        010-88379833   机 工 官 博:weibo.com/cmp1952
        010-68326294   金 书 网:www.golden-book.com
封底无防伪标均为盗版   机工教育服务网:www.cmpedu.com

前　　言

当前数字经济发展日新月异，不断催生新产业、新模式和新业态，展现出巨大的发展潜能。机器人作为数字经济时代最具标志性的工具，正在深刻改变着人类的生产和生活方式。机器人在促进科技创新、推动产业升级、保障国家安全和守护人民健康等方面发挥着愈加重要的作用，已成为衡量一个国家创新能力和产业竞争力的重要标志。

机器人是一种能够半自主或全自主工作的智能机器，主要通过编程和自动控制来执行诸如作业或移动等任务。机器人各关节的协调动作需要其驱动器通过控制系统的协同控制进行正确驱动才能得以实现，涉及机械、电子、计算机和人工智能等多种技术实践性学科，是机电一体化领域范畴内的最高成就代表。本书以机器人常见电气、液压驱动模式及控制方法为主线展开介绍，共7章，具体内容如下：

第1章介绍了机器人的起源与发展简史、定义、特点、分类，工业机器人的结构组成、主要技术参数以及机器人的应用领域。

第2章介绍了机器人步进电动机驱动及控制中的驱动源——步进电动机结构、性能要求和混合式步进电动机工作原理；重点阐述了反应式步进电动机工作原理、基本特点、运动特性和驱动控制方法；还介绍了步进电动机在六自由度切削机器人中的应用案例。

第3章介绍了机器人直流伺服电动机驱动及控制中的伺服电动机系统、伺服电动机、直流伺服电动机技术参数和技术要求，常见特种直流伺服电动机的结构和工作特点；重点阐述了直流伺服电动机基本结构、励磁方式、工作原理、控制方式、运行特性和动态特性；还介绍了直流伺服电动机在足球机器人中的应用案例。

第4章介绍了机器人交流伺服电动机驱动及控制中的两相交流感应伺服电动机基本结构、主要技术参数和性能指标，电容伺服电动机的特性；重点阐述了两相交流感应伺服电动机的工作原理、控制方法、静态特性、圆形和椭圆形旋转磁场产生的机理及运行分析，永磁式同步电动机的工作原理，反应式同步电动机工作原理和振荡产生机理，反应式和励磁式电磁减速同步电动机工作原理；还介绍了交流伺服电动机在焊接机器人中的应用案例。

第5章介绍了微型机器人压电电动机驱动及控制中所用压电电动机的发展简史，微型压电电动机的特点及应用，杆式、旋转尺蠖式等新构型压电电动机的工作原理；重点阐述了微型压电电动机的驱动机理、行波型超声波电动机的工作原理和运行特性、行波型超声波电动机的驱动控制方法；还介绍了压电电动机在关节机器人中的应用案例。

第6章介绍了机器人电液伺服驱动及控制所用的液压控制元件——液压控制阀结构、分类、滑阀的输出功率及效率；重点阐述了液压伺服控制系统的工作原理、组成、特点、滑阀静态特性分析方法、零开口和正开口四边滑阀的静态特性、四边阀控液压缸传递函数的建立和动态特性。

第7章介绍了机器人电液伺服驱动及控制所用电液伺服驱动控制系统核心元器件——电液伺服阀的组成、分类、特性、主要性能指标，电液速度和力伺服系统特性分析与系统校正；重点阐述了力反馈两级电液伺服阀工作原理、电液伺服驱动控制系统工作原理、电液位置伺服系统特性分析与系统校正；还介绍了电液驱动在 BigDog 四足仿生机器人中的应用案例。

本书的编写注重理论与实践相结合，取材新颖，面向机器人工程实际应用，力求做到条理分明、概念清晰、深入浅出和好学易懂，突出教材的实用性和先进性。各章前均附有学习目标，章后均附有知识小结和习题，有助于读者对各章节内容侧重点的理解和把握。

本书由淮阴工学院李怀勇高级工程师、朱为国教授、高荣教授、杨权权教授和陈中教授编著。第 1 章由高荣教授、杨权权教授编写，第 2 章由朱为国教授编写，第 3 章由陈中教授编写，第 4~7 章由李怀勇高级工程师编写。全书由李怀勇统稿，本科生钱伟民、研究生张冬亚对本书部分内容的编写给予了帮助。

衷心感谢燕山大学机械工程学院许立忠教授担任本书主审，并对本书的成稿和各章节内容的编排提出了许多宝贵的意见和建议，付出了辛勤的劳动。燕山大学机械工程学院邢继春副教授、江苏科技大学机械工程学院李冲副教授为本书的完成提供了鼎力支持和热心帮助，在此一并致以诚挚的感谢。书中吸收和借鉴了同类教科书和其他参考文献的精华，为此对其作者深表谢意。另外，在本书即将出版之际，编著者也要特别感谢给予我们编著团队大力支持和帮助的淮阴工学院各级领导及同事们。

在编写的过程中，尽管本书的各位编著者倾注了极大的热情与心血，但由于学识和水平所限，书中难免存在纰漏和不妥之处，恳请广大读者批评指正，以便再版时进行修订、补充和完善。不胜感谢！

编著者

目　　录

第1章

绪　论

本章学习目标

◇ 了解机器人的起源与发展简史
◇ 掌握机器人的定义、特点与分类
◇ 了解机器人的发展现状
◇ 掌握工业机器人的结构组成、主要技术参数
◇ 了解工业机器人的应用领域

　　机器人被誉为"制造业皇冠顶端的明珠"，其研发、制造和应用是衡量一个国家科技创新和高端制造业水平的重要标志。近年来，我国机器人产业快速发展，连续多年稳坐世界最大机器人消费国地位。国际机器人联合会预测，"机器人革命"将创造数万亿美元的市场，有望成为"第三次工业革命"的一个切入点和重要增长点，将影响全球制造业格局。

　　机器人是能够自动执行任务的机械装置，它能够取代或协助人类进行某些工作，是人类社会科学技术发展的综合性产物。广义上，一切能够模拟人或者其他生物行为的机械结构均能称为机器人，而不管它是否具有人的形态。机器人涉及机械、自动化、计算机和人工智能等多学科的知识。本章对机器人进行简要介绍，内容包括：机器人的起源与发展简史，机器人的定义、特点与分类，机器人的发展现状，工业机器人的组成与技术参数，工业机器人的应用。

1.1　机器人的起源与发展简史

1.1.1　机器人的起源

　　随着科技不断的发展，机器人作为 20 世纪人类最伟大的发明之一，正在创造新产业新业态，推动社会生产和消费向智能化转变，进而深刻改变人类社会生活、改变世界。

　　"机器人"一词最早出自 1920 年捷克斯洛伐克剧作家 Karel Capek（卡雷尔·凯培克）的科幻剧本《罗萨姆的万能机器人》，讲述一个名为 Robot 的机器人能够不吃饭、不知疲倦地工作。随后"机器人"一词开始在世界范围内流行起来。当时，机器人仅存在于科幻小说中，而并未与人们的工作和日常生活相结合，但体现了人们的一种愿望，希望能够创造出一种机器来代替人们工作，尤其是那些重复枯燥的工作。

1.1.2 机器人的发展简史

从广义的机械结构概念来讲，机器人的起源最早可追溯到 3000 多年前。早在我国西周时期就流传着艺伎（歌舞机器人）的故事。此外，春秋时期的木鸟、东汉时期的记里鼓车和三国时期的木牛流马等广为人知的机械产品，也可以归类到早期机器人的范畴。图 1-1 为早期的机器人雏形。

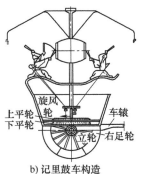

a) 春秋时期的木鸟　　　　　　b) 记里鼓车构造　　　　　c) 根据史书记载复原的三国木牛图

图 1-1　早期的机器人雏形

同时，国外也有一些国家早早开始了此类机器人的研究，早年的古希腊、后来的日本、法国和瑞士等国家均有丰富的相关成果。

在日本的江户时代，出现了各式各样的人偶娃娃，如图 1-2 所示。这些人偶都有复杂的机械传动装置，用绳子，发条，木质的齿轮、凸轮转轴等驱动它们做出端茶送水、拉弓射箭、扇扇子和转雨伞等动作，多用于娱乐。

a) 端茶送水　　　b) 端茶送水人偶内部结构　　　　　　c) 拉弓射箭

图 1-2　日本江户时代的人偶娃娃

第二次世界大战以后，各国工业进入快速发展期，随之而来的是繁重的体力劳动和危险度极高甚至对人体有害的工作，创造出一种机器代替人进行这种工作的需求变得更为强烈。在这样的背景下，1947 年，美国研发出第一台遥控机械手，能够代替工人完成核燃料的搬运和处理工作。

其后，随着电子技术的出现与发展，机器人技术逐渐受到重视。1958 年，美国约瑟夫·恩格尔伯格和乔治·德沃尔创造了世界上第一台工业机器人"Unimate"。1961 年，

Unimate 正式在通用公司完成安装，辅助汽车生产。看似笨重的矩形机身，巨大的底座上连接着一根机械臂，Unimate 的外观与人们想象中的"机器人"实在相去甚远。这台工业机器人的诞生似乎在告诉公众机器人并不一定要长得像人。由于恩格尔伯格对机器人领域的巨大贡献，因此他被后人称为"机器人之父"。Unimate 机器人如图 1-3 所示。

从第一台工业机器人诞生到现在，机器人的发展过程可分为三个阶段。第一阶段为示教再现机器人。它是一个由计算机控制的多自由度机器人，主要运用机器人的示教再现功能，先由用户操作机器人完成操作任务（在这个过程中，机器人存储每个动作的位姿、运动等参数，并自动生成完成此任务的程序），然后只需发送一个起动命令，机器人就可以精确地重复示教动作，完成全部操作步骤。Unimate 就是示教再现机器人。

我国在 1977 年研制的第一台通用型工业机器人 JSS35 也是示教再现机器人。其结构与Unimate 机器人相似，可用于工件上下料和搬运，装上不同的专用工具还可用于焊接、喷漆及打磨毛刺等。该机器人曾用于东风汽车公司的点焊作业。图 1-4 为 JSS35 机器人进行汽车驾驶室点焊工艺试验。

图 1-3　世界上第一台工业机器人 Unimate

图 1-4　JSS35 机器人进行汽车驾驶室点焊工艺试验

示教再现机器人的最大缺点是只能重复单一动作，无法感知外界环境，不能向控制系统产生反馈信号。

1973 年 ASEA 公司（机器人四大家族之一，ABB 公司的前身）推出了 IRB6 机器人，它是世界上第一台全电动微型处理器控制的机器人。IRB6 的 S1 控制器使用了英特尔 8 位微处理器，内存容量为 16KB。控制器有 16 个数字 I/O 接口，通过 16 个按键编程，并具有 4 位数的 LED（发光二极管）显示屏。此后，随着微电子技术及微型计算机（单片机）技术的发展，机器人逐渐向多传感器智能控制方向进化，其结构、控制系统及应用场景更加广泛。这也是机器人发展的第二个阶段——感知机器人。目前，大多数机器人还处于第二阶段。

第二代感知机器人对外界环境有一定的感知能力，具有听觉、视觉和触觉等感知功能。此类机器人在工作时，可以通过传感器感知外界环境，进而灵活调整自己的工作状态，以保证在适应环境的情况下完成相应工作。比如具有视觉系统的机器人可以执行分拣任务，具有避障系统的机器人能够自动改变行进路径等。

近年来，随着计算机技术和人工智能的发展，智能化成为机器人新的发展方向。因此，在感知机器人的基础上诞生了第三代机器人——智能机器人。它能够依靠人工智能的深度学习、自然语言处理等技术对所获取的外界信息进行独立的识别、推理和决策，在不需要人为干预的情况下完成一些复杂的工作。这也是机器人发展的第三个阶段。

目前，人们常见的智能机器人通常用于家庭陪护、辅助教学以及餐饮服务等，它们一般具备人类的外形。但事实上，只要有一个高度发达的"大脑"，都可以称为智能机器人，而不必拘泥于具体的形态。图 1-5 为智能机器人的不同应用场景。

a) 家庭陪护机器人

b) 辅助教学机器人

c) 餐饮服务机器人

d) 商城服务机器人

e) 安防巡检机器人

f) 消毒清洁机器人

图 1-5　智能机器人的不同应用场景

综上所述，机器人的三个发展阶段及其特点见表 1-1。

表 1-1　机器人的三个发展阶段及其特点

发展阶段	特　　点
第一阶段： 示教再现机器人	1. 可精确地重复示教动作 2. 无法感知环境 3. 无法向控制系统反馈信号
第二阶段： 感知机器人	1. 可通过传感器感知外界环境 2. 可向控制系统反馈数据 3. 可根据编程逻辑进行有限的互动
第三阶段： 智能机器人	1. 有自主学习的能力 2. 能够自主决策,完成复杂任务

1.2　机器人的定义、特点与分类

1.2.1　机器人的定义和特点

到目前为止，机器人虽然尚未形成统一的定义，但国际上对于机器人的概念已逐渐趋于一致。总的来说，机器人被认定为靠自身动力和控制能力来实现各种功能的一种机器，它接受人类指挥，可以运行预先设定的程序，也可以根据人工智能技术制定的原则行动，进而协助或者取代人类工作。

国际标准化组织（ISO）对机器人的定义包括：

1）机器人的动作机构具有类似于人或其他生物体的某些器官的功能（肢体的感受等）。

2）机器人具有通用性，工作种类多样，动作程序灵活易变。

3）机器人具有不同程度的智能性，如记忆、感知、推理、决策和学习等。

4）机器人具有独立性，完整的机器人系统在工作时可以不依赖于人的干预。

我国科学家对机器人的定义是：机器人是一种自动化的机器，所不同的是这种机器具备一些与人或生物相似的智能能力，如感知能力、规划能力、动作能力和协同能力，是一种具有高度灵活性的自动化机器。

从上述机器人的定义可以看出，机器人主要是指具备传感器、智能控制系统和驱动系统这三个要素的机械结构，具有以下特点：

1. 通用性

机器人在执行不同任务时，不需要修改其电气、机械特性。针对不同的作业任务可通过更换机器人的末端执行器（如取料手、专用操作器和转换器等）即可，而不需要更换机器人本体。

2. 适应性

机器人可通过传感器感知外界环境确定自身位置，能够适应不同的外界环境。

3. 可编程

机器人系统是柔性系统，即它允许根据不同环境条件进行再编程，特别适合于柔性制造系统。

4. 拟人化

机器人产生的最初目的是替代人类完成一些重复而枯燥、危险性较高的工作，因此在结构上会包含类似人类行走、动作等功能部分，而且通过控制器、传感器等来模拟人类的大脑和感官，有极强的环境适应能力。

可见，机器人涉及机械、控制、传感器和通信等技术领域。机器人的发展必须依靠这些技术的发展，同时也会促进相关技术领域的发展。

未来，随着互联网技术和人工智能技术的发展，机器人仅通过智能控制系统便能够应用于社会的各个场景之中，比如康复机器人、药品配送机器人、消毒机器人和导诊机器人……随着智慧医疗不断发展，医疗领域机器人的应用场景愈加丰富。因此，机器人的定义和特点也还在发展中，未来充满无限的想象和可能。

1.2.2　机器人分类

机器人是20世纪人类最伟大的发明之一，在经历几十年的发展后，已取得了巨大的成就。目前，机器人的应用已不再局限于工业场景，而是涵盖了越来越多的技术领域。根据不同的应用场景，机器人可分为工业机器人、服务机器人和特种机器人三大类，机器人的分类见表1-2。

表 1-2 机器人的分类

分类	说明	示例
工业机器人	特指用于工业领域的机器人,多数工业机器人的结构是仿照手臂、有不同关节数的机械手	
服务机器人	特指为人提供服务的机器人,比如扫地机器人、餐厅服务机器人以及医疗机器人等	
特种机器人	用于非制造业并服务于人类的有特殊用途的机器人,比如军事机器人、探险机器人和水下机器人等	

1. 工业机器人

工业机器人是用于工业领域的多关节机械手或多自由度的机器装置。它可以接受操作者的指挥,也可以按照预先编写好的程序运行。自从第一台工业机器人问世以来,工业机器人技术及产品发展迅速,已逐渐成为柔性制造系统、智能工厂和计算机集成制造系统中不可或缺的高端智能装备。常见的工业机器人如图 1-6 所示。

a) 搬运机器人

b) 装配机器人

c) 处理机器人

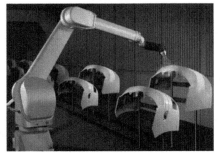

d) 喷漆机器人

图 1-6 常见的工业机器人

工业机器人种类繁多，分类方式也多种多样，比较常见的有按作业用途、手臂运动形式、关节结构类型以及控制方式来分类等。按照作业用途，常见的工业机器人分类形式见表1-3。

表 1-3 常见的工业机器人分类形式

分类	示例
焊接机器人	电焊机器人、弧焊机器人
搬运机器人	移动小车,码垛机器人,分拣机器人,冲压、锻造机器人
装配机器人	包装机器人、拆卸机器人
处理机器人	切割机器人,研磨、抛光机器人
喷漆机器人	有气喷涂机器人、无气喷涂机器人

按手臂的运动形式，工业机器人可分为：

1）直角坐标型：手臂沿三个直角坐标系移动。

2）圆柱坐标型：手臂可做升降、回转和伸缩动作。

3）球坐标型：手臂可做回转、俯仰和伸缩动作。

4）多关节型：手臂具有多个转动关节。

这四种类型工业机器人的结构型式如图1-7所示。

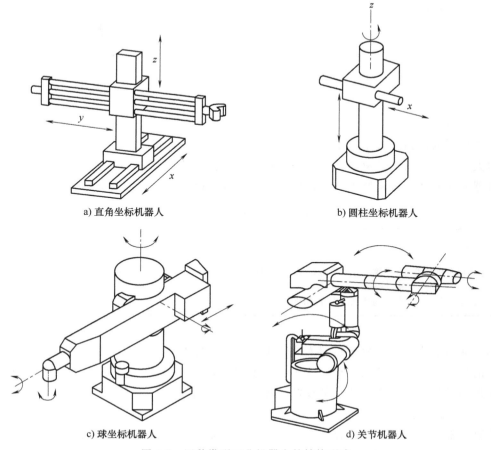

a) 直角坐标机器人　　　　　　　　b) 圆柱坐标机器人

c) 球坐标机器人　　　　　　　　d) 关节机器人

图 1-7 四种类型工业机器人的结构型式

按照关节结构类型的不同，工业机器人也可以分为串联机器人和并联机器人。简单来说，串联机器人的关节轴之间会相互影响，其中一个轴的运动会改变其他关节轴的坐标原点。目前应用的大多数工业机器人均为串联机器人。串联机器人技术较为成熟，具有结构简单、易控制、成本低和运动空间较大等优点。图 1-6～图 1-8 所示皆为串联机器人，串联机器人也是最为常见的工业机器人。

并联机器人如图 1-9 所示，包括动平台和定平台两部分，它们之间至少使用两个独立的运动链连接，以并联的方式驱动，具有两个或两个以上自由度。相对于串联机器人来说，并联机器人技术发展较晚，但是具有精度高、速度快、承载能力强和工作空间小等优点，因此越来越多地被用于医疗、食品等生产流水线，并且特别适用于装箱整理环节。

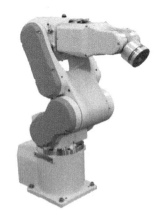

图 1-8　串联机器人

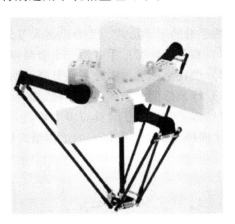

图 1-9　并联机器人

2. 服务机器人

服务机器人是指通过半自主或完全自主运作，为人类提供帮助（但不包含工业性操作）的机器人。服务机器人是机器人家族中的新成员，按工作领域不同可进一步分为个人/家用服务机器人和专业服务机器人。根据应用场景，服务机器人的详细分类见表 1-4。

表 1-4　服务机器人的详细分类

分类	示例
个人/家用服务机器人	家庭作业机器人、娱乐休闲机器人、残障辅助机器人和住宅安全监视机器人
专业服务机器人	场地机器人、医用机器人、物流机器人、建筑机器人、清洁机器人和检查维护保养机器人

和工业机器人不同，服务机器人往往不需要一套标准化的工作流程，而是需要和人或者更复杂的环境互动，因此需要比工业机器人更加"智能"，具备一定的自主反应能力，能够根据获取到的指令信息做出相应的反馈，如图 1-10 所示。

3. 特种机器人

特种机器人是指除工业机器人之外的、用于非制造业并服务于人类的有特殊用途的机器人，如水下机器人、军用机器人和农业机器人等，其分类见表 1-5。

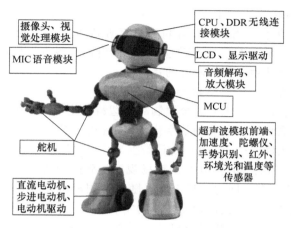

图 1-10　服务机器人

MIC—传声器　CPU—中央处理器　DDR—双倍速率同步动态随机存储器　LCD—液晶显示

MCU—Micro Controller Unit，微控制器，俗称单片机

表 1-5　特种机器人的分类

分类	示例
军/警用机器人	侦察机器人、排爆机器人、反恐作战机器人、伴随保障机器人、消防机器人
特殊环境机器人	水下机器人、电力机器人、救援机器人、极地机器人、空间机器人
其他	农业机器人、安防机器人

　　特种机器人在应对地震、洪涝和极端天气等自然灾害，以及矿难、火灾和安防等公共安全事件中，有极其重要的作用。在一些高危场所和特殊环境中，用特种机器人替代人可以减少很多不必要的伤亡。因此，近年来，军事应用机器人、极限作业机器人和应急救援机器人等特种机器人受到越来越多的关注，特种机器人逐渐成为各国重点加大投入的研发领域。

　　随着人工智能技术迎来第三次崛起，作为智能机器人核心要素之一的语音识别、面部识别也开始进入发展新阶段，使得服务型机器人的仿真度（动作、语言和识别）得以大幅提升，已从以往的僵化动作进入更"人性化"的新阶段。

1.3　机器人的发展现状

1.3.1　产品发展现状

　　如今，数字经济发展速度之快、辐射范围之广和影响程度之深前所未有，为世界经济发展增添新动能、注入新活力。发展数字经济是把握新一轮科技革命和产业变革新机遇的战略选择。机器人作为数字经济时代最具标志性的工具，从浩瀚太空到万米深海，从工厂车间到田间地头，从国之重器到百姓生活，正以燎原之势飞速发展，逐渐成为衡量一个国家创新能力和产业竞争力的重要标志。

　　在千行百业数字化转型的巨大需求牵引下，全球机器人领域相关创新机构与科技企业围绕人工智能、人机协作和多技术融合等领域不断探索，在仓储运输、智能工厂、医疗康复和应急救援等领域的应用不断深入，推动机器人成为构建当今时代生产力的核心力量。从2023年世界机器人大会上获悉，当前，全球机器人产业进入新一轮变革机遇期，正驱动人类社会加速进入智能时代。机器人产业逐渐逼近变革跃升的临界点，呈现出智能变革更加迅猛、行业应用更加多样和产业生态更加融合的特征。

1. 工业机器人：销量稳步增长，亚洲市场最具潜力

近年来，工业机器人在汽车、电子、金属制品、塑料及化工产品等行业已经得到了广泛的应用。数字化技术的发展促进各行业的数字化转型进程加快，机器人成为企业实现快速生产的重要工具。国际机器人联合会（IFR）统计数据显示，2021年全球工业机器人市场强劲反弹，市场规模为175亿美元，超过2018年市场规模达到的历史极值165亿美元，装机量再创历史新高，达到48.7万套，同比增长27%。随着各国经济复苏步伐加快，更多人机协同的需求场景被发现、激活，机器人产业迎来新的发展机遇。2023年9月26日IFR发布的《世界机器人报告》显示2022年全球工业机器人装机量为55.3万套，同比增长率为5%，2017—2022年年均复合增长率为7%。2017—2022年各大洲装机量相比，亚洲均最高，其中2022年亚洲装机量占比为73%，欧洲占比为15%，美洲占比为10%，亚洲市场最具潜力。图1-11为2012—2022年全球工业机器人年装机量，图1-12为2018—2022年全球不同区域工业机器人年均装机增长量。

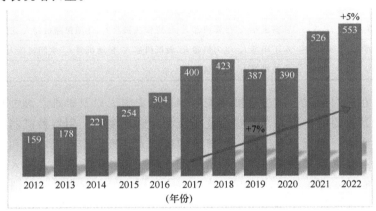

图 1-11　2012—2022 年全球工业机器人年装机量［单位：千台（套）］

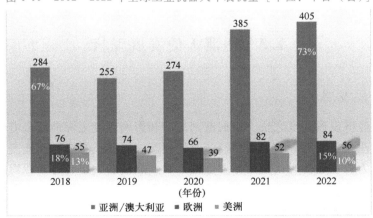

图 1-12　2018—2022 年全球不同区域工业机器人年均装机增长量［单位：千台（套）］

我国高度重视机器人科技和产业的发展，机器人市场规模持续快速增长，机器人企业逐步发展壮大，已经初步形成完整的产业链，同时"机器人+"应用不断拓展深入，产业整体呈现欣欣向荣的良好发展态势。我国机器人市场持续蓬勃发展，成为当今时代机器人产业发展的重要推动力。2012年我国工业机器人装机量近2.3万套，与其他国家相比占比为14%，而十年后的2022年我国机器人全行业营业收入超过1700亿元，继续保持两位数增长，其中工业机器人装机量超过29万套，装机量占全球比重超过50%，稳居全球第一大市场，十年内工业机器人装机量增长了11.6倍，与其他国家相比占比增加了38个百分点，我国已成为全球机器人产业发展的中坚力量。图1-13为2012年、2022年我国与其他国家工业机器人装机量对比。

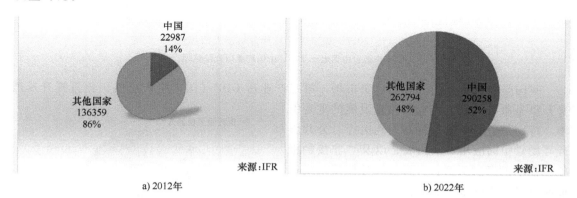

图1-13　2012年、2022年我国与其他国家工业机器人装机量对比

2021年底工业和信息化部、国家发展改革委等15个部门发布的《"十四五"机器人产业发展规划》提出的发展目标为：到2025年，我国成为全球机器人技术创新策源地、高端制造集聚地和集成应用新高地；一批机器人核心技术和高端产品取得突破，整机综合指标达到国际先进水平，关键零部件性能和可靠性达到国际同类产品水平；机器人产业营业收入年均增速超过20%；形成一批具有国际竞争力的领军企业及一大批创新能力强、成长性好的专精特新"小巨人"企业，建成3~5个有国际影响力的产业集群；制造业机器人密度实现翻番。

2023年初，为落实《"十四五"机器人产业发展规划》重点任务，加快推进机器人应用拓展，工业和信息化部等17个部门联合印发的《"机器人+"应用行动实施方案》提出，到2025年，制造业机器人密度较2020年实现翻番，服务机器人、特种机器人行业应用深度和广度显著提升，再次为中国机器人产业发展按下"加速键"；在新能源汽车、医疗手术、电力巡检和光伏等领域不断走深向实，有力支撑行业数字化转型、智能化升级。

2. 服务机器人：新一代人工智能兴起，行业迎来快速发展新机遇

随着信息技术快速发展和互联网快速普及，以2006年深度学习模型的提出为标志，人工智能迎来第三次高速发展。与此同时，依托人工智能技术，智能公共服务机器人应用场景和服务模式正不断拓展，带动服务机器人市场规模高速增长。2016年以来全球服务机器人市场规模年均增速达23.8%，尤其是对专业服务应用的新需求，形成了行业新兴增长点，推动市场规模快速增长。根据中国电子学会数据：2021年全球服务机器人市场规模达到172亿美元，2017—2021年年均复合增长率达27%；预计2022年全球服务机器人市场规模将达到 217 亿美元，市场规模将首次超过工业机器人，约占机器人市场规模的 42%，2024 年市场规模将有望增长至 290 亿美元。图 1-14 为 2017—2023 年全球服务机器人市场规模。

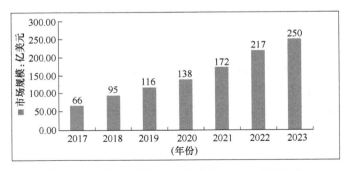

图 1-14　2017—2023 年全球服务机器人市场规模

数据来源：中国电子学会、中国产业研究院整理。

　　我国是全球最大的机器人消费市场，第三产业占 GDP（国内生产总值）比重提升及消费升级是服务机器人产业高质量发展的重要引擎。特别是近些年服务机器人在医疗、公共服务等场景中的应用不断拓展，以及"非接触服务"需求的爆发式增长，推动服务机器人产业形成更多真实的市场需求。

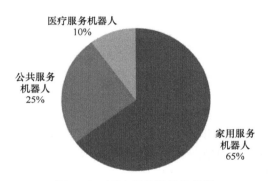

图 1-15　2021 年我国服务机器人细分市场规模占比

　　根据中国电子学会分类，服务机器人主要包括家用服务机器人、公共服务机器人和医疗服务机器人。图 1-15 为 2021 年我国服务机器人细分市场规模占比，2021 年，家用服务机器人占比最高，达到 65%；公共服务机器人占比次之，为 25%；医疗服务机器人占比最低，为 10%。根据中国电子学会数据，2022 年，中国服务机器人产量达到 645.8 万套，市场规模约为 447.76 亿元。采摘、巡检、物流、养老……服务机器人正加速与生产生活融合。2023 年上半年，服务机器人产量达到了 353 万套，同比增长 9.6%。随着新兴场景的进一步拓展，预计 2023 年市场规模将有望突破 500 亿元。图 1-16 为 2017—2023 年我国服务机器人市场规模。

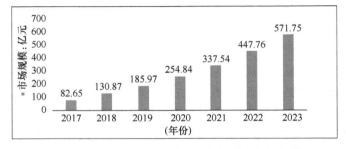

图 1-16　2017—2023 年我国服务机器人市场规模

数据来源：中国电子学会、中商产业研究院整理。

3. 特种机器人：新兴应用持续涌现，各国相继展开战略布局

随着全球地区局势复杂、极端天气频发等问题日益凸显，在军事应用、治安维护、抢险救灾、水下勘探和高空作业等高危场景中，特种机器人可以部分甚至全部替代人工作业，在安全性、时效性和保质性等方面有效满足需求。此外，激光传感器、低速无人驾驶、卫星遥感和5G等技术的应用显著提升特种机器人性能，使之充分具备高鲁棒性、灵活性和多操作性等功能特征，使全球特种机器人市场高速发展。2017年以来，全球特种机器人产业规模年均增长率达到21.7%，2022年全球特种机器人市场规模超过100亿美元，2024年全球特种机器人市场规模将有望达到140亿美元。图1-17为2017—2024年全球特种机器人销售额及增长率。

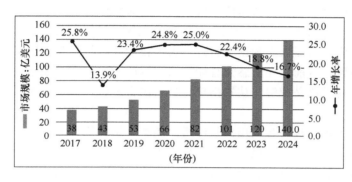

图1-17　2017—2024年全球特种机器人销售额及增长率
数据来源：IFR数据，中国电子学会整理。

我国地域广阔、气候多变、地质情况复杂，社会发展多元化特征明显，在应对地震、洪涝灾害和极端天气等自然危害以及矿难、火灾和安防等人为灾害等公共安全事件中，特种机器人可以代替人进行救援，可有效减少人员伤亡，对特种机器人有着突出的需求。在此背景下，我国特种机器人正迎来新需求爆发的机遇期。2017年以来，我国特种机器人市场年均复合增长率达到30.7%，2022年我国特种机器人市场规模达到约153亿元，2023年市场规模将有望达到195亿元。预计到2024年，我国特种机器人市场规模有望达到34亿美元（约合人民币247.6亿元）。图1-18为2017—2023年我国特种机器人市场规模。

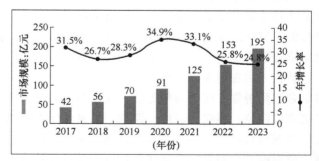

图1-18　2017—2023年我国特种机器人市场规模
数据来源：中国电子学会数据，中商产业研究院整理。

1.3.2　技术发展

全球机器人基础与前沿技术正在迅猛发展，涉及工程材料、机械控制、传感器、自动化、计算机和生命科学等各个方面，大量学科在相互交融促进中快速发展，技术创新趋势主要围绕人机协作、人工智能和仿生结构三个重点展开。

1. 工业机器人：轻型化、柔性化发展提速，人机协作不断走向深入

工业机器人更小、更轻、更灵活。当前，工业机器人的应用场景愈加广泛，苛刻的生产环境对机器人的体积、重量和灵活度等提出了更高的要求。与此同时，随着研发水平不断提升、工艺设计不断创新以及新材料相继投入使用，工业机器人正向着小型化、轻型化和柔性化的方向发展，类人精细化操作能力不断增强。

人机协作成为重要发展方向。随着机器人易用性、稳定性以及智能水平的不断提升，机器人应用领域逐渐由搬运、焊接和装配等操作型任务向加工型任务拓展，人机协作正在成为工业机器人研发的重要方向。传统工业机器人必须远离人类，在保护围栏或者其他屏障之后，以避免人类受到伤害，这极大地限制了工业机器人的应用效果。人机协作将人的认知能力与机器人的效率结合在一起，从而使人可以安全、简便地进行使用。

2. 服务机器人：认知智能取得一定进展，产业化进程持续加速

认知智能支撑服务机器人实现创新突破。人工智能技术是服务机器人在下一阶段获得实质性发展的重要引擎，目前正在从感知智能向认知智能加速迈进，并已经在深度学习、抗干扰感知识别、听觉视觉语义理解与认知推理、自然语言理解、情感识别与聊天等方面取得了明显的进步。

智能服务机器人进一步向各应用场景渗透。随着人工智能技术的进步，智能服务机器人产品类型愈加丰富，自主性不断提升，由市场率先落地的扫地机器人、送餐机器人向情感机器人、陪护机器人、教育机器人、康复机器人和超市机器人等方向延伸，服务领域和服务对象不断拓展。特别是在医疗服务机器人领域，临床应用日益活跃，产品体系逐渐丰富。

3. 特种机器人：结合感知技术与仿生等新型材料，智能性和适应性不断增强

技术进步促进智能水平大幅提升。当前特种机器人应用领域不断拓展，所处的环境变得更为复杂与极端，传统的编程式、遥控式机器人由于程序固定、响应时间长等问题，难以在环境快速改变时做出有效的应对。随着传感技术、仿生与生物模型技术、生机电信息处理与识别技术不断进步，特种机器人已逐步实现"感知—决策—行为—反馈"的闭环工作流程，在某些特定场景下，具备了初步的自主能力。与此同时，包括液态金属控制技术和基于肌电信号的控制技术在内的前沿科技将推动新型材料在机器人领域的使用和普及，仿生新材料与刚柔耦合结构也进一步打破了传统的机械模式，提升了特种机器人的环境适应性。

替代人类在更多复杂环境中从事作业，当前特种机器人已具备一定水平的自主智能，通过综合运用视觉、压力等传感器，深度融合软硬系统，以及不断优化控制算法，特种机器人已能完成定位、导航、避障、跟踪、场景感知识别和行为预测等任务。随着特种机器人的智能性和对环境的适应性不断增强，其在军事、防暴、消防、采掘、建筑、交通运输、安防监测、空间探索、防爆和管道建设等众多领域都具有十分广阔的应用前景。

1.4 工业机器人的组成与技术参数

工业机器人是工业领域中机器人的统称，是机器人产业的一个重要分支。世界上诞生的第一台机器人即为工业机器人。此后，机器人一度成为工业机器人的代名词，一提到机器人，人们首先想到的就是工业机器人。近年来，服务机器人和特种机器人市场发展势头良好，但仍然处于起步阶段，其市场份额、应用的广泛度仍然无法与发展成熟的工业机器人相比。

从《2022 年中国工业机器人市场白皮书》统计数据获知，2021 年我国工业机器人市场的总出货量为 23.6 万台。作为工业隐形助推器，工业机器人是机器换人、制造业产业升级的核心环节。这也意味着，作为生产方式变革的要义之一，环境压力越大、竞争越激烈，企业对工业机器人的需求就越迫切。

相对于市场上形态各异、功能复杂的服务机器人，工业机器人因其特定的应用场合，无论是结构、参数还是形态，都有其特殊性。从本节开始讲解工业机器人的相关内容。

1.4.1　工业机器人系统的组成

机器人系统由机器人、作业对象及环境共同组成，包括机器人机械系统、驱动系统、控制系统和感知系统四大部分，各部分之间的关系如图 1-19 所示。工业机器人本体（机械系统）类似于人的臂部和手腕。驱动系统和控制系统被集成到控制柜中，多数会配备示教器或示教盒。

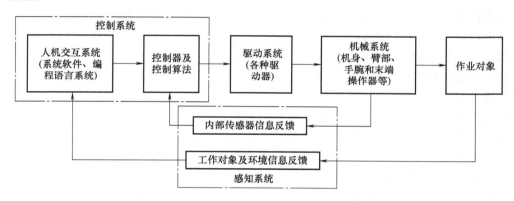

图 1-19　机器人系统组成及各部分之间的关系

1. 机械系统

工业机器人的机械系统一般由机身、臂部、手腕和末端操作器构成，配备上各种手爪与末端操作器后，可进行各种抓取动作和操作作业。各构成部分的作用如下：

1）机身：机器人结构的基础，起支撑作用，通常固定在机器人操作平台或者移动机构上。

2）臂部：机器人主体结构，是大臂和小臂的统称，用于支撑手腕和手部，使手部中心点能够按照特定的运动轨迹运动。

3）腕部：连接臂部和手爪的部分，用于调整手爪在空间的位置、更改手爪和所夹持工件的空间姿态。

4）末端操作器：机器人抓取机构，用于抓取工件，可根据抓取方式分为夹持类和吸附类，也可以进一步细分为夹钳式、弹簧夹持式、气吸式和磁吸式等。

工业机器人本体由若干个关节组成，常用的工业机器人为 4~6 个关节。每个关节由一个伺服系统控制，多个关节的运动需要各个伺服系统协同工作。

工业机器人中应用最广泛的是六轴机械臂。它多采用关节式机械结构，具有六个自由度，其中三个用来确定末端操作器的位置，另外三个则用来确定末端操作器的方向（姿态）。末端操作器可以根据操作需要换成焊枪、喷枪、吸盘和扳手等作业工具。

2. 驱动系统

驱动系统是指驱动机械系统各关节动作的驱动装置，是机器人的动力系统，一般由驱动装置和传动机构两部分组成。形象地说，驱动器相当于机器人的心血管系统。驱动器可以将电能、液压能和气压转换为机器人动力，并且通过联轴器、关节轴等部件带动连杆动作。

按驱动方式的不同，机器人可以分为电力、液压、气压和新型驱动四种驱动类型，或者将电力、液压和气压三者组合应用的综合系统，可以直接驱动，也可以借助同步齿形带、链条或谐波齿轮等传动机构进行间接驱动。

（1）电力驱动系统

该系统利用电动机产生的力和力矩驱动机器人执行各种动作，具有能源易得、无污染、易于控制、运动精度高和驱动效率高等优点，应用最为广泛。目前越来越多的机器人采用电力驱动方式，这不仅是因为可供选择的电动机类型多，更是因为可以运用多种灵活的控制方法。通常情况下，电力驱动系统与减速装置共同作用驱动机器人动作。常见的电力驱动器包括步进电动机、直流伺服电动机和交流伺服电动机等。

（2）液压驱动系统

该系统通过对液体油液施加压力来驱动机器人动作，具有推力大、体积小、调速方便、传动平稳且动作灵敏等优点，但是对密封要求较高，不宜在高温或低温的场合工作，制造精度和制造成本高，常用于中大功率的机器人驱动系统。

（3）气压驱动系统

该系统是在空气被压缩时，将气缸、马达或者其他装置中所存储的能量转化为机械能，进而驱动机器人动作。气压驱动具有空气来源方便、动作迅速、结构简单、清洁和造价低等优点，但是由于空气具有可压缩性，致使工作速度不易精确控制且稳定性差、功率小、噪声大，多用于对末端执行器抓举力要求小、控制精度要求低的场合。

（4）新型驱动

随着社会的高速发展，人们在特殊环境下的个性化需求越来越多，小或微型机器人发展异常迅速，也出现了多种与之配套利用新技术制造的驱动器，如压电驱动器、静电驱动器、形状记忆合金驱动器、人工肌肉及光驱动器等新型驱动源。新型驱动方式具有结构紧凑、体积小、重量轻、力矩-惯量比大、响应速度快、定位精度高和环境适应性强等优点，但制造、装配精度和制造成本高、工作寿命短。

表1-6为四种驱动方式比较分析，总结了以上这四种驱动方式的优缺点及用途。

表1-6 四种驱动方式比较分析

驱动方式	优点	缺点	用途
电力驱动	能源易得、无污染、易于控制、运动精度高、驱动效率高	结构精密,成本较高	应用最为广泛
液压驱动	推力大、体积小、调速方便、传动平稳且动作灵敏	密封要求较高,不宜在高温或低温的场合工作,制造精度和制造成本高	常用于中大功率的机器人驱动系统
气压驱动	空气来源方便、动作迅速、结构简单、清洁、造价低	工作速度不易精确控制且稳定性差、功率小、噪声大	多用于对末端执行器抓举力要求小、控制精度要求低的场合

（续）

驱动方式	优点	缺点	用途
新型驱动	结构紧凑、体积小、重量轻、力矩-惯量比大、响应速度快、定位精度高、环境适应性强	制造、装配精度和制造成本高,工作寿命短	小或微型机器人驱动系统

3. 控制系统

工业机器人的控制系统主要用于控制机器人各关节的位置、速度和加速度等参数,从而使机器人的手爪以指定的速度按照指定的轨迹到达目标位置。如果机器人不具备信息反馈特征,则该控制系统称为开环控制系统;如果机器人具备信息反馈特征,则该控制系统称为闭环控制系统。该系统主要由控制器和控制软件组成,是机器人的控制核心,相当于人类的大脑。

控制器指的是控制系统的硬件部分,它决定了机器人性能的优劣。控制软件主要由人与机器人进行联系的人机交互系统和控制算法等组成。

4. 感知系统

感知系统由内部传感器和外部传感器组成,相当于人类的感觉器官。其作用是获取机器人内部和外部的环境信息,并把这些信息反馈给控制系统。其中,内部状态传感器用于检测各关节的位置、速度等变量,为闭环伺服控制系统提供反馈信息。外部状态传感器用于检测机器人与周围环境之间的距离、接近程度或接触情况的状态参量,引导机器人识别物体并做出相应处理。外部传感器可使机器人以灵活的方式对它所处的环境做出反应,赋予机器人一定的智能性。

图 1-20 为 MOTOMAN SV3 机器人,可以看出,机器人系统实际上是一个典型的机电一体化系统,工作原理为控制系统发出动作指令,控制驱动器动作,驱动器带动机械系统运动,使末端操作器到达空间某一位置和

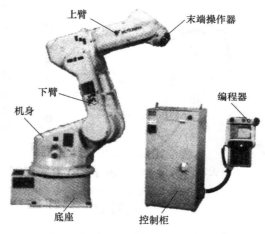

图 1-20　MOTOMAN SV3 机器人

实现某一姿态,实施一定的作业任务。末端操作器在空间的实时位姿由感知系统反馈给控制系统,控制系统把实际位姿与目标位姿相比较,发出下一个动作指令,如此循环,直到完成作业任务为止。

1.4.2　工业机器人的技术参数

技术参数是机器人制造商在产品供货时所提供的技术数据。技术参数反映了机器人可胜任的工作、具有的最高操作性能等情况,是选择、设计和应用机器人时必须考虑的数据。机器人的主要技术参数一般有自由度、定位精度、重复定位精度、工作空间、承载能力及最大工作速度等。

1. 自由度

自由度（degree of freedom）是指机器人所具有的独立坐标轴运动的数目，不含末端操作器的开合自由度。机器人的一个自由度对应一个关节或一个轴，所以自由度与关节或轴的概念是相等的。自由度是表示机器人动作灵活程度的参数，自由度越多就越灵活，但结构也越复杂，控制难度越大，所以机器人的自由度要根据其用途设计，一般在 3~6 个之间。

机器人关节自由度大于末端操作器自由度的机器人称为有冗余自由度的机器人。冗余自由度增加了机器人的灵活性，可方便机器人躲避障碍物、克服运动奇异点和改善机器人的动力性能，更适合复杂多变的工作环境，如图 1-21 所示。冗余自由度会降低系统位置精度，增加系统成本和系统控制难度。

七自由度轻量型机械臂广泛用于人机协同作业，是下一代机械臂研发的方向之一。通常在六自由度机械臂的大臂上增加一个绕轴线旋转的关节，构成七自由度机械臂，其关节配置如图 1-22 所示。七自由度机械臂相邻两关节的轴线相互垂直，关节 1~3 和关节 5~7 的作业范围均为球体，两个球体通过关节 4 连接。

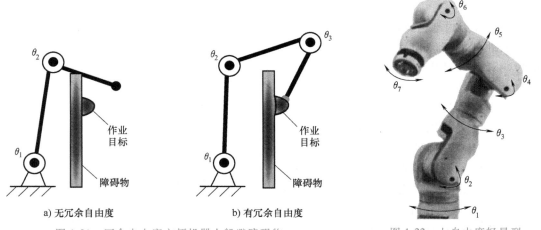

图 1-21　冗余自由度方便机器人躲避障碍物　　　图 1-22　七自由度轻量型机械臂的关节配置

人类的手臂（大臂、小臂和手腕）通常被简化认为有七个自由度，所以工作起来很灵巧，可回避障碍物，并可从不同方向到达同一个目标位置。

2. 定位精度和重复定位精度

工业机器人精度是指定位精度和重复定位精度。定位精度是指机器人末端操作器的实际位置与目标位置之间的偏差。重复定位精度是指在同一环境、同一条件、同一目标动作和同一命令之下，机器人连续重复运动若干次时，其位置的分散情况，是关于精度的统计数据。因重复定位精度不受工作载荷变化的影响，故通常用重复定位精度这一指标作为衡量示教再现工业机器人水平的重要指标。图 1-23 表示了定位精度与重复定位精度的好与差（N/A 意为不适用）。

机器人的定位精度和重复定位精度与硬件系统和软件系统有关。对工业机器人来说，其机械结构在制造、装配过程中会存在一定的误差，而且环境温度等因素也会对机器人的工作精度有所影响。采用离线编程技术的机器人仿真模型与实际模型也存在误差，同样会对机

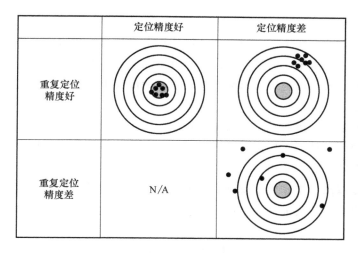

图 1-23　定位精度与重复定位精度的好与差

器人的定位产生影响。对于一些对工作精度要求较高的场合，应当从本体结构、工作环境和软件编程等方面提高机器人的定位精度与重复定位精度。

3. 工作空间

工作空间是指机器人手臂末端或者手部参考点所能达到的所有空间区域，也称运动半径、臂展长度等，与机器人各连杆长度及总体结构有关。手部参考点可以选择手部中心、手腕中心或者手指指尖，参考点位置不同，其工作空间的大小和形状也不同。

工业机器人选型时所说的工作空间是指未安装末端操作器时机器人手臂末端所能到达的工作区域，是机器人选型的重要技术参数之一。而在实际应用中涉及的工作空间是指末端操作器所能到达的工作区域，并且随着末端操作器的不同而不同，它决定机器人能否到达指定位置完成工作任务。图 1-24 形象地显示出工业机器人 IRB 600 的工作空间。灰色球体是机器人工作区域的三维空间展示，也是机器人工具末端能够到达的范围。受限于其结构和各轴的转动角度（不是所有轴都能进行 360°的转动），球体内部有不能到达的盲区。

如图 1-25 所示，工业机器人的工作空间可分为灵活工作空间和可达工作空间。灵活工作空间是指机器人末端操作器能够以任意姿态、从任何方向到达的目标点的集合。可达工作空间是指机器人末端执行器至少可以从一个方向上到达的目标点的集合。从定义上可以看出，灵活工作空间是可达工作空间的子集。

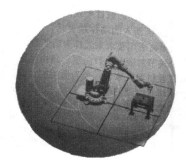

图 1-24　工业机器人 IRB 600 的工作空间

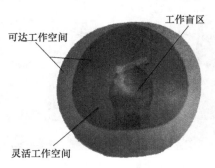

图 1-25　工业机器人的工作空间

4. 承载能力

承载能力是指机器人在工作空间内的任何位置上以任意姿态所能承受的最大重量。承载能力不仅取决于负载的重量，而且与机器人运行的速度和加速度的大小和方向有关。通常情况下，承载能力确定为考虑机器人末端操作器重量的前提下高速运行时的承载能力。

5. 最大工作速度

最大工作速度是衡量机器人工作效率的指标之一，不同生产厂家、不同型号的机器人其最大工作速度不同，且最大工作速度的含义也不同。有的厂家指工业机器人主要自由度上最大的稳定速度，有的厂家指手臂末端最大的合成速度，对此通常都会在技术参数中加以说明。最大工作速度越高，工作效率就越高。但是，工作速度高就要花费更多的时间加速或减速，或者对工业机器人的最大加速率或最大减速率的要求就更高。

1.5 工业机器人的应用

随着"工业4.0"和"中国制造2025"的相继提出和不断深化，全球制造业正在向着自动化、集成化、智能化及绿色化方向发展。中国作为全球第一制造大国，以工业机器人为标志的智能制造在各工序的应用越来越广泛。

1. 码垛

在各类工厂的码垛工序方面，自动化极高的机器人被广泛应用，人工码垛工作强度大，耗费人力，员工不仅需要承受巨大的压力，而且工作效率低。搬运机器人能够根据搬运物件的特点，以及搬运物件所归类的地方，在保持其形状和物件的性质不变的基础上，进行高效的分类搬运，使得装箱设备每小时能够完成数百块的码垛任务。在生产线上下料、集装箱的搬运等方面发挥极其重要的作用，如图1-26所示。

2. 焊接

焊接机器人主要承担焊接工作，不同的工业类型有着不同的工业需求，所以常见的焊接机器人有点焊机器人、弧焊机器人和激光机器人等。汽车制造行业是焊接机器人应用最广泛的行业，在焊接难度、焊接数量和焊接质量等方面就有着人工焊接无法比拟的优势，如图1-27所示。

 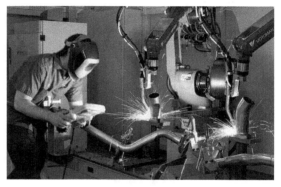

图 1-26　工业机器人在码垛工序中的应用　　　图 1-27　工业机器人在焊接工序中的应用

3. 装配

在工业生产中，零件的装配是一项工程量极大的工作，需要大量的劳动力，曾经的人力装配因为出错率高、效率低而逐渐被工业机器人代替。装配机器人的研发结合了多种技术，包括通信技术、自动控制、光学原理和微电子技术等。研发人员根据装配流程，编写合适的程序，应用于具体的装配工作。装配机器人的最大特点就是安装精度高、灵活性大和耐用程度高。因为装配工作复杂精细，人们常选用装配机器人来进行电子零件、汽车精细部件的安装，如图 1-28 所示。

4. 探测

机器人具有多维度的附加功能。它能够代替工作人员在特殊岗位上的工作，比如在深空（探月、探火）、深地（地球深部矿物资源、能源资源的勘探）、深海（深海资源勘探）和高危（核污染区域、有毒区域和高危未知区域）领域进行探测。祝融号火星车成功登陆火星如图 1-29 所示。

图 1-28　工业机器人在装配工序中的应用

图 1-29　祝融号火星车成功登陆火星

本 章 小 结

通过本章的学习，应当了解：

★ 机器人被认定为靠自身动力和控制能力来实现各种功能的一种机器，它接受人类指挥，可以运行预先设定的程序，也可以根据人工智能技术制定的原则行动，进而协助或者取代人类工作。

★ 机器人根据不同的应用场景，可分为工业机器人、服务机器人和特种机器人三大类。

★ 机器人系统是由机器人和作业对象及环境共同构成的，其中包括机器人机械系统、驱动系统、控制系统和感知系统四大部分。工业机器人本体（机械系统）类似于人的臂部和手腕。控制系统是机器人的控制核心，能够依据已有的编程指令和传感器的采集信息，帮助机器人完成指定运动或者决策。

★ 技术参数是机器人制造商在产品供货时所提供的技术数据。技术参数反映了机器人可胜任的工作、具有的最高操作性能等情况，是选择、设计和应用机器人时必须考虑的数据。机器人的主要技术参数一般有自由度、定位精度、重复定位精度、工作空间、承载能力及最大工作速度等。

本 章 习 题

1. 机器人根据不同的应用场景，可分为（   ）、（   ）和（   ）三大类。

2. 机器人系统包括（   ）、（   ）、（   ）和（   ）四大部分，其中（   ）是机器人的控制核心。

3. 简述机器人的发展史。

4. 简述机器人的定义、特点和分类。

5. 简述工业机器人的组成和各部分的作用。

6. 简述工业机器人的驱动方式、优缺点及应用场合。

7. 简述工业机器人的主要技术参数及其定义。

第2章

机器人步进电动机驱动及控制

本章学习目标

◇ 了解步进电动机的结构和性能要求
◇ 掌握反应式步进电动机的工作原理
◇ 了解混合式步进电动机的工作原理
◇ 掌握步进电动机的基本特点
◇ 掌握反应式步进电动机的运动特性
◇ 掌握步进电动机驱动控制方法
◇ 了解步进电动机在六自由度切削机器人中的应用

　　智能时代下工业机器人的应用越来越广泛，灵活性越来越高。机器人并不像人那样靠肌肉的收缩和弹性产生力，把机器人进行"解剖"后，发现每个机器人都有外来的"动力来源和精密的传动机构"，通过它们产生力并传递力。这些机构统称为驱动机构，其中最关键的是动力的来源，叫作动力源。有了动力源，再经过机构的转换，就能使机器人做各种运动，使机器人有了力气。电动机是最常见的动力源之一。工业机器人每个关节处的电动机都用于驱动运动，为工业机器人的手臂提供准确的角度。因此，对工业机器人动作速度和精度的要求实际上就是对电动机的响应速度和控制精度的要求。本章对工业机器人常用驱动源——步进电动机的结构、工作原理及其特性进行介绍。

2.1　步进电动机概述

　　步进电动机又称脉冲电动机，是一种脉冲控制的伺服电动机，其动作原理是依靠气隙磁导的变化来产生电磁转矩，其原始模型起源于1830—1860年间。20世纪60年代后期，随着永磁材料和半导体技术的发展，各种实用性步进电动机应运而生，并在众多领域得到广泛应用。在短短几十年间，步进电动机迅速发展并成熟起来，已成为电动机的一种基本类型，尤其是混合式步进电动机以其优越的性能得到较快发展。

　　我国的步进电动机的研究始于20世纪中期，主要是高等院校和科研机构为研究一些装置而使用或开发少量产品。混合式步进电动机是20世纪80年代初从零开始到现在，理论研究方面比较成熟，并发展和形成了比较完善的基础理论和设计方法，生产和研制都具有一定的规模，产品种类已经系列化，指标已接近、达到甚至超过了国外同类产品水平。步进电动机及控制器如图 2-1 所示。

步进电动机是一种将电脉冲信号转换成相应角位移或线位移的电动机。每输入一个脉冲信号改变一次励磁状态，转子就转动一个角度或前进一步，若不改变励磁状态，则保持一定位置而静止。在步进电动机驱动能力范围内，其输出的角（线）位移与输入的脉冲数成正比，转速与脉冲的频率成正比，不

图 2-1　步进电动机及控制器

因电源电压、负载大小和环境条件等的波动而变化。步进电动机是一种输出与输入脉冲相对应的增量式驱动元件，在自动控制装置中常作为执行元件。由于步进电动机精度高、惯性小，在不丢步的情况下运行，步距误差不会长期积累，特别适用于开环数字控制的定位系统。因此，其在计算机外围设备、医疗设备、精密仪器、机器人和经济型数控机床中作为控制用电动机或驱动用电动机而得到广泛应用。步进电动机控制系统的应用领域如图 2-2 所示。

a) 打印机

b) 绘图仪

c) 核酸检测分析仪

d) 精密平台

e) 机器人

f) 数控机床

图 2-2　步进电动机控制系统的应用领域

2.2　步进电动机的结构及性能要求

2.2.1　步进电动机的结构

步进电动机的结构由定子和转子两大部分组成，图2-3为其定、转子铁心实物图。定子由硅钢片叠成的定子铁心和嵌有多相星形联结的控制绕组组成。由专门电源输入脉冲信号，输入的脉冲信号对多个定子绕组轮流进行励磁而产生磁场。定子绕组的个数称为相数。

转子用硅钢片叠成或用软磁性材料做成凸极结构。凸极的个数称为齿数。如图2-3、图2-4所示。

根据转子的结构不同，步进电动机通常分为反应式步进电动

a) 定子铁心　　　　b) 转子铁心

图 2-3　步进电动机定、转子铁心实物图

机（VR）、永磁式步进电动机（PM）和混合式步进电动机（HB）三种类型。图2-4为步进电动机的结构。

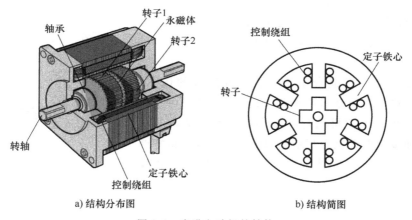

a) 结构分布图　　　　　　　　b) 结构简图

图 2-4　步进电动机的结构

1. 反应式步进电动机

反应式步进电动机根据结构的不同可分为单段式和多段式两种。单段式又称为径向分相式，目前广泛使用的步进电动机多采用这种结构，径向截面结构如图2-5a所示。此外还有径向磁路多段式，其结构特点如图2-5b所示。定子、转子铁心沿电动机轴向按相数分段，每一段定子铁心的磁极上均放置同一相控制绕组。对每段铁心来说，定子、转子上的磁极分布情况相同。

定子上装有凸出的磁极（大齿），每个磁极的极弧上都开有许多小齿，如图2-5a所示。磁极大齿成对出现，每个磁极上都装有控制绕组，每相控制绕组由放在径向相对的两个磁极上的集中控制绕组串联而成。

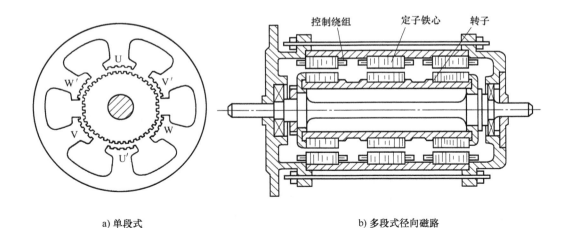

a) 单段式   b) 多段式径向磁路

图 2-5 　反应式步进电动机结构示意图

转子沿圆周均匀冲有小齿，而且转子上小齿的齿距和定子磁极上小齿的齿距相等，转子的齿数有一定的限制。转子上没有绕组。

2. 永磁式步进电动机

定子上有突出的磁极，磁极上装有控制绕组。转子上安装有永久磁钢制成的磁极，转子极数与定子的每相极数相同，永磁式步进电动机结构如图 2-6 所示。永磁式步进电动机的特点有：①步距角大；②起动频率比较低（转速不一定低）；③控制功率小；④有定位转矩；⑤有较强的内阻尼力矩。

3. 混合式步进电动机

混合式步进电动机混合了永磁式和反应式的优点，不仅具有反应式步进电动机步距小、运行频率高的特点，还具有永磁式步进电动机消耗功率小的优点，是目前发展较快的一种步进电动机。其结构如图 2-7 所示。其特点为结构简单、体积小、安装方便、免维护、噪声小和成本低。

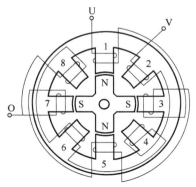

图 2-6 　永磁式步进电动机结构示意图

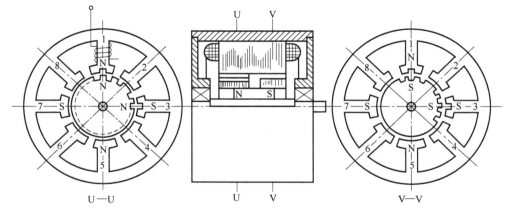

U—U   U   V   V—V

图 2-7 　混合式步进电动机结构示意图

2.2.2 步进电动机的性能要求

步进电动机是自动控制系统的关键元件,从应用的角度来说,控制系统对它提出的性能要求如下:

1)在一定的速度范围内,在脉冲信号的控制下,步进电动机能迅速起动、正/反转和停转及在较宽的范围内平滑调节。

2)每个脉冲对应的位移量小且准确、均匀,即要求步进电动机步距小、步距精度高、不丢步或越步,以保证系统精度。

3)输出转矩大,可直接驱动负载工作。

2.3 反应式步进电动机的工作原理

反应式步进电动机是根据磁阻性质产生转矩工作的,遵循磁通总是沿磁阻最小的路径闭合的原理,由磁拉力形成驱动转矩。

图 2-8 为三相反应式步进电动机的工作原理图。定子铁心为凸极式,共有 3 对(三相),

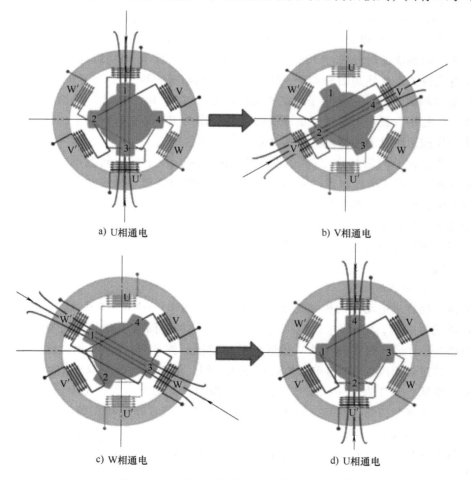

a) U相通电   b) V相通电

c) W相通电   d) U相通电

图 2-8 三相反应式步进电动机的工作原理图

6 个磁极，不带小齿，磁极上绕有控制绕组，相对的两个磁极的绕组串联连接，组成一相控制绕组。转子也是凸极结构，有 4 个均匀分布的齿，上面没有绕组。

2.3.1 通电方式分析

步进电动机有单相轮流通电、双相轮流通电，和单、双相轮流通电 3 种通电方式。"单"是指每次切换前后只有一相绕组通电，"双"就是指每次切换前后有两相绕组通电。定子励磁绕组每改变一次通电状态，称为一拍。

1. 三相单三拍通电方式

三相单三拍是步进电动机一种最简单的工作方式。即步进电动机具有三相定子绕组，每次只有一相绕组通电，3 次换接以 U→V→W→U 为一个循环的顺序通电。

当 U 相绕组通电、V 相和 W 相绕组都不通电时，转子齿 1、3 的轴线向定子 U 磁极的轴线对齐，即在电磁拉力形成转矩的作用下，驱动转子转动，使齿 1、3 转到 U 磁极下。此时，转子受到的力只有径向力而无切向力，故转矩为零，转子被自锁在这个位置，如图 2-8a 所示；当 U 相绕组通电变为 V 相绕组通电时，在电磁拉力形成转矩的驱动下，使最靠近 V 相磁极的转子齿 2、4 的轴线转到 V 磁极下并与 V 磁极轴线对齐，促使转子在空间逆时针转过 30°角，如图 2-8b 所示；当 V 相绕组通电又变为 W 相绕组通电时，在电磁拉力形成转矩的驱动下，使最靠近 W 相磁极的转子齿 1、3 的轴线转到 W 磁极下并与 W 磁极轴线对齐，促使转子在空间再次逆时针转过 30°角，如图 2-8c 所示；当 W 相绕组通电变为 U 相绕组通电时，在电磁拉力形成转矩的驱动下，使最靠近 U 相磁极的转子齿 2、4 的轴线转到 U 磁极下并与 U 磁极轴线对齐，促使转子在空间又逆时针转过 30°角，如图 2-8d 所示，完成 1 个周期性循环回到起始位置。可见定子励磁绕组通电顺序为 U→V→W→U 时，步进电动机的转子便一步一步按逆时针方向转动，每步转过的角度均为 30°。

步进电动机转子的齿与齿之间的角度称为齿距角，转子每步转过的角度称为步距角。图 2-8 所示的转子有 4 个齿，齿距角为 90°。三相励磁绕组循环通电 1 次，磁场旋转 1 周，转子旋转 1 个齿距角，即步距角为 30°。

若步进电动机定子的三相励磁绕组通电顺序改为 U→W→V→U，按上述相同的分析方法，转子按顺时针方向转动。因此只要改变定子三相励磁绕组的通电顺序，就可改变步进电动机旋转方向。

2. 三相双三拍通电方式

如果将三相步进电动机的控制绕组的通电方式改为 UV→VW→WU→UV 或 UW→WV→VU→UW 的通电顺序，则称为三相双三拍通电方式。每拍同时有两相绕组通电，三拍为一循环，如图 2-9 所示。图 2-9a 为 UV 相通电时的情况，图 2-9b 为 VW 相通电时的情况，可见转子每步转过的角度为 30°与单三拍运行方式相同，但不同的是在双三拍运行时，每拍使电动机从一个状态转变为另一状态时，总有一相绕组持续通电。例如由 UV 相通电变为 VW 相通电，V 相始终保持通电状态，W 相磁极力图使转子顺时针转动，而 V 相磁极阻止转子继续向前转动，即起到一定的电磁阻尼作用，所以电动机工作比较平稳，三相单三拍通电时，由于没有这种阻尼作用，所以转子到达新的平衡位置后会产生振荡，稳定性远不如双三拍通电方式。

a) UV相通电

b) VW相通电

图 2-9 三相双三拍通电方式

3. 三相六拍通电方式

三相六拍通电方式指通电顺序为 U→UV→V→VW→W→WU→U→…或 U→UW→W→WV→V→VU→U→…。即先接通 U 相定子绕组，接着使 U、V 两相定子绕组同时通电，断开 U 相，使 V 相绕组单独通电，再使 V、W 两相定子绕组同时通电，W 相单独通电，W、U 两相同时通电，U 相单独通电，依次循环，如图 2-10 所示。在这种工作方式下，定子三相绕组需经过六次切换才能完成一个循环，故称"六拍"。每转换一次，步进电动机顺时针方向旋转 15°，即步距角为 15°。若改变定子绕组的通电顺序，步进电动机将按逆时针方向旋转。由此可见，三相六拍运行方式的步距角比三相单三拍和三相双三拍两种运行方式的步距角减少一半。此种方式通电转换时始终有一相绕组通电，工作比较稳定。

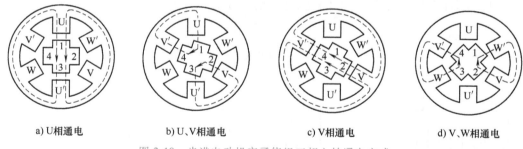
a) U相通电 b) U、V相通电 c) V相通电 d) V、W相通电

图 2-10 步进电动机定子绕组三相六拍通电方式

通过上述分析可知，同一台步进电动机可以有不同的通电方式，可以有不同的拍数，拍数不同时，对应的步距角大小也不相同，拍数多则步距角小。通电相数不同会带来不同的工作性能。此外，同一种通电方式，对于转子磁极数不同的电动机，也将有不同的步距角。

2.3.2 小步距角步进电动机

以上讨论的是最简单的三相反应式步进电动机，步距角为 30°或 15°，在微型或小型机器人实际应用中常需要较小的步距角如 3°、1.5°等，因此必须把上述电动机的定子磁极和转子铁心加工成多齿形。小步距角的三相反应式步进电动机的原理图如图 2-5a 所示，它的定子上有 3 对磁极，每对磁极上绕有一相绕组，定子磁极上带有小齿，转子齿数很多的反应式步进电动机，其步距角可以做到很小，这种电动机的工作原理如下。

当步进电动机为三相单三拍运行，即通电顺序为 U→V→W→U→…，并设转子有 50 个齿，单三拍运行时的步距角为 2.4°。图 2-5a 中当 U 相控制绕组通电时（图中未画绕组），磁路上便产生沿 U-U′磁极轴线方向的磁通，由于磁通力图通过磁阻最小的路径，因而转子受到电磁转矩而转动，直到转子齿轴线和定子磁极 U 和 U′上的齿轴线对齐为止，由于转子有 50 个齿，每个齿距角 θ_t 为 7.2°，定子 1 个极距所占有转子的齿数为 $\frac{50}{2\times3}=8\frac{1}{3}$。因此当 U、U′极下的定子、转子齿轴线对齐时，下一相磁极下（V、V′）定子与转子齿错开 $\theta_t/3$，即 2.4°。再下一相（W、W′）磁极下定子与转子齿错开 $2\theta_t/3$，即 4.8°。此时各相磁极的定子齿与转子齿相对位置如图 2-11a 所示。

如果 U 相断开，V 相接通，这时磁通沿 V、V′磁极轴线方向，同理，在电磁转矩的驱动下，转子按顺时针方向（即右向）应转过 2.4°，即 $\theta_t/3$。使转子齿轴线和定子磁极 V、V′下的齿轴线对齐，这时 U、U′和 W、W′磁极下的齿与转子齿又错开 2.4°，即 $\theta_t/3$。如图 2-11b 所示。当 V 相断开 W 相接通，此时磁通沿 W、W′磁极轴线方向，同样转子按顺时针方向应转过 2.4°，即 $\theta_t/3$。使转子齿轴线和定子磁极 W、W′下的齿轴线对齐，此时 U、U′磁极下的定子齿与转子齿错开 $2\theta_t/3$，V、V′磁极下的定子与转子齿错开 $\theta_t/3$，如图 2-11c 所示。依次类推，控制绕组按 U→V→W→U→…顺序循环通电时，转子就按顺时针方向一

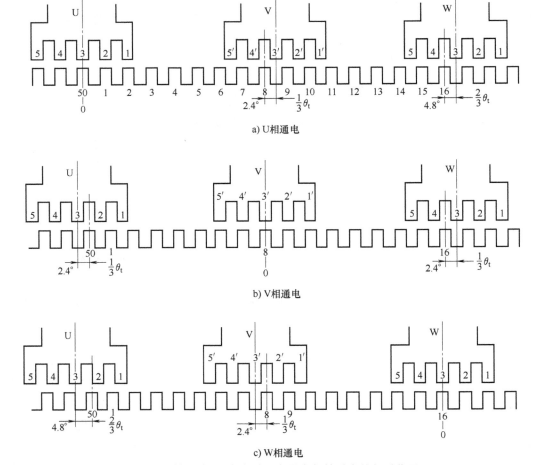

a) U相通电

b) V相通电

c) W相通电

图 2-11　转子为 50 个齿时，定子齿与转子齿的相对位置

步一步连续地旋转起来,每换接一次绕组,转子转过 $\theta_t/3$。显然,如果变为 U→W→V→U→…的通电顺序,转子将按逆时针方向一步一步地旋转,步距角同样为 $\theta_t/3$,即 2.4°。如果变为 U→UV→V→VW→W→WU→U 三相六拍的通电顺序,则每换接一次绕组,步距角为单三拍的一半,即步距角为 1.2°。

2.4　混合式步进电动机的工作原理

2.4.1　两相混合式步进电动机结构

混合式步进电动机的本体结构为定子内圆、转子外圆都开有小齿,转子永磁体分为两段,采用轴向励磁,且左、右转子冲片相互错开半个转子齿距,如图 2-12 所示。转子由两段铁心和夹在中间的永磁体组成。永磁体采用高性能永磁材料,轴向充磁。转子铁心一段为 N 极,另一段为 S 极。永磁磁路也是轴向的,从转子的 N 极端到定子的 I 端,轴向到定子的 II 端、转子的 S 极端,经磁体闭合。两段铁心的齿相互错开半个齿距,当一段铁心的齿与定子某相极下的齿对齐时,另一段铁心的齿便与该极下的槽对齐。定子上有两对磁极,磁极下有小齿,每一对磁极上绕有一相绕组,绕组通电时这两个磁极极性相反。

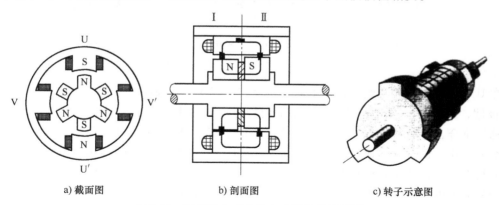

a) 截面图　　　　　b) 剖面图　　　　　c) 转子示意图

图 2-12　两相混合式步进电动机结构示意图

2.4.2　工作原理

混合式步进电动机是在永磁磁场和变磁阻原理共同作用下运转的。若转子上的永磁体没有充磁,只给定子的控制绕组通电,电动机将不产生转矩;同样,若定子绕组不通电,仅仅有转子永磁体磁场的作用,电动机也不产生转矩。只有转子永磁磁场与定子磁场相互作用,电动机才产生电磁转矩。在转子永磁体充磁且有某一相通电的情况下,转子就有使通电相磁路的磁阻为最小的稳定平衡位置,而混合式步进电动机定、转子异极性的磁极下磁阻最小,同极性的磁极下磁阻最大。图 2-12a 中若 U 相通电,则其平衡位置处在 U 相定子磁极与 N 段转子(图 2-12a 中所示 N 极性一段的转子)齿对齿的位置。

1. 两相单四拍通电方式

两相混合式步进电动机的两相单四拍运行是在 U、V 两相绕组内按如下顺序 U→V→U₋→V₋→U→…轮流通入正、反方向电流的运行方式(其中 U₋、V₋表示该相反方向通电)。

当某一相绕组通电，例如 U 相绕组正向通电而 V 相不通电时，电动机内建立以 UU′ 为轴线的磁场。这时 U 相磁极 U 呈 S 极性，而 U′ 呈 N 极性，转子处于图 2-12a 所示的平衡位置，U 相磁极与 N 段转子齿轴线重合，与 S 段转子齿错开 1/2 齿距。此时，V 相磁极与转子齿错开 1/4 齿距。

在 U 相断电、V 相绕组正向通电时，则建立以 VV′ 为轴线的磁场。此时，V 相磁极 V 呈 S 极性，而 V′ 呈 N 极性，转子沿顺时针方向转过 1/4 齿距到达新的平衡位置，V 相磁极与 N 段转子齿轴线重合，与 S 段转子齿错开 1/2 齿距，如图 2-13a 所示。

在 V 相断电、U 相绕组反向通电时，则又建立以 UU′ 为轴线的磁场，但此时 U 相磁极 U 呈 N 极性而 U′ 呈 S 极性，转子再次沿顺时针方向转过 1/4 齿距，到达 U 相磁极与 S 段转子齿轴线重合，并与 N 段转子齿错开 1/2 齿距的平衡位置，如图 2-13b 所示。

a) V 相绕组正向通电　　　　　b) U 相绕组反向通电　　　　　c) V 相绕组反向通电

图 2-13　两相单四拍通电方式示意图

在 U 相断电、V 相绕组反向通电时，则又建立以 VV′ 为轴线的磁场。而此时 V 相磁极 V 呈 N 极性，而 V′ 呈 S 极性，转子继续沿顺时针方向转过 1/4 齿距，到达 V 相磁极与 S 段转子齿轴线重合，并与 N 段转子齿错开 1/2 齿距的平衡位置，如图 2-13c 所示。

综上所述，连续不断地按 U→V→U_→V_→U→⋯ 的顺序分别给各相绕组通电时，每改变通电状态一次，转子就沿顺时针方向转过 1/4 齿距，且循环通电一次转子转过 1 个齿距。若改变轮流通电顺序，以 U→V_→U_→V→U→⋯ 的顺序轮流给各相绕组通电，就可改变电动机的转向，使步进电动机沿逆时针方向旋转。

2. 两相双四拍通电方式

两相混合式步进电动机两相按 UV→U_V→U_V_→UV_→UV→⋯ 的顺序轮流通电，给 U、V 两相绕组同时正向通电，电动机内建立以 U、V 两相磁极的几何中线为轴线的磁场。此时 U、V 两个磁极都呈 S 极性，转子处于如图 2-14a 所示的平衡位置，U、V 两个磁极与 N 段转子齿轴线错开 1/8 齿距，与 S 段转子齿错开 3/8 齿距，同时 U′、V′ 两个磁极与 N 段转子齿轴线错开 3/8 齿距，与 S 段转子齿错开 1/8 齿距。用同样的分析方法可得出分别以 U_V、U_V_、UV_ 方式通电的平衡位置，如图 2-14b~d 所示。

由图 2-14 可知，两相双四拍运行按 UV→U_V→U_V_→UV_→UV→⋯ 的顺序轮流通电时，电动机将沿顺时针方向转动，并且每改变一次通电状态，电动机转过 1 个步距角（即 1/4 齿距角）。若按 UV→UV_→U_V_→U_V→UV→⋯ 的顺序轮流通电，则电动机按逆时针方向转动。与单四拍运行方式相比，双四拍运行方式由于是两相绕组同时通电，因此产生的电磁转矩较大，带负载能力更强。

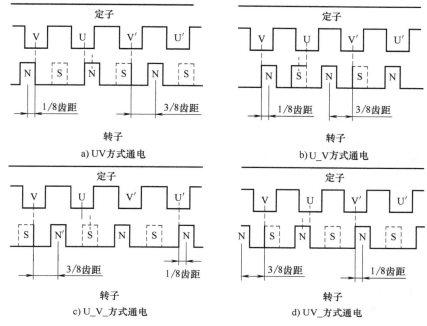

图 2-14 混合式步进电动机两相双四拍运行示意图

混合式步进电动机与反应式步进电动机相同，当对两相混合式步进电动机加一系列连续不断的控制脉冲时，它可以连续不断地转动。每一个脉冲信号对应于绕组的通电状态改变 1 次，也就是对应于转子转过 1 个步距角。转子的平均转速正比于控制脉冲的频率。而且也可以按特定的指令转过一定的角度，实现定位。

2.5 步进电动机的基本特点

1. 每相脉冲信号频率 f_p

步进电动机工作时，每相控制绕组不是恒定通电，而是通过环形分配器按一定规律控制驱动电路的导通和关断，给各相绕组轮流通电。三相步进电动机按三相双三拍运行的环形分配器有一路输入，输出有 U、V、W 三路，起始时 U、V 有电压，则输入 1 个控制脉冲信号后，就变为 V、W 有电压，再输入 1 个控制脉冲信号，则变为 W、U 有电压，再输入 1 个控制脉冲信号，又变为 U、V 有电压。环形分配器输出的各路控制脉冲信号，经各自的放大器放大后送入步进电动机的各相绕组，使步进电动机一步步地转动起来。三相步进电动机控制框图和三相双三拍运行时控制脉冲及各相控制电压随时间变化的波形图如图 2-15、图 2-16 所示。

步进电动机这种轮流通电的方式称为分配方式。每循环 1 次所包含的通电状态数称为状态数或拍数。状态数等于相数称为单拍制分配方式（如三相单三拍等），状态数等于相数的两倍称为双拍制分配方式（如三相六拍等）。同一台电动机可有多种分配方式，但不管哪种分配方式，每循环 1 次，控制电脉冲的个数总等于拍数 N，而加在每相绕组上的脉冲电压（或电流）个数为 1，因而控制脉冲信号频率 f 是每相脉冲电压（或电流）频率 f_p 的 N 倍，即

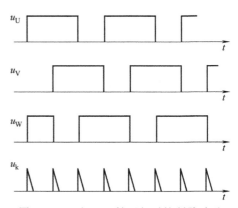

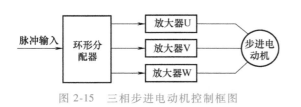

图 2-15　三相步进电动机控制框图

图 2-16　三相双三拍运行时控制脉冲及
各相控制电压随时间变化的波形图

$$f_{p} = \frac{f}{N} \tag{2-1}$$

2. 齿距角 θ_t 和步距角 θ_b

步进电动机每输入 1 个电脉冲信号时，转子转过的角度称为步距角，用符号 θ_b 表示。由上述可知，当电动机为三相单三拍运行，即按 U→V→W→U→… 顺序通电时，若开始是 U 相通电，转子齿轴线与 U 相磁极的齿轴线对齐，换接一次绕组，转子转过的角度为 $\theta_t/3$，即步距角 θ_b 为 2.4°，转子需要转动 3 步才能转过 1 个齿距角 θ_t，此时转子齿轴线又重新与 U 相磁极齿轴线对齐。当在三相六拍运行即按 U→UV→V→VW→W→WU→U→… 顺序通电时，那么换接 1 次绕组，转子转过的角度为 $\theta_t/6$，转子需要转动 6 步才能转过 1 个齿距角 θ_t，转子相邻两齿间的夹角为齿距角。那么齿距角 θ_t 为

$$\theta_t = \frac{360°}{Z_R} \tag{2-2}$$

式中，Z_R 为转子的齿数。转子每步转过的空间角度为步距角。那么步距角 θ_b 为

$$\theta_b = \frac{\theta_t}{N} = \frac{360°}{KmZ_R} \tag{2-3}$$

式中，N 为转子转过 1 个齿距所需要的拍数，$N = Km$；m 为电动机的相数；K 为通电系数，当相数等于拍数时，$K = 1$，否则 $K = 2$。

从式（2-3）可知，要减小步距角 θ_b，可以通过增加拍数 N，即增加相数 m 和采用双拍制。但是相数越多，电源和电动机结构越复杂。另外，也可以通过增加步进电动机的转子齿数 Z_R 减小步距角 θ_b，提高控制系统精度。

3. 步距角误差不会长期累积

理论上，每一个脉冲信号会使步进电动机的转子转过相同的角度，即步距角。但实际上，由于定子、转子的齿距分度不均匀，或定子、转子之间的气隙不均匀等，实际步距角和理论步距角之间存在偏差，即步距角误差。当转子转过一定步数后，步距角会产生累积误差，但是由于步进电动机每转 1 周都有固定的步数，因此当转子转过 1 周后又恢复到原来位置，累积误差将变为零，所以步进电动机的步距角只有周期性误差，而无累积误差。

4. 转速 n

反应式步进电动机可以按特定指令进行角度控制，也可以进行速度控制。角度控制时，每输入 1 个脉冲信号，定子绕组就换接 1 次，输出轴就转过 1 个角度，其步数与脉冲数一致，输出轴转动的角位移量与输入脉冲数成正比。速度控制时，送入步进电动机的是连续脉冲，各相绕组不断地轮流通电，步进电动机连续运转，它的转速与脉冲频率成正比。

从式（2-3）可知，每输入 1 个脉冲信号，转子转过的角度是整个圆周角的 $1/(Z_R N)$，也就是转过 $1/(Z_R N)$ 圈，因此每分钟转子所转过的圆周数，即转速 n（单位为 r/min）为

$$n = \frac{60f}{KmZ_R} \tag{2-4}$$

式中，f 为控制脉冲的频率，即每秒输入的脉冲数。

从式（2-4）可知，反应式步进电动机转速取决于脉冲频率、转子齿数和拍数，而与电压、负载和温度等因素无关。当转子齿数一定时，转子旋转速度与输入脉冲频率成正比，或者说其转速和脉冲频率同步。改变脉冲频率可以改变转速，故可进行无级调速，调速范围很宽。若改变通电顺序，即改变定子磁场旋转的方向，就可以控制电动机正转或反转。所以，步进电动机是用脉冲进行控制的电动机。改变脉冲信号的输入方式，就可实现步进电动机的快速起动、反转、变速或制动。

步进电动机的转速若用步距角来表示，式（2-4）可变为

$$n = \frac{60f}{KmZ_R} = \frac{60f \times 360°}{360° KmZ_R} = \frac{f}{6°}\theta_b \tag{2-5}$$

可见，当脉冲频率 f 一定时，步距角越小，电动机转速越低，输出功率越小。所以从提高加工精度的角度来说，应选用小的步距角。但从提高输出功率的角度来说，步距角又不能取得太小。一般步距角应根据系统中应用的具体情况来选取。

5. 步进电动机的自锁能力

当控制电脉冲停止输入，而让最后一个脉冲控制的绕组继续通直流电时，电动机可以保持在固定的位置上，即停在最后一个脉冲控制的角位移的终点位置上。这样步进电动机可以实现停车时转子准确定位。

由上述分析可知，由于步进电动机工作时的步数或转速既不受电压波动和负载变化的影响（在允许负载范围内），也不受环境条件（温度、压力、冲击和振动等）变化的影响，只与控制脉冲同步，同时它又能按照控制的要求，实现起动、停止、反转或变速。因此，步进电动机被广泛应用于包括机器人在内的各种数字控制系统中。

例 2-1 一台三相反应式步进电动机采用三相六拍运行方式，转子齿数 Z_R 为 40，脉冲频率 f 为 800Hz。试求解以下问题：

1）写出一个循环的通电顺序。

2）求步进电动机的步距角 θ_b。

3）求步进电动机的转速 n。

4）求步进电动机每秒转过的角度 θ。

解：

1）因为采用了三相六拍运行方式，所以通电顺序为

$$U \rightarrow UV \rightarrow V \rightarrow VW \rightarrow W \rightarrow WU \rightarrow U \rightarrow \cdots$$

或

$$U \rightarrow UW \rightarrow W \rightarrow WV \rightarrow V \rightarrow VU \rightarrow U \rightarrow \cdots$$

2）三相六拍运行 $K=2$、$Z_R=40$、$m=3$，步进电动机步距角 θ_b 为

$$\theta_b = \frac{360°}{KmZ_R} = \frac{360°}{2 \times 3 \times 40} = 1.5°$$

3）求步进电动机的转速 n：

$$n = \frac{60f}{KmZ_R} = \frac{60 \times 800\text{Hz}}{2 \times 3 \times 40} = 200\text{r/min} \quad 或 \quad n = \frac{f}{6°}\theta_b = \frac{800\text{Hz} \times 1.5°}{6°} = 200\text{r/min}$$

4）求步进电动机每秒转过的角度 θ：

$$\theta = 360° \times \frac{n}{60} = 360° \times \frac{200\text{r/min}}{60} = 1200° \quad 或 \quad \theta = f\theta_b = 1.5° \times 800\text{Hz} = 1200°$$

2.6 反应式步进电动机的运动特性

反应式步进电动机的运动特性包括静态特性和动态特性。在实际工作中，步进电动机总处于动态情况下运行，静态特性是分析步进电动机运行特性的基础。

2.6.1 静态特性

当步进电动机各相绕组按照一定顺序轮流不断通入控制脉冲时，转子就一步步地转动。当控制脉冲停止时，若某相绕组仍通入幅值不变的直流电，那么转子将固定在某一位置保持不动，称为静止状态。静止状态下即使有小的扰动，转子偏离此位置某一角度，也会在磁力的作用下恢复原位。对多相步进电动机，定子控制绕组可以是一相通电，也可以是多相同时通电，以下分别进行讲解。

1. 单相通电

单相通电时，该相磁极下的定子齿产生转矩。这些齿与转子齿的相对位置及所产生的转矩都是相同的，故可以用一对定、转子齿的相对位置来表示转子位置，如图 2-17 所示。电动机总转矩等于通电相磁极下各定子齿产生的转矩之和。

（1）初始稳定平衡位置

步进电动机空载情况下，控制线组中通以直流电时转子的最后稳定平衡位置，即定子、转子齿轴线重合的位置。此处电磁转矩（即静转矩）为零。

（2）失调角

步进电动机转子偏离初始稳定平衡位置的电角度，用 θ_e 表示。

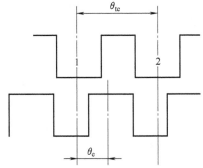

图 2-17 定子齿与转子齿的相对位置

（3）矩角特性

在不改变通电状态，控制绕组电流不变时，步进电动机的静转矩随转子失调角的变化规律，即 $T=f(\theta_e)$ 曲线称为步进电动机的矩角特性。

从磁的角度来看，转子齿数就是极对数。因为一个齿距内齿部的磁阻最小，而槽部的磁

阻最大，磁阻变化一个周期，如同一对磁极，其对应的角度为 2π 电弧度或 $360°$ 电角度，这样电弧度表示的齿距角为 $\theta_{te}=2\pi$。磁极下气隙磁导的变化规律如图2-18 所示。

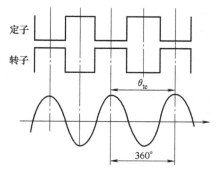

图2-18　磁极下气隙磁导的变化规律

图2-19 为电磁转矩与转子位置的关系。当失调角 $\theta_e=0$ 时，转子齿轴线和定子齿轴线重合，此时定、转子齿之间虽有较大的引力，但是引力垂直于转轴，无切向分量，电动机产生的转矩为零，如图2-19a 所示。如果转子偏离这个位置，转过某一角度，定、转子齿之间有了切向分量，因而形成圆周方向的转矩 T，该转矩称为静态转矩。随着失调角 θ_e 沿顺时针方向增加，电动机的转矩 T 增大，当 $\theta_e=\pi/2$ 即 $\theta_{te}/4$ 时，转矩 T 达到最大，其方向是逆时针的，转矩为负值，如图2-19b 所示。当失调角 $\theta_e=\pi$ 即 $\theta_{te}/2$ 时，转子的齿轴线对准定子槽轴线，此时，相邻两个转子齿都受到中间定子齿的拉力，对转子的作用是相互平衡的，故转矩为零，如图2-19c 所示。

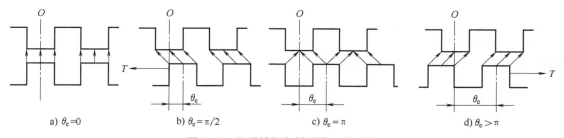

图2-19　电磁转矩与转子位置的关系

当失调角大于 π 时，转子转到下一个定子齿下，受到下一个定子齿的作用，转矩的方向使转子齿与该定子齿对齐，即顺时针方向，如图2-19d 所示。当 $\theta_e=2\pi$ 时，转子齿与下一个定子齿对齐，转矩为零。失调角增加，转矩重复上述情况并按周期性规律变化。当失调角相对于协调位置以相反的方向偏移，即失调角为负值时，$-\pi<\theta_e<\pi$ 范围内转矩的方向为顺时针，故取正值，转矩值的变化情况与上述相同。

步进电动机产生的静态转矩 T 随失调角 θ_e 变化规律近似正弦曲线，如图2-20 所示，故矩角特性表达式为

$$T=-T_{jmax}\sin\theta_e \qquad (2-6)$$

式中，T_{jmax} 为 $\theta_e=\pi/2$ 时产生的电磁转矩。

由图2-20 可知，如果有外力干扰使转子偏离初始平衡位置，只要偏离的角度在 $-\pi<\theta_e<\pi$ 之

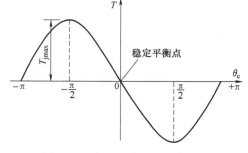

图2-20　步进电动机的矩角特性

间，一旦干扰消失，转子在电磁转矩作用下将恢复到 $\theta_e=0$ 这一位置，因此 $\theta_e=0$ 是理想的稳定平衡点。

（4）最大静转矩

矩角特性上静转矩绝对值的最大值称为最大静转矩。由式（2-6）可见，单相控制绕组

通电时，在 $\theta_e = \pm\pi/2$ 时的最大静态转矩为 T_{jmax}。步进电动机的矩角特性上的最大值 T_{jmax} 表示了步进电动机承受负载的能力，与步进电动机很多特性的优劣有直接关系，因此是步进电动机最主要的性能指标之一。下面根据机电能量转换原理推导静态转矩的数学表达式。

设定子每相每极控制绕组匝数为 W，通入电流为 I，转子在某一位置（θ 处）转动了 $\Delta\theta$ 角，能量转换法求转矩如图 2-21 所示。气隙中的磁场能量变化为 ΔW_m，则电动机的静态转矩为

$$T = \frac{\Delta W_m}{\Delta\theta} \tag{2-7}$$

用导数表示为

$$T = \frac{dW_m}{d\theta} \tag{2-8}$$

式中，W_m 为电动机的气隙磁场能量。当转子处于不同位置时，W_m 具有不同数值，故 W_m 是转子位置角 θ 的函数。气隙磁场能为

$$W_m = 2\int_V \omega dV \tag{2-9}$$

式中，$\omega = HB/2$ 为单位体积的气隙磁场能；V 为一个极面下定、转子间气隙的体积。

从图 2-21 可知，当定、转子轴向长度为 l，气隙长度为 δ，气隙平均半径为 r 时，与角度 $d\theta$ 相对应的体积增量为 $dV = l\delta r d\theta$，故式（2-9）可表示为

$$W_m = \int_V HBl\delta r\omega d\theta \tag{2-10}$$

因为每极下的气隙磁势 $F_\delta = H\delta$，再考虑到通过 $d\theta$ 所包围的气隙面积的磁通 $d\Phi = Bds = Blrd\theta$，所以

$$W_m = \int_V F_\delta d\Phi \tag{2-11}$$

根据欧姆定律 $\qquad d\Phi = F_\delta d\Lambda \tag{2-12}$

式中，Λ 为一个极面下的气隙磁导，则

$$W_m = \int_V F_\delta^2 d\Lambda \tag{2-13}$$

将式（2-13）代入式（2-8），可得静态转矩

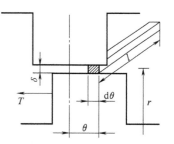

图 2-21　能量转换法求转矩

$$T = \frac{dW_m}{d\theta} = F_\delta^2 \frac{d\Lambda}{d\theta} \tag{2-14}$$

考虑到下列关系式：

$$\theta = \frac{\theta_e}{Z_R}; \quad F_\delta \approx IW; \quad \Lambda = Z_S lG \tag{2-15}$$

式中，Z_S 为定子每磁极下的齿数；G 为气隙比磁导，即单位轴向长度、一个齿距下的气隙磁导。将式（2-15）代入式（2-14）得静态转矩为

$$T = (IW)^2 Z_S Z_R l \frac{dG}{d\theta_e} \tag{2-16}$$

式中，气隙比磁导与转子齿相对于定子齿的位置有关，如转子齿与定子齿对齐时，气隙比磁导最大；转子齿与定子槽对齐时，气隙比磁导最小；其他位置时介于两者之间。故可认为气

隙比磁导是转子位置角 θ_e 的函数，即 $G = G(\theta_e)$。通常可将气隙比磁导用傅里叶级数来表示：

$$G = G_0 + \sum_{n=1}^{\infty} G_n \cos n\theta_e \tag{2-17}$$

式中，G_0、G_1、G_2、…都与齿形、齿的几何尺寸及磁路饱和度有关，可从有关资料中获得。若略去气隙比磁导中的高次谐波，可得静态转矩为

$$T = -(IW)^2 Z_S Z_R l G_1 \sin\theta_e \tag{2-18}$$

当失调角 $\theta_e = \pi/2$ 时，静态转矩最大，即

$$T = T_{jmax} = (IW)^2 Z_S Z_R l G_1 \tag{2-19}$$

由式（2-19）可知，最大静态转矩 T_{jmax} 与磁路结构、控制绕组的匝数和通入电流的大小等因素相关。当电动机铁心处于不饱和状态时，最大静态转矩 T_{jmax} 与控制绕组内电流 I 的二次方成正比；当铁心处于饱和状态时，最大静态转矩 T_{jmax} 趋于平稳，与控制绕组内电流 I 的大小关系不大，如图 2-22 所示。

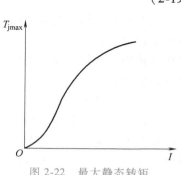

图 2-22　最大静态转矩
与控制电流的关系

2. 多相通电

一般来说，多相通电时的矩角特性和最大静态转矩 T_{jmax} 与单相通电时不同。按照叠加原理，多相通电时的矩角特性近似地可以由每相各自通电时的矩角特性叠加起来。

对常见的三相步进电动机来说，可以单相通电，也可以两相同时通电。下面推导三相步进电动机两相通电时（如 U、V 相）的矩角特性。

若 U 相定子齿轴线与转子齿轴线之间的夹角（即失调角）为 θ_e，那么 U 相通电时的矩角特性是一条通过零点的正弦曲线（假定矩角特性可近似看作正弦形），可以用式（2-20）表示：

$$T_U = -T_{jmax} \sin\theta_e \tag{2-20}$$

当 V 相也通电时，由于 $\theta_e = 0$ 时的 V 相定子齿轴线与转子齿轴线相夹一个单拍制的步距角，这个步距角 $\theta_{be} = \theta_{te}/3 = 120°$ 电角度或 $2\pi/3$ 电弧度，U 相和 V 相定子齿相对转子齿的位置如图 2-23 所示。所以 V 相通电时的矩角特性可表示为

$$T_V = -T_{jmax} \sin(\theta_e - 120°) \tag{2-21}$$

这是一条与 U 相矩角特性相距 120° 的正弦曲线，当 U、V 两相同时通电时的合矩角特性为两者之和，即

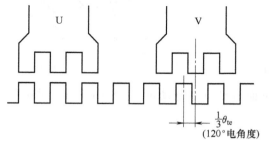

$$\frac{1}{3}\theta_{te}$$
（120° 电角度）

图 2-23　U 相和 V 相定子齿相对转子齿的位置

$$T_{UV} = T_U + T_V = -T_{jmax}\sin\theta_e - T_{jmax}\sin(\theta_e - 120°)$$
$$= -T_{jmax}\sin(\theta_e - 60°) \tag{2-22}$$

可见它是一条幅值不变、相移 60° 的正弦曲线。U 相、V 相及 U、V 两相同时通电时的矩角特性如图 2-24 所示。除了用波形图表示多相通电时的矩角特性外，还可用向量图来表示，转矩向量如图 2-25 所示。

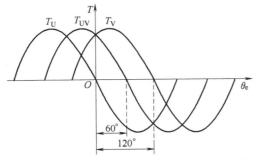

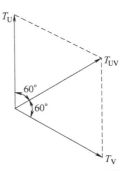

图 2-24　三相步进电动机单相、两相通电时的矩角特性　　　　图 2-25　三相步进电动机转矩向量

　　从上面对三相步进电动机两相通电时矩角特性的分析可知，两相通电时的最大静态转矩值与单相通电时的最大静态转矩值相等。即对三相步进电动机来说，不能依靠增加通电相数来提高转矩，这是三相步进电动机的一大缺点。如果不用三相，而用更多相时，多相通电可以达到提高转矩的效果。

　　与三相步进电动机分析方法相同，也可作出五相步进电动机的单相、两相、三相通电时矩角特性的波形图和向量图，如图 2-26 和图 2-27 所示。由图可见，两相和三相通电时矩角特性相对 U 相矩角特性分别移动了 $\pi/5$ 和 $2\pi/5$，静态转矩最大值两者相等，而且都比单相通电时大。因此，五相步进电动机采用两相-三相运行方式（如 UV→UVW→VW→…）不但转矩加大，而且矩角特性形状相同，这对步进电动机运行的稳定性极其有利，在使用时是应优先考虑的运行方式。

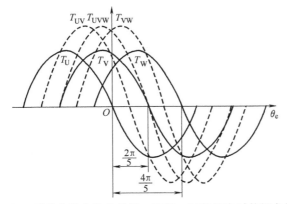

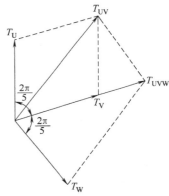

图 2-26　五相步进电动机单相、两相、三相通电时的矩角特性　　　图 2-27　五相步进电动机转矩向量

下面给出 m 相电动机，n 相同时通电时矩角特性的一般表达式：

$$T_1 = -T_{jmax}\sin\theta_e$$
$$T_2 = -T_{jmax}\sin(\theta_e - \theta_{be})$$
$$\vdots$$
$$T_n = -T_{jmax}\sin[\theta_e - (n-1)\theta_{be}] \tag{2-23}$$

所以 n 相同时通电时转矩为

$$T_{1\sim n} = T_1 + T_2 + \cdots + T_n = -T_{jmax}\{\sin\theta_e + \sin(\theta_e - \theta_{be}) + \cdots + \sin[\theta_e - (n-1)\theta_{be}]\}$$

$$= -T_{jmax}\sin\frac{n\theta_{be}}{2}\sin[\theta_e - (n-1)\theta_{be}/2]\Big/\sin\frac{\theta_{be}}{2} \tag{2-24}$$

式中，θ_{be} 为单拍制分配方式时的步距角。由于 $\theta_{\mathrm{be}} = 2\pi/m$，所以

$$T_{1\sim n} = -T_{\mathrm{jmax}} \sin\frac{n\pi}{m} \sin\left[\theta_{\mathrm{e}} - (n-1)\pi/m\right] \bigg/ \sin\frac{\pi}{m} \tag{2-25}$$

因此，m 相步进电动机 n 相同时通电时，静态转矩最大值与单相通电时静态转矩最大值之比为

$$\frac{T_{\mathrm{jmax}(1\sim n)}}{T_{\mathrm{jmax}}} = \sin\frac{n\pi}{m} \bigg/ \sin\frac{\pi}{m} \tag{2-26}$$

五相步进电动机两相通电时静态转矩最大值为

$$T_{\mathrm{jmax(UV)}} = \sin\frac{2\pi}{5} T_{\mathrm{jmax}} \bigg/ \sin\frac{\pi}{5} = 1.62 T_{\mathrm{jmax}} \tag{2-27}$$

五相步进电动机三相通电时静态转矩最大值为

$$T_{\mathrm{jmax(UV)}} = \sin\frac{3\pi}{5} T_{\mathrm{jmax}} \bigg/ \sin\frac{\pi}{5} = 1.62 T_{\mathrm{jmax}} \tag{2-28}$$

一般而言，除了三相电动机外，多相电动机的多相通电都能提高输出转矩，故一般功率较大的步进电动机都采用大于三相的步进电动机，并选择多相通电的控制方式以提高最大转矩。

2.6.2　动态特性

步进电动机运行的基本特点就是脉冲电压按一定的分配方式加到各控制绕组上，产生电磁过程的跃变，形成电磁转矩带动转子做步进式转动。由于外加脉冲的变化范围很广，脉冲频率不同，步进电动机的运行性能也不同。在分析动态特性时，常常按频率高低划分为 3 个区段，一段是脉冲频率极低的步进运行，另一段是高频率脉冲的连续运行，第三段是介于上述两段脉冲频率之间的运行。

1. 步进运行状态时的动态特性

若控制绕组通电脉冲的间隔时间大于步进电动机机电过渡过程所需要的时间，这时电动机为步进运行状态。

（1）动稳定区和稳定裕度

动稳定区是指步进电动机从一种通电状态切换到另一种通电状态，不致引起失步的区域。

当步进电动机处于矩角特性曲线 A 所对应的稳定状态时，输入一个脉冲，使其控制绕组改变通电状态，矩角特性向前跃移一个步距角 θ_{be}，如图 2-28 所示的曲线 B，稳定平衡点也由 O 变为 O_1 相对应的静稳定区 $(-\pi + \theta_{\mathrm{be}}) < \theta_{\mathrm{e}} < (\pi + \theta_{\mathrm{be}})$。在改变通电状态时，只有当转子起始位置在此区间，才能使它向 O_1 点运动，达到该稳定平衡位置。因此把区域 $(-\pi + \theta_{\mathrm{be}}) < \theta_{\mathrm{e}} < (\pi + \theta_{\mathrm{be}})$ 称为动稳定区。显然，步距角 θ_{be} 越小，动稳定区越接近静稳定区。

图 2-28 中，把矩角特性曲线 A 的稳定平衡点 O 离开曲线 B 的不稳定平衡点 $(-\pi + \theta_{\mathrm{be}})$ 的距离，称为稳定裕度。稳定裕度表达式为

$$\theta_{\mathrm{r}} = \pi - \theta_{\mathrm{be}} = \pi - \frac{2\pi}{m} = \frac{\pi}{m}(m-2) \tag{2-29}$$

式中，θ_{be} 为单拍制运行时的步距角。

由式（2-29）可知，反应式步进电动机的相数必须大于 2。所以，一般反应式步进电动机的最小相数为 3，并且相数越多，步距角越小，稳定裕度越大，运行的稳定性越好。

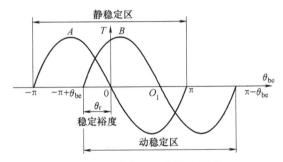

图 2-28　动稳定区和稳定裕度

（2）最大负载能力（起动转矩）

步进电动机在步进运行时所能带动的最大负载可由相邻两条矩角特性交点所对应的电磁转矩 T_{st} 来确定。

由图 2-29 可知，当电动机所带负载转矩 $T_L < T_{st}$ 时，在 U 相通电时转子处在失调角为 θ'_{ea} 的平衡点 a 上，当控制脉冲由 U 相通电切换到 V 相通电瞬间，矩角特性跃变为曲线 T_V，对应于角度 θ'_{ea} 的电磁转矩 $T_b > T_L$，于是在 $T_{b'} - T_L$ 作用下沿曲线 T_V 向前走过 1 步到达新的平衡位置 b，这样每切换 1 次脉冲，转子便转 1 个步距角。但是如果负载转矩 $T'_L > T_{st}$，即开始时转子处于失调角为 θ''_{ea} 的 a'' 点，当绕组切换后，对应角 θ''_{ea} 的电磁转矩小于负载转矩，电动机就不能做步进运动。所以各相矩角特性的交点（也就是全部矩角特性包络线的最小值对应点）所对应的转矩 T_{st}，是电动机做单步运动所能带动的极限负载，即负载能力，也称为起动转矩。实际电动机所带的负载 T_L 必须小于起动转矩才能运动，即 $T_L < T_{st}$。

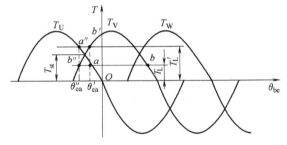

图 2-29　最大负载能力的确定

如果采用不同的运动方式，那么步距角就不同，矩角特性的幅值也不同，因而矩角特性的交点位置以及与此位置所对应的起动转矩值也随之不同。若矩角特性曲线为幅值相同的正弦波形时，可得出

$$T_{st} = T_{sm} \sin \frac{\pi - \theta_{be}}{2} = T_{sm} \cos \frac{\theta_{be}}{2} = T_{sm} \cos \frac{\pi}{N} \qquad (2\text{-}30)$$

由式（2-30）可知，拍数 $N \geqslant 3$ 时，起动转矩 T_{st} 才不为零；电动机拍数越多，起动转矩越接近 T_{sm} 值。此外，矩角特性曲线的波形对电动机带动负载的能力也有较大的影响，其波形是平顶波形时，T_{st} 值接近于 T_{sm} 值，电动机带负载的能力就较大。因此，步进电动机理想的矩角特性应是矩形波。

T_{st} 是步进电动机能带动的负载转矩极限值。在实际运行时，电动机具有一定的转速，由于受脉冲信号电流的影响，最大负载转矩值比 T_{st} 还将有所减小，因此实际应用时应留有相当余量才能保证可靠地运行。

（3）转子的自由振荡过程

步进电动机在步进运行状态，即通电脉冲的间隔时间大于其机电过渡过程所需要的时间时，转子是经过一个振荡过程后才稳定在平衡位置，无阻尼时转子的自由振荡如图 2-30 所示。

如果开始时 U 相通电，转子处于失调角 $\theta_e = 0$ 的位置。当绕组换接使 V 相通电时，V 相定子齿轴线与转子齿轴线错开 θ_{be} 角，矩角特性向前移动了一个步距角 θ_{be}，转子在电磁转矩作用下由 a 点向新的初始平衡位置 $\theta_e = \theta_{be}$ 的 b 点（即 V 相定子齿轴线和转子齿轴线重合）的位置做步进运动。到达 b 点位置时，转矩就为零，但转速不为零。由于惯性作用，转子会越过平衡位置继续运动。当 $\theta_e > \theta_{be}$ 时电磁转矩为负值，因而电动机减速，失调角 θ_e 越大，负的转矩越大，电动机减速得越快，直到速度为零的 c 点。如果电动机没有受到阻尼作用，c 点所对应的失调角为 $2\theta_{be}$，这时 V 相定子齿轴线与转子齿轴线反方向错开 θ_{be} 角。此后电动机在负转矩作用下向反方向转动，又越过平衡位置回到开始出发点 a 点。这样绕组每换接一次，如果无阻尼作用，电动机就围绕新的位置来回做不衰减的振荡，称为自由振荡，如图 2-30b 所示。其振荡幅值为步距角 θ_{be}，若振荡角频率用 ω_0' 表示，则相应的振荡频率和周期为 $f_0' = \omega_0'/(2\pi)$，$T_0' = 1/f_0' = 2\pi/\omega_0'$。自由振荡角频率 ω_0' 与振荡的幅值有关，当拍数很多时，步距角很小，振荡的振幅就很小。也就是说，转子在平衡位置附近做微小的振荡，这时振荡的角频率称为固有振荡角频率 ω_0。理论上可以证明固有振荡角频率为

$$\omega_0 = \sqrt{T_{sm} Z_R / J} \tag{2-31}$$

式中，J 为转子转动惯量。

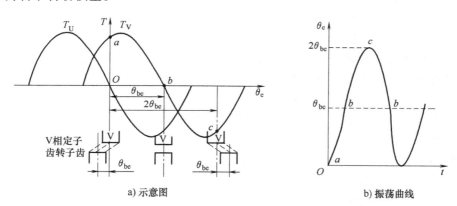

a) 示意图   b) 振荡曲线

图 2-30　无阻尼时转子的自由振荡

固有振荡角频率 ω_0 是步进电动机的一个很重要的参数。随着拍数减少，步距角增大，自由振荡的振幅也增大，自由振荡频率就降低。ω_0'/ω_0 与振荡幅值（即步距角）的关系如图 2-31 所示。

实际上转子不可能做无阻尼的自由振荡，由于轴上的摩擦、风阻及内部电磁阻尼等的影响，单步运动时转子围绕平衡位置的振荡过程总是衰减的，如图 2-32 所示。阻尼作用越大，衰减得越快，最后仍稳定于平衡位置附近。

单步运行时所产生的振荡现象对步进电动机的运行是极为不利的，它影响了系统的精度，带来了振动及噪声，严重时甚至使转子丢步。为了使转子振荡衰减得快，在步进电动机中往往专门设置特殊的阻尼器。

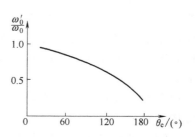

图 2-31　ω_0'/ω_0 与振荡幅值的关系

2. 连续运行状态时的动态特性

当步进电动机在输入脉冲频率较高，其周期比转子振荡过渡过程时间还要短时，转子做连续的旋转运动，这种运行状态称作连续运行状态。

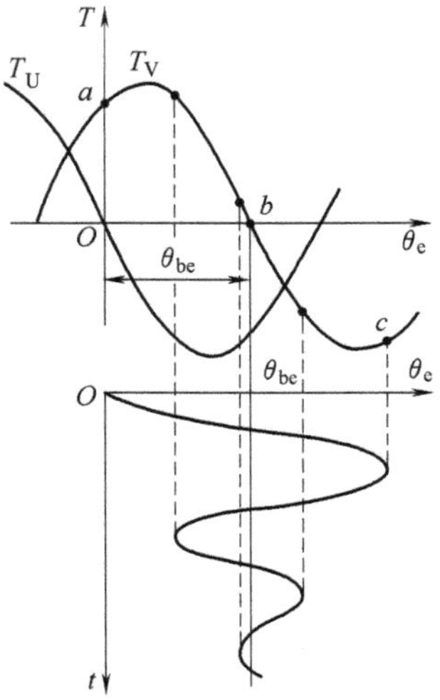

（1）动态转矩

在分析静态矩角特性时得最大静转矩 $T_{sm} = (NI)^2 Z_S Z_R l \lambda \propto I^2$，在分析步进运行时又得到最大负载能力 $T_{st} = T_{sm} \cos(\pi/N) \propto T_{sm} \propto I^2$。

当控制脉冲频率达到一定数值之后，频率再升高，步进电动机的负载能力下降，其主要是受定子绕组电感的影响。绕组电感有延缓电流变化的特性，使电流的波形由低频时的近似矩形波变为高频时的近似三角波，其幅值和平均值都较小，使动态转矩大大下降，负载能力降低。

此外，由于控制脉冲频率升高，步进电动机铁心中的涡流迅速增加，其热损耗和阻转矩使输出功率和动态转矩下降。

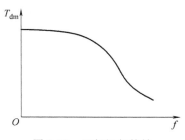

图 2-32　有阻尼时转子的衰减振荡

（2）运行矩频特性

由以上分析得知，当控制脉冲频率达到一定数值之后，再增加频率，由于电感的作用使动态转矩减小，涡流作用使动态转矩又进一步减小。可见，动态转矩是电源脉冲频率的函数，把这种函数关系称为步进电动机运行时的转矩-频率特性，简称为运行矩频特性，为一条下降的曲线，如图 2-33 所示。

矩频特性表明，在一定控制脉冲频率范围内，随频率升高，功率和转速都相应地提高，超出该范围，则随频率升高而使转矩下降，步进电动机带负载的能力也逐渐下降，到某一频率以后，就带不动任何负载，而且只要受到一个很小的扰动，就会振荡、失步以致停转。

图 2-33　运行矩频特性

总之，控制脉冲频率的升高是获得步进电动机连续稳定运行和高效率所必需的条件，然而还必须同时注意到运行矩频特性的基本规律和所带负载状态。

（3）最高连续运行频率

当控制电源的脉冲频率连续提高时，在一定性质和大小的负载下，步进电动机能正常连续运行时（不丢步、不失步）所能加到的最高频率称为最高连续运行频率或最高跟踪频率，这一参数对某些系统有很重要的意义。例如，在数控机床中，在退刀、对刀及变换加工程序时，要求刀架能迅速移动以提高加工效率，这一工作速度可由高的连续运行频率指标来保证。最高连续运行频率与负载的大小相关，一般分空载运行频率 f_{ru0} 和额定负载运行频率 f_{ruN}，而 $f_{ru0} > f_{ruN}$。例如，一型号为 70BF03 的反应式步进电动机，空载运行频率 $f_{ru0} = 16000\text{Hz}$，负载运行频率 $f_{ruN} = 4000\text{Hz}$。最高连续运行频率是步进电动机的重要技术指标。

（4）低频共振和低频丢步现象

随着控制脉冲频率的增加，脉冲周期缩短，因而有可能会出现在一个周期内转子振荡还未衰减完时下一个脉冲就来到的情况，即下一个脉冲到来时（前一步终时）转子位置处在什么地方与脉冲的频率有关。不同脉冲周期的转子位置如图 2-34 所示，当脉冲周期为 T'（$T' = 1/f'$）时，转子离开平衡位置的角度为 θ'_{e0}，而周期为 T''（$T'' = 1/f''$）时，转子离开平衡位置的角度为 θ''_{e0}。

当控制脉冲频率等于或接近于步进电动机振荡频率的 $1/K$ 时（$K = 1，2，3，\cdots$），电动机就会出现强烈振荡甚至失步，以至于无法工作，这就是低频共振和低频丢步现象。以三相步进电动机为例来说明低频丢步现象。

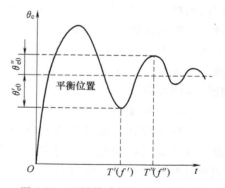

图 2-34　不同脉冲周期的转子位置

低频丢步的物理过程如图 2-35 所示。假定开始时转子处于 U 相矩角特性曲线的平衡位置 a_0 点，当第一个脉冲到来时，V 相绕组通电，矩角特性向前跃动 1 个步距角 θ_{be}，转子便沿特性曲线 T_V 向新的平衡位置 b_0 点移动。由于转子的运动过程是一个衰减的振荡过程，达到 b_0 点后会在 b_0 点附近做若干次振荡。其振荡频率接近于单步运动时的振荡角频率 ω'_0，即周期 $T'_0 = 2\pi/\omega'_0$。若控制脉冲的角频率也为 ω'_0，则第二个脉冲到来正好在转子回摆到接近负的最大值时，如图 2-35 中对应于曲线 T_V 上的 R 点。这时脉冲已换接到 W 相，特性又向前移动了 1 个步距角 θ_{be} 成曲线 T_W。如果转子对应于 R 点的位置是处在对于 b_0 点的动稳定区之外，即 R 点的失调角 $\theta_{eR} < (-\pi + \theta_{be})$，那么当 W 相绕组一相通电时，转子受到的电磁转矩为负值，即转矩方向不是使转子由 R 点位置向 c_0 点位置移动，而是向 c'_0 点位置运动。接着第三个脉冲到来，转子又由 c'_0 点返回到 a_0 点。这样转子经过 3 个脉冲仍然回到原来位置 a_0 点，也就是丢了 3 步，这就是低频丢步的物理过程。一般情况下，一次丢步的步数是运行拍数 N 的整数倍，丢步严重时转子停留在一个位置上或围绕一个位置振荡。

如果阻尼作用比较强，那么电动机振荡衰减得比较快，转子振荡回摆的幅值比较小，转子对应于 R 点的位置如果处在动稳定区之内，电磁转矩就是正的，电动机就不会失步。而且，拍数越多，步距角 θ_{be} 越小，动稳定区越接近静稳定区，这样也可以消除低频失步。

当控制脉冲频率等于转子振荡频率的 $1/K$ 时，如果阻尼作用不强，即使电动机不发生低频失步，也会产生强烈振动，这就是步进电动机的低频共振现象。图 2-36 表示转子振荡

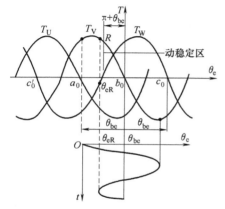

图 2-35　步进电动机的低频丢步

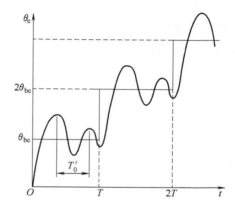

图 2-36　低频共振时的转子运动规律

两次而在第二次回摆时下一个脉冲到来的转子运动规律，可见转子具有明显的振荡特性。共振时，电动机就会出现强烈振动，甚至失步而无法工作，所以一般不允许电动机在共振频率下运行。但是如果采用较多拍数，再加上一定的阻尼和干摩擦负载，电动机振动的振幅可以减小，并能稳定运行。为了减少低频共振现象，很多电动机专门设置阻尼器，靠阻尼器来消耗振动的能量，限制振幅。

（5）高频振荡

反应式步进电动机在脉冲电压的频率相当高的情况下，有时也会出现明显的振荡现象。因为此时控制绕组内电流产生振荡，相应地使转子转动不均匀，以致失步。但脉冲频率若快速越过这一频段达到更高值时，电动机仍能继续稳定运行，这一现象称为高频振荡。

由于步进电动机定、转子上存在齿槽，在转子的旋转过程中便在控制绕组中感应一个交变电动势和交流电流，从而产生了一个对转子运动起制动作用的电磁转矩。该内阻尼转矩将随着转速的上升而下降，即具有负阻尼性质，因而使转子的运动有产生自发振荡的性质。在严重的情况下，电动机会失步甚至停转。

步进电动机铁心表面的附加损耗和转子对空气的摩擦损耗等形成阻尼转矩，它随着转速的升高而增大，若与电磁阻尼转矩配合恰当，电动机总的内阻尼转矩特性可能不出现负阻尼区，高频振荡现象也就不会出现。

3. 步进电动机的起动特性

步进电动机的起动过程与一般电动机不同。一般电动机常用堵转电流和堵转转矩来描述其起动特性，而步进电动机的起动与不失步联系在一起，因此，其起动特性要用其矩频特性、惯频特性和起动频率等特性和性能指标来描述。

（1）起动矩频特性

在给定驱动电源的条件下，负载转动惯量一定时，起动频率 f_{st} 与负载转矩 T_L 的关系为 $f_{st}=f(T_L)$，称作起动矩频特性，如图 2-37 所示。

当电动机带着一定的负载转矩起动时，作用在电动机转子上的加速转矩为电磁转矩与负载转矩之差。负载转矩越大，加速转矩就越小，电动机就越不易起动，只有当每步有较长的加速时间（即较低的脉冲频率）时电动机才可能起动。所以随着负载的增加，起动频率下降。起动频率 f_{st} 随负载转矩 T_L 增大呈下降趋势。

（2）起动惯频特性

在给定驱动电源的条件下，负载转矩不变时，起动频率 f_{st} 与负载转动惯量 J 的关系为 $f_{st}=f(J)$，称为起动惯频特性，如图 2-38 所示。

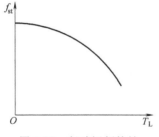

图 2-37　起动矩频特性

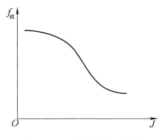

图 2-38　起动惯频特性

　　随着步进电动机转动部分惯量的增大，在一定的脉冲周期内转子加速过程将变慢，因而难于趋向平衡位置。而要电动机起动，也需要较长的脉冲周期使电动机加速，即要求降低脉冲频率。所以随着电动机轴上转动惯量的增加，起动频率也是下降的。起动频率 f_{st} 随转动惯量 J 增大呈下降趋势。

　　（3）起动频率

　　电动机正常起动时（不丢步、不失步）所能加的最高控制频率称为起动频率或突跳频率，这也是衡量步进电动机快速性能的重要技术指标。起动频率要比连续运行频率低得多，这是因为电动机刚起动时转速等于零，在起动过程中，电磁转矩除了克服负载转矩外，还要克服转动部分的惯性矩 $Jd^2\theta/dt^2$（其中 J 是电动机和负载的总惯量），所以起动时电动机的负载比连续运转时大。而连续稳定运行时，加速度（$d^2\theta/dt^2$）很小，惯性转矩可忽略。

　　增大电动机的动态转矩；减小转动部分的转动惯量；增加拍数，减小步距角，从而使矩角特性跃变角变小，减慢特性移动速度，均可以实现步进电动机起动频率的提高。

2.6.3　主要性能指标

1. 最大静转矩 T_{jmax}

　　最大静转矩 T_{jmax} 是指在规定的通电相数下矩角特性上的转矩最大值。通常在技术数据中所规定的最大静转矩是指一相绕组通入额定电流时的最大转矩值。

　　按最大静转矩的大小可把步进电动机分为伺服步进电动机和功率步进电动机。伺服步进电动机的输出转矩较小，有时需要经过液压力矩放大器或伺服功率放大系统放大后再去带动负载。而功率步进电动机最大静转矩一般大于 $4.9N \cdot m$，它不需要力矩放大装置就能直接带动负载，从而大大简化了系统，提高了传动的精度。

2. 步距角 θ_b

　　步距角是指输入一个电脉冲转子转过的角度。步距角的大小直接影响步进电动机的起动频率和运行频率。相同尺寸的步进电动机，步距角小的起动、运行频率较高，但转速和输出功率不一定高。

3. 静态步距角误差 $\Delta\theta_b$

　　静态步距角误差 $\Delta\theta_b$ 是指实际步距角与理论步距角之间的差值，常用理论步距角的百分数或绝对值来表示。通常在空载情况下测定，$\Delta\theta_b$ 小意味着步进电动机的精度高。

4. 起动频率 f_{st} 和起动频率特性

　　启动频率 f_{st} 是指步进电动机能够不失步起动的最高脉冲频率。技术数据中给出空载和负载起动频率。实际使用时，大多是在负载情况下起动，所以又给出起动的矩频特性，以便确定负载起动频率。起动频率是一项重要的性能指标。

5. 运行频率 f_{ru} 和运行矩频特性

　　运行频率 f_{ru} 是指步进电动机起动后，控制脉冲频率连续上升而不失步的最高频率。通常在技术数据中也给出空载和负载运行频率，运行频率的高低与负载转矩的大小有关，所以又给出了运行矩频特性。

　　提高运行频率对于提高生产率和系统的快速性具有很大的实际意义。因为运行频率比起动频率高得多，所以使用时，通常采用能自动升、降频控制线路先在低频（不大于起动频率）下起动，然后再逐渐升频到工作频率，使电动机连续运行，升频时间控制在 1s 之内。

2.7 步进电动机驱动控制

基于步进电动机的工作机理，加在步进电动机定子控制绕组上的电源既不是正弦交流，也不是恒定直流，而是脉冲电压，必须由特定的脉冲电源供电，所以步进电动机的控制相对比较复杂。

2.7.1 驱动控制器

步进电动机不能直接接到交/直流电源上工作，需要使用专用设备——步进电动机驱动器。步进电动机驱动器通过外加控制脉冲，并按环形分配器决定的分配方式，控制步进电动机各相绕组的导通或截止，从而使电动机产生步进运动。步进电动机工作性能优劣，除了取决于步进电动机本身的性能因素外，还取决于步进电动机驱动器性能的优劣。实际上步进电动机与驱动器构成一个相互的整体，统称为步进电动机系统，其运行性能是电动机本体和驱动器两者配合所反映出来的综合效果。

1. 驱动控制器的组成

步进电动机的驱动控制器主要由脉冲发生器、脉冲分配器和功率放大器组成，如图 2-39 所示。脉冲发生器产生频率从几赫兹到几万赫兹连续变化的脉冲信号。脉冲分配器是由门电路和双稳态触发器组成的逻辑电路，根据指令把脉冲信号按一定的逻辑关系加到定子各相绕组的功率放大器上，使步进电动机按一定的通电方式运行。由于脉冲分配器输出的电流只有几毫安，所以必须进行功率放大，由功率放大器来驱动步进电动机。

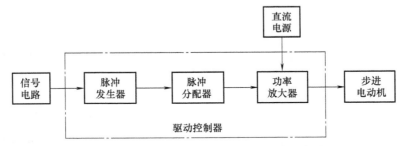

图 2-39　步进电动机驱动控制器的组成示意图

2. 对驱动控制器的要求

1）驱动控制器的相数、电压、电流和通电方式都要满足步进电动机的要求。

2）驱动控制器的频率要满足步进电动机起动频率和连续运行频率的要求。

3）能最大限度地抑制步进电动机的振荡，提高系统稳定性。

4）工作可靠，抗干扰能力强。

5）成本低，效率高，安装和维护方便。

3. 驱动控制系统的分类

1）步进电动机简单的控制过程可以通过各种逻辑电路来实现，如由门电路和触发器组成脉冲分配器。这种控制方法线路较复杂，成本高，而且一旦成型，很难改变控制方案，缺少灵活性。

2）由于步进电动机能直接接受数字量输入，因此特别适合微机控制。随着计算机控制技术的飞速发展，基于微机控制的步进电动机驱动系统的应用日益广泛。在这种控制系统中，脉冲发生和脉冲分配功能可由微机软件来实现，电动机的转速也由微机来控制。采用微机控制，不仅可以用很低的成本实现复杂的控制过程，而且具有很高的灵活性，便于控制功能的升级和扩充。

3）步进电动机的驱动控制系统还可以采用专用集成电路来构成。这种控制系统具有结构简单、性价比高的优点，在系列化产品中应该优先采用。

2.7.2　功率驱动电路

步进电动机的驱动电路实际上是一种脉冲功率放大电路，使脉冲具有一定的功率驱动能力。由于功率放大器的输出直接驱动电动机绕组，因此，功率放大电路的性能对步进电动机的运行性能影响很大。对驱动电路要求的核心问题则是如何提高步进电动机的快速性和平稳性。目前，采用分立器件的步进电动机驱动电路主要有以下几种。

1. 单电压限流型驱动电路

步进电动机一相驱动电路的原理如图 2-40 所示。L 是电动机绕组，晶体管 VT 是一个无触点电子开关，它的理想工作状态应使电流流过电动机绕组 L 的波形尽可能接近矩形波。如果仅考虑功率放大作用，采用图 2-40a 所示的驱动电路就可满足要求，但是由于电动机绕组的感性作用，电流按指数规律上升，如图 2-40c 所示，其时间常数 $\tau = L/r$，须经过 3τ 的时间后才能接近稳态电流 I_m。由于步进电动机绕组本身的电阻很小，所以时间常数很大，图 2-40c 中需等到 t_2 时刻，电流才能接近稳态值，从而严重影响电动机的步进频率。为了减小时间常数，在电动机绕组电路中串以电阻 R，这样时间常数就大大减小，在 t_1 时刻电流就能接近稳态值，缩短了绕组中电流上升的过渡过程，从而提高了电动机运行速度。所以，实际使用的单电压驱动电路如图 2-40b 所示。

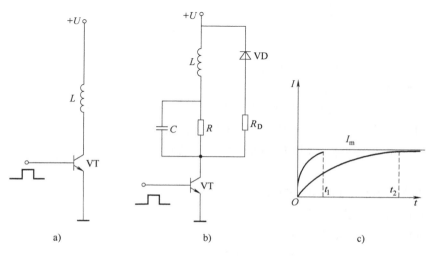

图 2-40　单电压限流型驱动电路的原理

在电阻 R 两端并联电容 C，是由于电容上的电压不能突变，在绕组由截止到导通的瞬间，电源电压全部落在绕组上，使电流上升更快，所以，电容 C 又称为加速电容。

二极管 VD 在晶体管 VT 截止时起续流和保护作用，以防止晶体管截止瞬间绕组产生的反电势使晶体管击穿，串联电阻 R_D 使电流更快下降，从而使绕组电流波形后沿变陡。

这种电路的缺点是 R 上有功率消耗。为了提高快速性，需加大 R 的阻值，随着阻值的加大，电源电压也势必提高，功率消耗也进一步加大，正因为这样，单电压限流型驱动电路的使用受到了限制，一般只用于动态性能要求不高的小功率步进电动机驱动。

2. 高低压切换型驱动电路

高低压切换型驱动电路的最后一级电路如图 2-41a 所示，相应的电压电流波形图如图 2-41b 所示。这种电路中采用高压和低压两种电压供电，一般高压大于 60V，用于快速提升电流，低压为 5～20V，用于维持稳态电流。信号 U_{b1} 是由脉冲分配器输出信号经过放大获得，称为低压脉冲；信号 U_{b2} 是由脉冲分配器输出信号经过单稳态电路输出并放大再经过隔离电路获得，称为高压脉冲。因此，U_{b1} 和 U_{b2} 信号同时出现，只是宽度不同，一般 U_{b2} 比 U_{b1} 要窄得多，即 U_{b1} 和 U_{b2} 信号上升沿时刻相同，U_{b2} 信号提前结束。

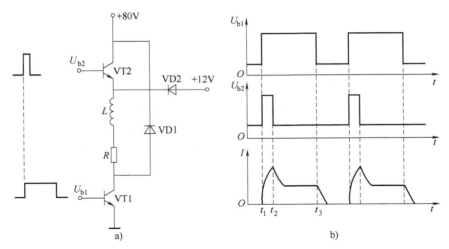

图 2-41　高低压切换型驱动电路

当步进指令脉冲到来时，U_{b1} 和 U_{b2} 信号同时变为高电平，在 $t_1 \sim t_2$ 时间内，VT1 和 VT2 均饱和导通。+80V 的高压电源经过 VT1 和 VT2 加到步进电动机的绕组上，使其电流迅速上升，当时间到达 t_2 时刻，或电流上升到某一数值时，U_{b2} 变为低电平，VT2 截止，电动机绕组的电流由 +12V 低压电源经过 VD2、VT1 来维持，此时，电流维持在电动机的额定电流，直到 t_3 时刻 U_{b1} 也为低电平，VT1 管截止，电动机绕组电流经过 VD1 并通过电源和 VD2 放电，直到降为零。

高低压切换型驱动电路中由于在电流上升开始有高压提升，所以在电动机绕组电路中，串联的电阻 R 阻值一般很小，甚至可以不串电阻，因此这种驱动电路的优点是功率损耗小，动态响应性能较好；缺点是大功率管的数量要多用 1 倍，增加了驱动电源。而且，由于工作中电路参数的漂移，高压脉冲的宽度很难掌握，偏宽则过流严重而导致电动机发热，偏窄则输出电流偏小导致转矩不足而引起失步。

3. PWM（脉宽调制）型驱动电路

PWM 控制技术是对脉冲的宽度进行调制的技术，它通过对一系列脉冲的宽度进行调制，来等效地获得所需要的波形（包括形状和幅值）。

为了解决高低压切换型驱动电路输出电流不稳定的问题，可以采用恒频斩波脉宽调制驱动电路，如图 2-42a 所示，相应的电压电流波形图如图 2-42b 所示。与高低压切换型驱动电路相比，电路中没有低压，只有高压 U。V_1 是 20kHz 的方波，作为恒频斩波脉宽调制信号。V_2 是步进控制信号。V_{ref} 是电流设定信号，连接比较器 OP 的正输入端，它用于确定电动机绕组电流 i_L 的稳定值。R_e 是电流取样电阻，V_i 与电动机绕组电流 i_L 成正比，连接比较器 OP 的负输入端。

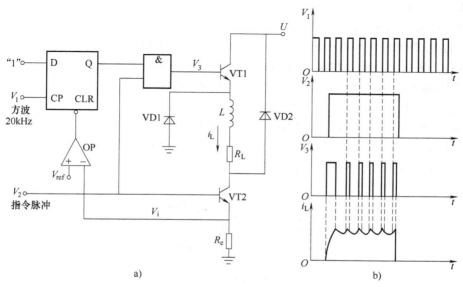

图 2-42 恒频斩波脉宽调制驱动电路

当步进信号为高电平时，VT2 导通，只要电动机绕组电流 i_L 没有到达设定值，$V_i < V_{ref}$，比较器输出为高电平，恒频斩波脉宽调制信号 V_1 控制 D 触发器输出为高电平，VT1 导通，在高压电源提升作用下，电流迅速上升。当电动机绕组电流 i_L 到达或超过设定值时，$V_i \geq V_{ref}$，比较器输出为低电平，D 触发器被复位，输出为低电平，VT1 关断。如此循环，直到步进信号为低电平时，结束。

恒频脉宽调制功率放大电路实际上是一个电流负反馈控制电路，它不但有高低压切换型驱动电路一样的电流上升速度，同时又由于电流负反馈的作用，输出电流既不会偏小，也不会偏大，稳定在设定值附近。因此，恒频脉宽调制功率放大电路具有很好的高频特性，稳定的电流输出，确保电动机能稳定运行，有效地减少了步进电动机的噪声，同时还降低了功耗。

4. 细分驱动电路

细分驱动控制又称为微步距控制，是步进电动机开环控制的新技术之一，可以达到极高的控制精度。所谓细分驱动控制，就是把步进电动机的步距角减小（减小到几个角分），把原来的 1 步再细分成若干步（如 50 步），这样步进电动机的转动近似为匀速运动，并能使它在任何位置准确停步。

为了达到上述目的，可以设法将定子相绕组中原来的矩形波电流改为阶梯波电流，如图 2-43 所示。可见，电流波形从零经过 10 个等宽等高的阶梯上升到额定值，下降时又经过同样的阶梯从额定值下降至零。它与一般的由零值突跳至额定值，从额定值跳至零的通电方式相比，步距角缩小为原来的 1/10，因而使电动机运转非常平滑，可以消除电动机在低频段运转时产生的振动、噪声等现象。

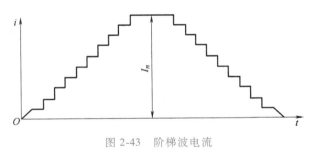

图 2-43　阶梯波电流

实现阶梯波电流的方法有两种：

1）通过顺序脉冲发生器形成若干等幅等宽的脉冲，用相应数量的完全相同的脉冲放大器分别进行功率放大，最后在电动机的相绕组中将这些脉冲电流进行叠加，合成阶梯波电流，如图 2-44a 所示。这种方法使用的功放元件很多，但元件的容量较小，且结构简单，容易调整，适用于中、大功率步进电动机的驱动。

2）对顺序脉冲发生器所形成的等幅等宽的脉冲，先用加法器合成阶梯波，再对阶梯波信号经过功率放大器进行功率放大，如图 2-44b 所示。这种方法所用功放元件少，但元件的容量较大，适用于微、小型步进电动机的驱动。

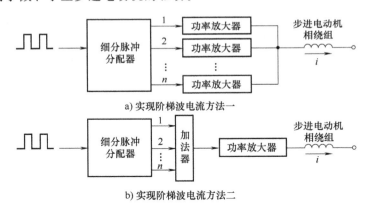

a) 实现阶梯波电流方法一

b) 实现阶梯波电流方法二

图 2-44　阶梯波电流的合成

细分驱动控制可以使步进电动机的步距角成数量级地减小，大大提高执行机构的控制精度，减小或消除振荡，降低噪声，抑制转矩脉动，提高系统运行的稳定性。

2.8　步进电动机在六自由度切削机器人中的应用

2.8.1　应用概述

步进电动机因具有低速大转矩、定位精度高、控制简单、无累积误差、可靠性高和成本低的优点，在机器人领域特别是在低转速高转矩工况下步进电动机是机器人最理想的驱动源。

机器人对步进电动机的选型需要考虑步距角、最大静力矩和起动矩频特性、工作矩频特性分别满足进给传动系统脉冲当量、空载快速起动力矩和起动力矩与起动频率、工作运行力矩与运行频率的要求。应遵循如下原则：

1）使步距角和机械系统相匹配，便于得到所需的脉冲当量。在机械传动过程中可通过改变导程和细分驱动得到更小的脉冲当量。但细分驱动只能改变分辨率，不能改变精度，因为精度由电动机的固有特性所决定。

2）正确计算机械系统的负载转矩，使电动机矩频特性满足机械负载要求并有一定的余量，保证运行可靠。实际工作中各种频率下的负载力矩必须在矩频特性曲线的范围内。一般情况下，最大静力矩大的电动机，其承受的负载力矩也大。

3）估算机械负载的负载惯量和机器人要求的起动频率，使之与步进电动机的惯性频率特性相匹配，且含一定的余量，使之高速连续工作频率能满足机器人快速移动的需要。

4）合理确定脉冲当量和传动链的传动比。脉冲当量根据进给传动系统的精度要求来确定。若脉冲当量取得过大，则无法满足系统的精度要求；若选得过小，则机械系统有可能难以实现，也有可能对系统的精度和动态特性提出的要求过高，使经济性降低。对于开环系统来说，一般取 $0.005 \sim 0.01\text{mm}$。传动链的传动比可采用式（2-32）进行计算：

$$i = \frac{\alpha L_0}{260° \delta_\text{p}} \tag{2-32}$$

式中，α 为步进电动机的步距角（°）；L_0 为滚珠丝杠的导程（mm）；δ_p 为移动部件的脉冲当量（mm）。

一般来说，步进电动机的步距角 α、滚珠丝杠的导程 L_0 和脉冲当量 δ_p 给定后，采用式（2-32）计算传动链的传动比 i 时，一般情况下传动比 $i \neq 1$，这表明采用步进电动机作为驱动的传动系统，电动机轴与滚珠丝杠轴之间需要有一个减速装置进行动力传递，不能直接相连。当传动比 i 不大时，可以采用同步齿形带或一级齿轮副传动，否则采用多级齿轮副传动。

2.8.2　应用案例

六自由度切削机器人驱动控制系统是一种典型的多轴实时运动控制系统。随着工业机器人的广泛应用和智能控制技术的迅猛发展，传统机器人封闭式控制系统因软件兼容性、容错性以及实时性较差并缺乏网络功能，不能满足现代工业发展的需要，以 PC（个人计算机）为基础，采用面向对象的模块化设计来构造系统的开放式控制系统应运而生，且很快成为一种重要的工业标准。

1. 切削机器人的机械结构

切削机器人主要由机身（腰部）、臂部（大臂、小臂）、腕部以及末端操作器（电主轴）组成，是具有六个回转关节的串联机器人，如图 2-45 所示。在加工过程中因为要切削不同表面形状的工件，要求机器人要有足够灵活的腕部，到达空间任意位置、完成各种姿态的动作，所以在设计机器人结构时，其臂部和腕部均有 3 个自由度。

常见的搬运类或抓取类机器人工作时要求工作起始位置准确即可，对运动过程的轨迹、速度和加速度没有过多的要求，其运动轨迹的实现多采用点位控制，而切削加工机器人不同于搬运类或抓取类机器人，它在工作时即要求工作的起始位置准确，又要求运动的轨迹、速

度和加速度准确，其运动轨迹的实现多
采用连续控制方式。

切削机器人运动执行部件及位置检
测装置分别选用了步进电动机和编码
器，而没有选用本身带有旋转编码器的
伺服电动机，这是因为伺服电动机的旋
转编码器检测的是旋转速度，构成半闭
环控制系统，不能保证运动件到达了预
定的位置。选用步进电动机和编码器构
成的闭环控制系统，反馈的是运动件的
实际运动参数，PC 把接收到的参数信
息与理论参数进行对比，若运动件到达
了理论位置，运动轴 PC 不再发出脉冲
信号，否则将会发出控制指令，直到运

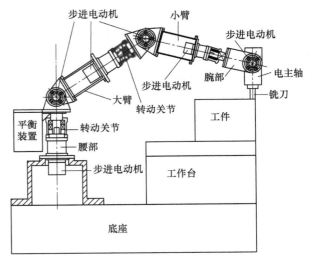

图 2-45　切削机器人的机械结构

动轴到达理论位置，降低步进电动机到机械执行器间的传动误差。

2. 切削机器人控制系统的硬件组成

机器人控制系统采用了上下两级计算机，上位机是 PC，下位机采用可编程多轴运动控
制卡，如图 2-46 所示。此机器人控制系统按功能分为主控制器单元、底层控制器单元和伺
服系统单元。其中，主控制器单元由 PC 组成，运动机械手控制主程序。底层控制器单元由
可编程多轴运动控制卡组成，完成脉冲信号、方向信号的输出以及编码器反馈信号的检测等
功能，控制机械手的位置和速度。伺服系统单元由步进电动机和驱动控制器组成，是机械手
运动的动力源。系统中可编程控制器采用运动控制卡，可同时控制 6 个步进电动机执行各种
运动指令，输出的最大脉冲频率可满足大部分运动控制应用的精度需求。

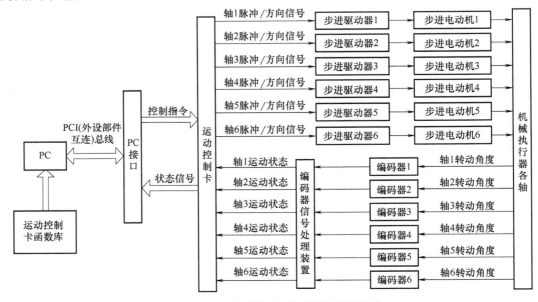

图 2-46　切削机器人控制系统的硬件组成

3. 控制系统的软件开发

系统软件开发工具选用功能非常强大的可视化应用程序开发工具 Visual C++。它采用面向对象和模块化的思想进行开发，利用基本类库 MFC 高效快捷的编程特点，能够满足系统的要求。机器人控制系统的软件结构如图 2-47 所示。

根据机器人末端在空间的位姿，上位机控制系统需要完成运动学分析、轨迹规划等操作，计算出 6 个关节电动机的控制参数，并将参数传至下位机控制系统。而下位机控制系统即运动控制卡需将收到的控制信号传输至各个关节电

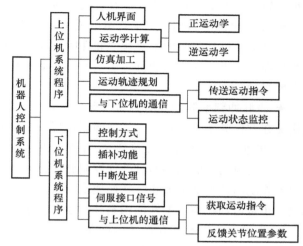

图 2-47　机器人控制系统的软件组成

动机驱动器中。此外，上位机与下位机一个重要的通信功能是要完成数据交换，下位机将机械手各关节的实际位置参数反馈给上位机控制系统，对于下位机系统反馈的关节实际位置信息，上位机控制系统能够做到及时接收，以便准确有效地对整个系统进行实时控制。

PC+运动控制卡的控制方式在运动控制领域已经得到广泛应用。控制卡上的 CPU（中央处理器）与 PC 的 CPU 构成主从式双 CPU 控制模式，PC 的 CPU 负责人机界面、实时监控和发送指令等系统管理任务，运动控制卡上 CPU 处理包括行程控制、速度变化和多轴插补在内的所有运动控制，无须占用 PC 资源，使计算机资源得以充分利用。

本 章 小 结

通过本章的学习，应当了解：

★ 步进电动机又称脉冲电动机，是数字控制系统中的一种执行元件。其作用是将电脉冲信号变换为相应的角（或线）位移。驱动能力范围内，步进电动机输出的角（或线）位移与输入的脉冲数成正比，转速（或线速度）与输入的脉冲频率成正比。它能按照控制脉冲的要求，迅速起动、制动、反转和无级调速；具有步距精度高、惯性小、在不失步的情况下没有步距误差累积和停止时能锁住的特点，步进电动机在自动控制系统中，特别是在开环的数字程序控制中作为传动元件得到广泛的应用。

★ 步进电动机通常可分为反应式步进电动机（VR）、永磁式步进电动机（PM）和混合式步进电动机（HB）三大类。

★ 步进电动机由专门电源供给电脉冲。每相绕组是脉冲式通电。每输入一个电脉冲信号，转子转过的角度为步距角，它由转子齿数和运动拍数所决定。每台电动机可采用单拍或双拍通电方式，步进电动机一般有两个步距角。静态步距角误差越小，电动机的运行精度越高。

★ 步进电动机静止时转矩与转子失调角间的关系称为矩角特性。矩角特性上的转矩最大值（即最大静转矩）表示电动机承受负载的能力，一般通过增加相数的方式来提高转矩

大小。转矩与电动机特性的优劣有直接关系，是步进电动机最主要的性能指标。

★ 由于电感的影响，定子绕组电流不能突变，致使步进电动机的转矩随频率提高而减小。步进电动机动态时的主要特性和性能指标有运行频率、运行矩频特性、起动频率和起动矩频特性。尽可能提高电动机转矩，减小电动机和负载的惯量，是改善步进电动机动态特性的主要途径。

★ 当脉冲频率等于自由振动频率的 $1/K$ 时，转子会发生强烈振荡甚至失步。在使用时应避免在共振频率下运行。为了削弱振荡现象，一般都装有机械阻尼器。

★ 步进电动机不能直接接到交/直流电源上工作，需要使用专用设备——步进电动机驱动器。步进电动机驱动器通过外加控制脉冲，并按环形分配器决定的分配方式，控制步进电动机各相绕组的导通或截止，从而使电动机产生步进运动。步进电动机工作性能优劣，除了取决于步进电动机本身的性能因素外，还取决于步进电动机驱动器性能的优劣。

★ 步进电动机通电方式（运行方式）对其性能影响较大。为提高其性能，应多采用多相通电的双拍制，少采用单相通电的单拍制。

★ 步进电动机因具有低速大转矩、定位精度高、控制简单、无累积误差、可靠性高和成本低的优点，在机器人领域特别是在低转速高转矩工况下步进电动机是机器人最理想的驱动源。

★ 切削机器人运动执行部件及位置检测装置选用步进电动机和编码器构成的闭环控制系统，反馈运动件的实际运动参数，PC 把接收到的参数信息与理论参数进行对比，若运动件到达了理论位置，运动轴 PC 不再发出脉冲信号，否则将会发出控制指令，直到运动轴到达理论位置，降低步进电动机到机械执行器间的传动误差。

本 章 习 题

1. 步进电动机是数字控制系统中的一种执行元件，其作用是将（　　　）变换为相应的角位移或线位移。

A. 计算机信号　　　B. 脉冲电信号　　　C. 直流电信号　　　D. 交流电信号

2. 步进电动机常用于（　　　）系统中作执行元件，有利于简化控制系统。

A. 开环　　　　　　B. 闭环　　　　　　C. 高速度　　　　　D. 高精度

3. 步进电动机的输出特性是（　　　）。

A. 输出电压与转角成正比　　　　　　B. 转速与脉冲量成正比

C. 输出电压与转速成正比　　　　　　D. 转速与脉冲频率成正比

4. 一台四相八极反应式步进电动机步距角为 1.8°/0.9°，则该电动机转子齿数为（　　　）。

A. 125　　　　　　B. 100　　　　　　C. 75　　　　　　　D. 50

5. 采用双拍制的步进电动机步距角与采用单拍制相比（　　　）。

A. 减小一半　　　　B. 相同　　　　　　C. 增大一半　　　　D. 增大一倍

6. 常见的搬运类或抓取类机器人工作时的运动轨迹多采用（　　　）控制，切削加工类机器人工作时的运动轨迹多采用（　　　）控制方式。

7. 简述步进电动机输出角（或线）位移量、转速或线速度的控制方法。

8. 简述反应式步进电动机在三相单三拍和三相单双六拍通电方式下的工作原理。

9. 简述步进电动机性能指标和各部分的含义。

10. 步进电动机按转子结构不同分为哪几种？各有哪些特点？

11. 一台五相反应式步进电动机其步距角为 $1.5°/0.75°$，求该步进电动机的转子齿数是多少？

12. 一台三相反应式步进电动机，其转子齿数 Z_R 为 40，分配方式为三相六拍，脉冲频率 f 为 600Hz。试计算：

（1）写出步进电动机顺时针和逆时针旋转时各相绕组的通电顺序。

（2）求步进电动机的步距角 θ_b。

（3）求步进电动机的转速 n。

13. 一台三相反应式步进电动机，采用三相六拍运行方式，在脉冲频率 f 为 400Hz 时，其转速 n 为 100r/min，试计算其转子齿数 Z_R 和步距角 θ_b。若脉冲频率 f 不变，采用三相三拍运行方式，其转速 n_1 和步距角 θ_{b1} 又为多少？

14. 有一脉冲电源，通过环形分配器将脉冲分配给五相十拍通电的步进电动机定子绕组，测得步进电动机的转速为 100r/min，已知转子有 24 个齿。试计算：

（1）求步进电动机的步距角 θ_b。

（2）求脉冲电源的频率 f。

15. 简述步进电动机对驱动控制器的要求。

16. 简述步进电动机常见的功率驱动电路及各驱动电路的工作原理。

17. 一台五相反应式步进电动机工作时，若采用五相十拍运行方式，步距角为 $1.5°$，电源脉冲频率为 3000Hz，试求出该五相反应式步进电动机的转速。

18. 简述机器人对步进电动机的选型应遵循的原则。

19. 简述六自由度切削机器人的结构组成及控制过程。

第3章

机器人直流伺服电动机驱动及控制

本章学习目标

◇ 了解伺服电动机系统及伺服电动机概述
◇ 掌握直流伺服电动机的基本结构和励磁方式
◇ 掌握直流伺服电动机的工作原理
◇ 了解直流伺服电动机的技术参数和技术要求
◇ 掌握直流伺服电动机的控制方式和运行特性
◇ 掌握直流伺服电动机的动态特性
◇ 了解常见特种直流伺服电动机的结构和工作特点
◇ 了解直流伺服电动机在足球机器人中的应用

伺服电动机控制系统又称随动系统，是用来精确地跟随或复现某个过程的反馈控制系统。在很多情况下，伺服系统专指被控制量（系统的输出量）是机械位移或位移速度、加速度的反馈控制系统，其作用是使输出的机械位移（或转角）准确地跟踪输入的位移（或转角），如图3-1所示。

图 3-1　伺服电动机控制系统

20世纪六七十年代是直流伺服电动机诞生和全盛发展的时代，直流伺服系统在工业及相关领域获得了广泛应用，伺服系统的位置控制也由开环控制发展成闭环控制。直流伺服电动机控制系统因控制电路简单、无励磁损耗和低速性能好等优点，在数控机床、工业机器人、测量设备、医疗设备和包装机械等领域中发挥着极其重要的作用。图 3-2 为直流伺服电动机在部分产品中的应用。

a) 数控机床

b) 工业机器人

c) 全自动三坐标测量仪

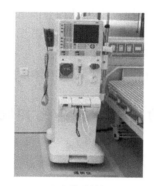

d) 血液透析仪

e) 包装机

图 3-2　直流伺服电动机在部分产品中的应用

3.1　概　　述

1. 伺服电动机定义

伺服电动机作为工业机器人的"肌肉"，是工业机器人最核心的部件之一。伺服电动机又称为执行电动机，在自动控制系统中用作执行元件。将输入的电压信号变换成转轴的角位移或角速度，来驱动控制对象。输入的电压信号又称为控制信号或控制电压。改变控制电压可以改变伺服电动机的转速和转向。

2. 伺服电动机分类

伺服电动机按其使用的电源性质不同，可分为直流伺服电动机和交流伺服电动机两大类。由于直流伺服电动机具有良好的调速性能、较大的起动转矩及快速响应等优点，首先在自动控制系统中得到广泛应用。交流伺服电动机结构简单、运行可靠、维护方便，多年来一直受到人们的重视，目前采用矢量控制的三相感应电动机和三相永磁同步电动机构成的高性能交流伺服系统已占据国际市场的主导地位。

近年来，由于伺服电动机的应用范围日益扩展，要求不断提高，促使其有了很大发展，出现了许多新构型。又因系统对电动机快速响应的要求越来越高，各种低惯量的伺服电动机相继出现，例如，盘形电枢直流电动机、空心杯电枢直流电动机和电枢绕组直接绕在铁心上的无槽电枢直流电动机等。

随着电子技术的飞速发展，又出现了采用电子器件换向的新型直流伺服电动机，它取消了传统直流电动机上的电刷和换向器，故称为无刷直流伺服电动机。此外，为了适应高精度低速伺服系统的需要，研制出直流力矩电动机，它取消了减速机构而直接驱动负载。

3. 工业机器人对伺服电动机的基本要求

1）调速范围广。伺服电动机的转速随着控制电压的变化能在更宽的范围内连续调节。

2）机械特性和调节特性线性化。伺服电动机的机械特性是指控制电压一定时，转速随转矩的变化关系；调节特性是指电动机转矩一定时，转速随控制电压的变化关系。线性的机械特性和调节特性有利于提高工业机器人的动态精度。

3）无"自转"现象。伺服电动机在控制电压为零时能自行停转。

4）响应速度快。电动机的机电时间常数小，相应伺服电动机有较大的堵转转矩和较小的转动惯量。这样，电动机的转速便能随着控制电压的改变而迅速变化。

5）可以承受比较高强度的工作环境，需要进行频繁的正反向和加减速运行，并且可以承受短时间的数倍过载。

6）体积小，重量轻，使用寿命长，方便配合机器人的体形。

3.2 直流伺服电动机的基本结构和励磁方式

3.2.1 直流伺服电动机的基本结构

直流伺服电动机有永磁式和电磁式两种基本结构类型。电磁式直流伺服电动机按励磁方式不同又分为他励、并励、串励和复励四种。直流伺服电动机是指使用直流电源驱动的伺服电动机，它的基本结构和工作原理与普通他励直流电动机相同，不同的是做得比较细长，以满足工业机器人等应用领域快速响应的需要。

直流伺服电动机由定子（固定部分）和转子（旋转部分）两大部分组成。定子和转子之间存在气隙，称为空气隙。定子是用来安装磁极和作为电动机自身的机械支撑，包括定子铁心、励磁绕组、机壳、端盖和电刷装置等。转子是用来感应电动势和通过电流从而实现能量转换的部分，也称为电枢，包括电枢铁心、电枢绕组、换向器和轴等。输出轴通过轴承支撑在端盖上。直流伺服电动机的基本结构简图如图 3-3 所示。

1. 定子铁心和励磁绕组

小容量直流伺服电动机定子铁心往往将磁极和磁轭连为一体，用 0.35～0.5mm 厚的电工钢片的冲片叠压而成。铁心外的机壳由

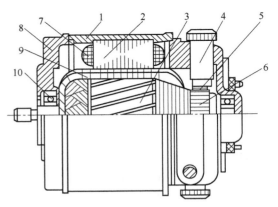

图 3-3　直流伺服电动机的基本结构简图
1—机壳　2—定子铁心　3—电枢
4—电刷座　5—电刷　6—换向器
7—励磁绕组　8—端盖　9—空气隙　10—轴承

铝合金浇铸而成，定子结构如图 3-4 所示。

为了使主磁通在空气隙中的分布更为合理，磁极的极掌（或称极靴）较极身更宽，这样也可使励磁绕组牢固地套在磁极铁心上。

励磁绕组由铜线绕制而成，包上绝缘材料以后套在磁极上，如图 3-4 所示。当励磁绕组通以直流电时，产生磁通，形成 N、S 极。直流电动机可以做成多对磁极，控制用的直流电动机一般做成 1 对磁极。

上述励磁方式称为电磁式。此外，定子磁极还可以用永磁体制成，称为永磁式。

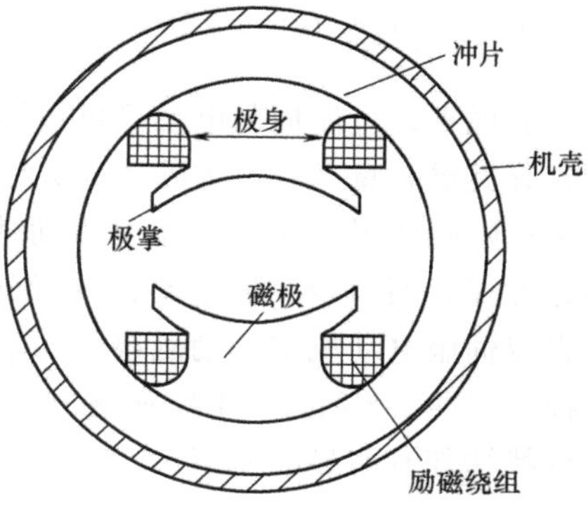

2. 电枢铁心和电枢绕组

电枢铁心用 0.35～0.5mm 厚的电工钢片的冲片叠压而成，电枢铁心冲片形状如图 3-5 所示。铁心上的槽用于放置绕组，电枢铁心也是主磁通磁路的组成部分。由于转子旋转，所以电枢铁心也切割磁通。为了减少铁心中的涡流损耗，铁心冲片两面要有绝缘层，作为片间绝缘。

将绝缘铜导线预先制成元件，并嵌于槽中，然后将元件的两个端头按照一定的规律接到换向器上组成电枢绕组，如图 3-6 所示。

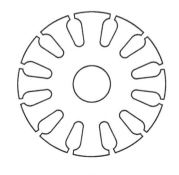

图 3-5　电枢铁心冲片

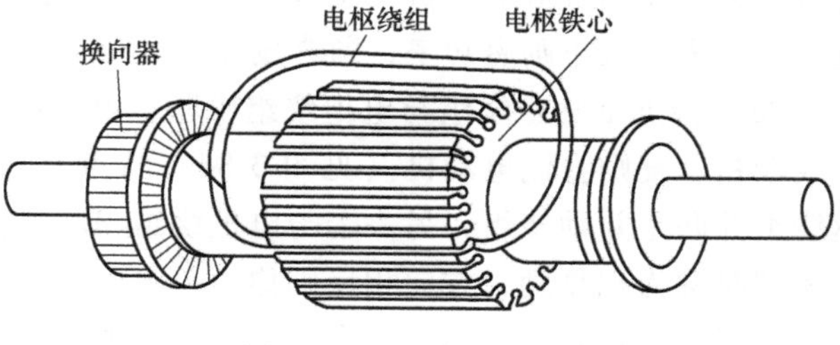

图 3-6　电枢铁心和绕组

3. 换向器和电刷

换向器是由许多换向片（铜片）叠装而成。换向片之间用塑料或云母绝缘，各换向片和元件相连。常用的换向器有金属套筒式换向器和塑料换向器。塑料换向器的剖面图如图 3-7 所示。

电刷放在电刷座中，用弹簧将它压在换向器上，使之和换向器有良好的滑动接触，如图 3-3 所示。在直流伺服电动机中，电刷和换向器的作用是将电枢绕组中的交变电动势转换成电刷间的直流电动势。

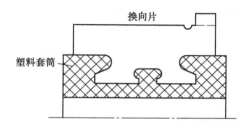

图 3-7　塑料换向器剖面图

图 3-4　直流伺服电动机定子结构简图

3.2.2 直流伺服电动机的励磁方式

一般说来，直流伺服电动机可按结构、用途和容量等分类。但从运行的观点来看，按励磁方式分类更有意义。因为除了少数微型电动机的磁极是永久磁铁外，绝大多数电动机的磁场都是在励磁绕组中通以直流电流而建立的。所以，通常都是按励磁绕组的连接方式（即按励磁方式）对直流伺服电动机进行分类。

直流伺服电动机按其励磁绕组与电枢绕组不同的连接方式，分为他励、并励、串励和复励 4 种，如图 3-8 所示。4 种励磁方式的电动机在能量转换的电磁过程方面没有本质区别，但运行特性却有明显的差别。

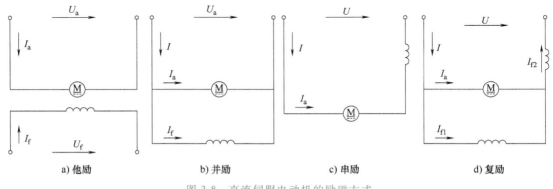

图 3-8　直流伺服电动机的励磁方式

他励直流伺服电动机（见图 3-8a）特点是励磁绕组接在独立的励磁电源上，而与电枢绕组无关。并励直流电动机（见图 3-8b）特点是励磁绕组与电枢绕组并联。这两种类型的电动机，为了减小励磁功率，通常励磁绕组的匝数较多，导线较细。串励直流电动机（见图 3-8c）特点是励磁绕组与电枢绕组串联，电枢绕组电流就是励磁电流，励磁绕组匝数少，导线较粗。复励直流电动机（见图 3-8d）特点是在主磁极上装有两套励磁绕组，一套与电枢绕组并联是并励绕组，另一套与电枢绕组串联是串励绕组。两套励磁绕组产生的磁通势方向相同时称为积复励，方向相反则称为差复励。工业应用中常用积复励。

为了减小励磁功率消耗，在确保磁通量的前提下，可以通过增加绕组匝数来减小励磁电流。一般励磁绕组所消耗的功率为电动机额定功率的 1%~3%，并励或他励电动机励磁绕组中的电流比电枢绕组电流要小得多，一般为额定电流的 1%~5%。

3.3　直流伺服电动机的工作原理

3.3.1　工作原理概述

两极直流伺服电动机的工作原理示意图如图 3-9 所示。图中的 N、S 是静止的磁极，产生磁通。能够在两磁极之间转动的铁心和线圈 abcd 称为转子（即电枢）。线圈的两个端头接在相互绝缘的两个铜质半圆环上（即换向片），在空间静止的电刷 A 和 B 与换向片滑动接触，使旋转的线圈与外面静止的电路相连。将外部直流电源加于电刷 A（正极）和 B（负极）上时，线圈 abcd 中便流过电流。在导体 ab 中，电流由 a 指向 b，在导体 cd 中，电流由 c 指向 d，其方向如图 3-9a 中的箭头所示。位于磁场中的载流导体必然受到电磁力的作用，其方向可用左手定则判定，这一电磁力形成了作用于电枢铁心的转矩，该转矩称为电磁转矩，为逆时针方向。这样，电枢就沿着逆时针方向旋转。当电枢旋转 180°时，导体 ab 转到 S 极下，导体 cd 转到 N 极下，如图 3-9b 所示。此时电流仍从电刷 A 流入，使得导体 cd 中的电流变为由 d 流向 c，而导体 ab 中的电流变为由 b 流向 a，从电刷 B 流出，由左手定则判别可知，电磁转矩的方向仍为逆时针方向。

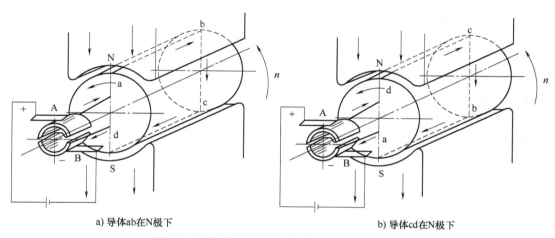

a) 导体ab在N极下　　　　　　　　　　　　　　b) 导体cd在N极下

图 3-9　两极直流伺服电动机的工作原理示意图

综上所述，加在直流伺服电动机上的直流电源，借助于换向器和电刷的作用，使直流电动机电枢线圈中流过的电流方向交变，进而使电枢产生的电磁转矩的方向恒定不变，确保直流伺服电动机以确定的方向连续旋转，这就是直流伺服电动机的工作原理。实际使用的直流伺服电动机转子上的绕组不是仅由一个线圈构成，而是由多个线圈连接而成，以产生足够大的电磁转矩并减少电磁转矩的波动。

3.3.2　感应电动势和电磁转矩

1. 感应电动势

电动机工作时转子线圈在磁场中转动切割磁感线，线圈将产生感应电动势。对每根导体来说，其感应电动势的瞬时值为

$$e_j = B_j l v \tag{3-1}$$

式中，B_j 为某导体 j 所在处的气隙磁通密度；l 为电枢导体的有效长度；v 为导体切割气隙磁场的速度。

在已有的电动机中，导体的有效长度 l 为定值。如果电动机以恒定转速 n 旋转，则 v 为常数。由式（3-1）可知，电动势 e_j 与磁通密度 B_j 成正比。当电枢恒速旋转时，导体内的感应电动势随时间的变化规律与磁通密度沿气隙的分布规律相同。在实际电动机中，气隙磁通密度沿空间分布的状态如图 3-10 所示。

从图 3-10 可知，对单个线圈来说，电刷 A、B 间的输出电压是脉动的直流电压，而且其数值较小，为了消除电压的脉动并提高其幅值，在实际电动机中，电枢绕组不是由一个线圈

而是由若干个均匀分布在电枢表面的线圈按一定规律连接而成。由于每个元件（线圈）边在磁场中所处的位置不同，所以不同元件边的导体的感应电动势 e_j 也不同。假设电枢绕组总导体数为 N，有 $2a$ 条并联支路，则每条支路中的串联导体数为 $N/2a$，则电刷之间的感应电动势为

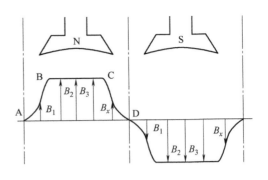

$$E_a = \sum_{j=1}^{N/(2a)} e_j = lv \sum_{j=1}^{N/(2a)} B_j \qquad (3\text{-}2)$$

图 3-10　气隙磁通密度沿空间分布的状态

在式（3-2）中，各处的气隙磁通密度 B_j 不尽相同，为便于计算，B_j 可用平均磁通密度 B_{av} 来代替。如果每极磁通 Φ 为已知，电动机极距为 τ，电动机的磁极对数为 p，则有 $\Phi = B_{av}l\tau$；电枢表面导体的线速度 $v = 2p\tau n/60$（单位为 m/s），其中 n 为电枢旋转速度，将上述关系式代入式（3-2）可得

$$E_a = K_e\Phi n \qquad (3\text{-}3)$$

式中，E_a 为电枢电动势（V）；Φ 为一对磁极的磁通（Wb）；n 为电枢的旋转速度（r/min）；K_e 为电动势常数，与电动机结构有关，$K_e = pN/(60a)$。

由式（3-3）可知，感应电动势 E_a 与每极磁通量 Φ 及电枢旋转速度 n 的乘积成正比，其大小取决于每极磁通量、极对数 p、电动机的转速（即电枢旋转速度）及绕组导体数和连接方法。E_a 的方向取决于 Φ 和 n 的方向，改变 Φ 的方向（即改变励磁电流 I 的方向）或者转向，即可改变 E_a 的方向。在直流电动机中，E_a 的方向始终与外加直流电源的方向相反，因此称其为反感应电动势。

2. 电磁转矩

只要电动机转子线圈中有电流存在，则处于磁场中的线圈导体必然会受到电磁力的作用。如果磁场与导体相互垂直，则作用于电枢绕组中某一导体上的电磁力为

$$f_j = B_j li = B_j l \frac{I_a}{2a} \qquad (3\text{-}4)$$

式中，B_j 为导体所处磁场的磁通密度；i 为流经导体的电流；l 为导体的有效长度；I_a 为流经电刷的电流，$i = I_a/(2a)$。

此处导体产生的电磁转矩为

$$T_j = f_j \frac{D}{2} = B_j l \frac{I_a}{2a} \frac{D}{2} \qquad (3\text{-}5)$$

式中，T_j 为作用在电枢上的电磁转矩；D 为电枢直径。

设电枢有 N 根导体，则电枢总的电磁转矩为

$$T = \sum_{j=1}^{N} T_j \qquad (3\text{-}6)$$

为便于计算，假设每一极面下的平均气隙磁通密度为 B_{av}，则一根导体的平均电磁转矩为

$$T_{av} = B_{av} l \frac{I_a}{2a} \frac{D}{2} \tag{3-7}$$

总电磁转矩为

$$T = NT_{av} = NB_{av} l \frac{I_a}{2a} \frac{D}{2} \tag{3-8}$$

将 $\varPhi = B_{av} l \tau$ 和 $\pi D = 2p\tau$ 代入式（3-8），可得

$$T = \frac{1}{2\pi} \frac{p}{a} N \varPhi I_a = K_m \varPhi I_a \tag{3-9}$$

式中，T 为电枢绕组的电磁转矩（N·m）；$\varPhi$ 为一对磁极的磁通（Wb）；K_m 为转矩常数，$K_m = \frac{1}{2\pi} \frac{p}{a} N = 9.55K_e$。

由式（3-9）可知，电动机的电磁转矩 T 与每极磁通量 $\varPhi$ 和电枢电流 I_a 的乘积成正比。T 的方向取决于 $\varPhi$ 和 I_a 的方向，改变 $\varPhi$ 的方向（即改变励磁电流 I_f 的方向），即可改变 T 的方向。

3.4 直流伺服电动机的技术参数和运行特点

3.4.1 技术参数

直流伺服电动机的机壳上都有一个铭牌，上面标有直流伺服电动机的型号和各种技术参数数据等。额定数据是正确选用直流伺服电动机的依据。

1. 额定功率

额定功率指电动机轴上输出功率的额定值，即电动机在额定状态下运行时的输出功率。在额定功率下允许电动机长期连续运行而不致过热。

2. 额定电压

额定电压指电动机在额定状态下运行时，励磁绕组和电枢控制绕组上应加的电压额定值。

3. 额定电流

额定电流指电动机在额定电压下，驱动负载为额定功率时绕组中的电流。额定电流一般就是电动机长期连续运行所允许的最大电流。

4. 额定转速

额定转速也称最高转速，是指电动机在额定电压下，输出额定功率时的转速。直流伺服电动机的调速范围一般在额定转速以下。

5. 额定转矩

额定转矩指电动机在额定状态下运行时的输出转矩。

6. 最大转矩

最大转矩指电动机在短时间内可输出的最大转矩，它反映了电动机的瞬时过载能力。直流伺服电动机的瞬时过载能力都比较强，其最大转矩一般可达额定转矩的 5~10 倍。

7. 机电时间常数 τ_j 和电磁时间常数 τ_d

两个参数分别反映了直流伺服电动机两个过渡过程时间的长短。τ_j 通常小于 20ms，τ_d 通常小于 5ms，两者之比通常大于 3，因而通常可将直流伺服电动机近似地看成是一阶惯性环节。

8. 热时间常数

热时间常数指电动机绕组上升到额定温升的 63.2% 时所需要的时间。

9. 阻尼系数

阻尼系数又称内阻尼系数，其倒数即为机械特性曲线的斜率。

3.4.2 运行特点

直流伺服电动机运行特点如下：

1. 稳定性好

直流伺服电动机具有较硬的机械特性，能够在较宽的速度范围内稳定运行。

2. 可控性好

直流伺服电动机具有线性的调节作用，通过控制电枢电压的大小和极性，可以控制直流伺服电动机的转速和转向。当电枢电压为零时，由于转子惯量很小，因此直流伺服电动机能立即停止。

3. 响应迅速

直流伺服电动机具有较大的起动转矩和较小的转动惯量，在控制信号输入、增加、减小或消失的瞬间，直流伺服电动机能够快速起动、增速、减速或停止。

3.5 直流伺服电动机的控制方式和运行特性

3.5.1 控制方式

图 3-11 为他励直流伺服电动机的电路原理图。电动机作为电源的负载，从电枢回路的外部来看，电动机端电压 U_a 和电枢电流 I_a 的方向一致，E_a 为电枢反电动势，所以 E_a 与电流 I_a 方向相反。电枢内阻 R_a 包括电枢绕组的电阻以及电刷和换向器之间的接触电阻，R_a 在图中不再表示。励磁电压 U_f 为恒值。

电枢回路中的电压平衡方程式为

$$I_a R_a - U_a = -E_a$$

移项后得

$$U_a = E_a + I_a R_a \qquad (3\text{-}10)$$

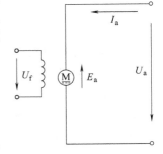

图 3-11 他励直流伺服电动机的电路原理图

式（3-10）表示外加电压与反电动势及电枢内阻压降相平衡。即外加电压一部分用来抵消反电动势，一部分则消耗在电枢内阻压降上。

若把式（3-3）（即 $E_a = K_e \Phi n$）代入式（3-10），便可得出电枢电流 I_a 的表示式为

$$I_a = \frac{U_a - E_a}{R_a} = \frac{U_a - K_e \Phi n}{R_a} \tag{3-11}$$

由式（3-11）可知，直流电动机的电枢电流不仅取决于外加电压和本身的内阻，而且还取决于与转速成正比的反电动势（当 Φ = 常数时）。把式（3-11）变换成

$$n = \frac{U_a - I_a R_a}{K_e \Phi} \tag{3-12}$$

式（3-12）表明，改变电枢电压 U_a 和改变励磁磁通 Φ 都可以改变电动机的转速。因而直流伺服电动机的控制方式有两种：一种是把控制信号作为电枢电压 U_a 来控制电动机的转速，这种方式称为电枢控制；另一种是把控制信号加在励磁绕组上，通过控制磁通 Φ 来控制电动机的转速，这种控制方式称为磁场控制。

1. 电枢控制

由图 3-12 电枢控制原理图可知，在励磁回路上加恒定不变的励磁电压 U_f，以保证控制过程中磁通 Φ 不变，电枢绕组加控制电压信号。当电动机的负载转矩 T_L 不变时，升高电枢电压 U_a，电动机的转速就升高；降低电枢电压 U_a，转速就降低；当 U_a 为零时，伺服电动机不转。当电枢电压改变极性时，电动机就反转。因此把电枢电压作为控制信号，可实现对伺服电动机的转速控制。

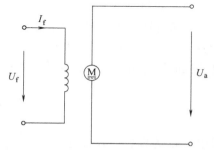

图 3-12　电枢控制原理图

下面分析改变电枢电压 U_a 时，电动机转速变化的物理过程。开始时，电动机所加的电枢电压为 U_{a1}，转速为 n_1，产生的反电动势为 E_{a1}，电枢电流为 I_{a1}，根据电压平衡方程式

$$U_{a1} = E_{a1} + I_{a1} R_a = K_e \Phi n_1 + I_{a1} R_a$$

此时，电动机产生的电磁转矩为 $T_e = K_m \Phi I_{a1}$。由于电动机处于稳态，电磁转矩 T_e 和电动机轴上的总阻转矩 T_s 相平衡，即 $T_e = T_s$。由于负载转矩 T_L 不变，故可近似认为 T_s 也不变。

当电枢电压升高到 U_{a2} 时，起初由于电动机的惯性，电动机转速不能突变，仍为 n_1，因而反电动势仍为 E_{a1}。由电压平衡方程式可知，为保持电压平衡，电枢电流由 I_{a1} 增加到 I_{a2}，因此电磁转矩也相应由 $T_e = K_m \Phi I_{a1}$ 增加到 $T'_e = K_m \Phi I_{a2}$。于是电磁转矩 T'_e 大于轴上的总阻转矩 T_s，使电动机加速。随着转速升高，反电动势 E_a 增加。为了保持电压平衡关系，电枢电流和电磁转矩都要下降，直到电枢电流恢复到原值 I_{a1}，于是电磁转矩和总阻转矩又重新平衡，电动机达到新的稳态。此时是在更高转速 n_2 时的新平衡状态。这就是电动机的转速 n 随电枢电压 U_a 升高而升高的物理过程。同理，电枢电压降低时，电动机转速 n 下降。

2. 磁场控制

磁场控制时，电枢绕组加恒定电压 U_a，励磁回路加控制电压信号。尽管磁场控制也可达到改变控制电压来改变转速的大小和旋转方向的目的，但励磁控制法在低速时受磁饱和的限制，在高速时受换向火花和换向结构强度的限制，且励磁线圈电感较大，动态响应较差，因而实际应用中较少采用磁场控制，磁场控制只在功率很小的场合使用。对于永磁式直流伺服电动机，则只能采用电枢控制。

3.5.2 运行特性

当直流伺服电动机用于驱动机器人关节负载时，无论在稳定运转过程还是过渡过程，均需要满足关节负载对转矩和转速的要求。直流伺服电动机的运行特性主要指机械特性和调节特性。根据他励直流伺服电动机的电枢回路原理图（图 3-11），将电枢绕组的电磁转矩公式 [式（3-9）] 代入转速公式 [式（3-12）] 可得

$$n = \frac{U_a - I_a R_a}{K_e \Phi} = \frac{U_a}{K_e \Phi} - \frac{R_a}{K_e K_m \Phi^2} T \qquad (3\text{-}13)$$

由式（3-13）便可以得出直流伺服电动机的机械特性和调节特性。

1. 机械特性

（1）机械特性方程式

机械特性是指控制电压恒定时，直流电动机的转速 n 与电磁转矩 T 之间的关系曲线，即 $n = f(T)$ 又称转矩—转速特性。机械特性是直流伺服电动机的重要特性，对于了解直流伺服电动机的运行情况、机械性能及正确选择和使用都是非常重要的。由式（3-13）可得

$$n = \frac{U_a}{K_e \Phi} - \frac{R_a}{K_e K_m \Phi^2} T = n_0 - kT \qquad (3\text{-}14)$$

式中，n_0 为理想空载转速，$n_0 = \dfrac{U_a}{K_e \Phi}$；$k$ 为直线的斜率，$k = \dfrac{R_a}{K_e K_m \Phi^2}$。

由式（3-14）可画出直流伺服电动机的机械特性，如图 3-13 所示。可以看出机械特性为一直线，显然只要找到直线上的两个点，便可得到表达该机械特性的直线。两个特殊点为理想空载点（0，n_0）和堵转点（T_k，0）。理想空载转速 n_0 为纵坐标上的截距，堵转转矩 T_k 为横坐标上的截距。知道 n_0 和 T_k 便可作出对应于电枢电压为 U_a 时的一条机械特性曲线。

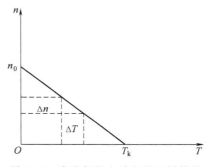

图 3-13 直流伺服电动机的机械特性

由式（3-14）还可以得出，n_0 是电磁转矩 T 为零时的转速。实际上，电动机轴不带负载时，由于其本身的空载损耗和转轴的机械损耗，电磁转矩并不为零。只有在理想条件下，即电动机本身没有空载损耗时，才可能有 T 为零，所以对应于 $T = 0$ 时的转速 $n_0 = U_a / (K_e \Phi)$ 称为理想空载转速。

当电动机转速 n 为零时，机械特性曲线与横轴的交点为电动机堵转状态下所产生的电磁转矩，即电动机的堵转转矩 T_k 为

$$T_k = \frac{K_m \Phi U_a}{R_a} \qquad (3\text{-}15)$$

式（3-14）中 k 为机械特性的斜率，表示了电动机机械特性的硬度，即电动机电磁转矩变化所引起的转速变化程度。k 前面的负号表示直线是下倾的。k 的大小可用 $\Delta n / \Delta T$ 表示，如图 3-13 所示。k 值大则对应于同样的转矩变化，转速变化大，这时电动机的机械特性表现为软特性；反之机械特性就表现为硬特性。在自动控制系统中，直流伺服电动机的电枢电压

U_a 是由系统中的放大器提供，放大器有一定大小的输出电阻，此时对电动机来说，放大器可以等效为一个电动势源 E_i 与其内阻 R_i 串联。式（3-14）中的 R_a 应为电动机电枢电阻与放大器内阻之和，将使直流伺服电动机的机械特性变为软特性。

（2）固有机械特性

当他励直流伺服电动机的电枢电压及磁通均为额定值（即 $U=U_N$，$\varPhi=\varPhi_N$），且电枢回路没有外接电阻时的机械特性称为固有机械特性，又称自然特性。其方程式为

$$n = \frac{U_a}{K_e \varPhi_N} - \frac{R_a}{K_e K_m \varPhi_N^2} T \tag{3-16}$$

在固有机械特性上，当电磁转矩为额定转矩时，其对应的转速称为额定转速，对应的理想空载转速为 $n_0 = U_N/(K_e \varPhi_N)$、斜率为 $k_N = R_a/(K_e K_m \varPhi_N^2)$，因此固有机械特性也可以表示为

$$n_N = n_0 - k_N T_N = n_0 - \Delta n_N \tag{3-17}$$

式中，Δn_N 为额定转速降，$\Delta n_N = k_N T_N$。

图 3-14 中的他励直流伺服电动机的固有机械特性曲线是一条略微向下倾斜的直线。由于电枢回路内阻 R_a 很小，所以固有机械特性斜率 k_N 的值较小，属于硬特性。

前面讨论的是他励直流伺服电动机正转时的机械特性，它在 T-n 直角坐标平面上的第一象限内。实际上电动机既可正转也可反转，不难分析，他励直流电动机反转时的机械特性应在 T-n 直角坐标平面上的第三象限内。他励直流电动机正、反转时的固有机械特性如图 3-15 所示。

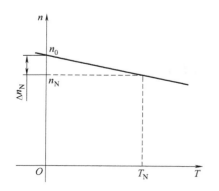

图 3-14　他励直流伺服电动机固有机械特性

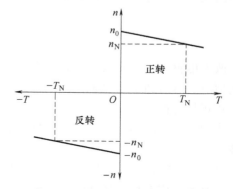

图 3-15　他励直流电动机正、反转时固有机械特性

（3）人为机械特性

固有机械特性需满足三个条件，即 $U=U_N$、$\varPhi=\varPhi_N$ 和电枢回路没有外接电阻。改变其中任何一个条件，都会使电动机的机械特性发生变化。人为机械特性是指通过改变这些参数所得到的机械特性。

1）电枢回路中串接附加电阻时的人为机械特性。电枢回路中串接附加电阻 R_{ad} 时的电路原理图如图 3-16a 所示。这时，机械特性的条件变为：$U=U_N$，$\varPhi=\varPhi_N$，总电阻为 R_a+R_{ad}。与固有机械特性相比，只是电枢回路中的总电阻由 R_a 变为 R_a+R_{ad}，其余不变。因此，机械特性方程式变为

$$n = \frac{U_N}{K_e \Phi_N} - \frac{R_a + R_{ad}}{K_e K_m \Phi_N^2} T \tag{3-18}$$

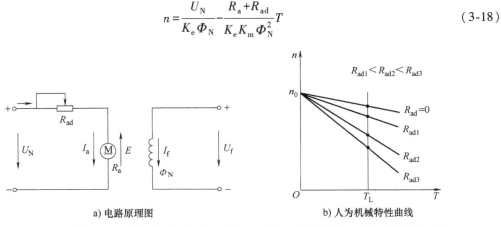

a) 电路原理图　　　　　　　　b) 人为机械特性曲线

图 3-16　电枢回路中串接附加电阻时的他励直流电动机电路原理图和人为机械特性曲线

人为机械特性曲线如图 3-16b 所示。当 R_{ad} 为不同值时，可得到不同的曲线。通过与固有特性的比较可以看出人为机械特性的特点为：

① 两者的理想空载转速 n_0 是相同的，且不随串接电阻 R_{ad} 的变化而变化。

② 转速降 Δn 变大，即特性变软。在相同转矩下，R_{ad} 越大，特性越软。当 R_{ad} 取不同值时，可得到一簇由同一点（0，n_0）出发的人为机械特性曲线。

电枢回路串接附加电阻时的人为机械特性可用于直流伺服电动机的起动及调速。

2）改变电枢电压时的人为机械特性。此时，机械特性的条件变为 U 可调，$\Phi = \Phi_N$ 和电枢回路没有外接电阻。只是电枢电压 U 发生了改变，因此，机械特性方程式变为

$$n = \frac{U}{K_e \Phi_N} - \frac{R_a}{K_e K_m \Phi_N^2} T \tag{3-19}$$

改变电枢电压时的人为机械特性如图 3-17 所示。当 U 为不同值时，可得到不同的曲线。

该机械特性的特点为：

① 理想空载转速 n_0 随电压 U 的变化而变化，特性斜率 k 不变。

② 转速降 Δn 不变，因此当在电枢电压 U 不同时，可得到一簇平行于固有机械特性曲线的人为机械特性曲线。

③ 由于 $R_{ad} = 0$，所以其人为机械特性较串联电阻时的人为机械特性硬。

④ 当 T 为常数时，降低电压，可使电动机转速 n 降低。

由于电动机电枢绕组绝缘耐压强度的限制，电枢电压只

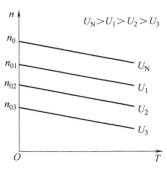

图 3-17　改变电枢电压时的人为机械特性

允许在其额定值以下调节，所以不同电枢电压值的人为机械特性曲线均在固有机械特性曲线之下。改变电枢电压时的人为机械特性常用于需要平滑调速的场合。

3）改变磁通时的人为机械特性。一般情况下，他励直流电动机在额定磁通下运行时，电动机磁路已接近饱和。因此，改变磁通实际上只能是减弱磁通。此时，机械特性的条件变为 $U = U_N$，Φ 可调和电枢回路没有外接电阻。与固有机械特性相比，只是 Φ 发生了改变，

因此，机械特性方程式变为

$$n = \frac{U_N}{K_e \Phi} - \frac{R_a}{K_e K_m \Phi^2} T \tag{3-20}$$

改变磁通时的电路原理图与人为机械特性曲线分别如图 3-18a、b 所示。当 Φ 为不同值时，可得到不同的曲线。

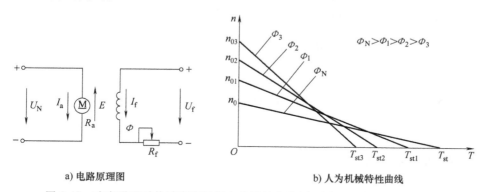

a) 电路原理图   b) 人为机械特性曲线

图 3-18 改变磁通时他励直流伺服电动机的电路原理图和人为机械特性曲线

改变磁通时，人为机械特性的特点为：

① 理想空载转速 n_0 随磁通 Φ 的减弱而上升。

② 转速降 Δn（或斜率 k）与 Φ^2 成反比，因此减弱磁通会使转速降 Δn（或斜率 k）加大，机械特性变软。

③ 特性曲线是一簇直线，既不平行，又非放射。减弱磁通时，特性曲线上移而且变软。

由图 3-18b 可知，每条人为机械特性曲线均与固有机械特性曲线相交，交点左边的一段在固有机械特性曲线之上，右边的一段在固有机械特性曲线之下。而在额定运转条件（额定电压、额定电流和额定功率）下，他励直流伺服电动机总是工作在交点的左边区域内。当磁通被过分削弱后，如果负载转矩不变，将使电动机的电流大大增加而严重过载。另外，当励磁电流 I_f 为零时，理论上，空载时的电动机转速将趋于无穷大，但实际上当励磁电流 I_f 为零时，电动机还有剩磁，转速虽不会趋于无穷大，但是会上升到机械强度所不允许的数值，通常称为"飞车"。当电动机轴上的负载转矩大于电磁转矩时，电动机不能起动，电枢电流为 I_{st}，长时间的大电流会烧坏电枢绕组。因此，他励直流伺服电动机起动前必须先加励磁电流，在运转过程中，决不允许励磁电路断开或励磁电流为零，为此，他励直流伺服电动机在使用中一般都设有"失磁"保护。

减弱磁通可用于平滑调速。由于磁通只能减弱，所以只能从额定转速向上进行调速，但由于他励直流伺服电动机的换向能力和机械强度的限制，所以向上调速的范围不大。

（4）绘制机械特性曲线

1）固有机械特性曲线的绘制。他励直流伺服电动机的固有机械特性和人为机械特性都是直线，因此只要找出特性上任意两点，就可以绘制这条直线。绘制固有机械特性曲线时，通常选择理想空载点（0，n_0）和额定工作点（T_N，n_N）这两个特殊点。根据他励直流伺服电动机铭牌上给出的额定功率 P_N、额定电压 U_N、额定电流 I_N 和额定转速 n_N 等数据，就可求出 R_a、$K_e \Phi_N$、n_0、T_N 等。其计算步骤如下：

① 计算电枢电阻 R_a。普通直流伺服电动机在额定状态下运行时，额定铜耗 $I_a^2 R_a$ 约占总损耗的 $50\% \sim 75\%$，特殊电动机除外。他励直流伺服电动机的总损耗为

$$\sum \Delta P_N = U_N I_N - P_N = U_N I_N - \eta_N U_N I_N = (1 - \eta_N) U_N I_N$$

则有

$$I_a^2 R_a = (50\% \sim 75\%)(1 - \eta_N) U_N I_N$$

式中，η_N 为额定工作条件下电动机的效率，$\eta_N = P_N / (U_N I_N)$。由于此时 $I_a = I_N$，所以可得

$$R_a = (50\% \sim 75\%) \frac{U_N I_N - P_N}{I_N^2} \tag{3-21}$$

式中，功率 P_N 单位为 W。

② 计算 $K_e \Phi_N$。额定运行条件下的感应电动势 $E_N = K_e \Phi_N n_N = U_N - I_N R_a$，因此有

$$K_e \Phi_N = \frac{U_N - I_N R_a}{n_N} \tag{3-22}$$

③ 计算理想空载转速 n_0。

$$n_0 = \frac{U_N}{K_e \Phi_N} \tag{3-23}$$

④ 计算额定电磁转矩 T_N。

$$T_N = K_m \Phi_N I_N = 9.55 K_e \Phi_N I_N \tag{3-24}$$

2）人为机械特性曲线的绘制。

① 电枢串电阻。绘制电枢串电阻时的人为机械特性曲线时，同样选择两个特殊点。理想空载点：$n = n_0$，$T = 0$；额定工作点：$n = n_{RN}$，$T = T_N$。

与固有机械特性相比，理想空载点没变，额定工作点却由于电枢外串电阻 R_{ad} 而发生了变化，在额定负载转矩下，对应的电动机转速为

$$n_{RN} = n_0 - \frac{R_a + R_{ad}}{9.55(K_e \Phi_N)^2} T_N \tag{3-25}$$

计算出 n_{RN} 后，过（0，n_0）和（T_N，n_{RN}）两点连一条直线，即得到电枢串电阻时的人为机械特性曲线。

② 降低电源电压。绘制降低电源电压的人为机械特性时，同样也选择两个工作点。理想空载点：$n = n_0'$，$T = 0$；额定工作点：$n = n_N'$，$T = T_N$。

降低电源电压时，理想空载转速随之降低，则有

$$n_0' = \frac{U}{K_e \Phi_N} \tag{3-26}$$

对应额定转矩下的电动机转速变为

$$n_N' = n_0' - \frac{R_a}{9.55(K_e \Phi_N)^2} T_N \tag{3-27}$$

计算出 n_0'、n_N' 后，过（0，n_0'）和（T_N，n_N'）两点连一条直线，即得到降低电压时的人为机械特性曲线。

③ 减弱磁通。绘制减弱磁通时的人为机械特性曲线，也需要选择两个工作点。理想空载点：$n = n_0''$，$T = 0$；额定工作点：$n = n_N''$，$T = T_N$。

减弱磁通时，理想空载转速随之升高，则有

$$n_0'' = \frac{U_N}{K_e \Phi} \tag{3-28}$$

$$n_N'' = n_0'' - \frac{R_a}{9.55(K_e \Phi)^2} T_N \tag{3-29}$$

计算出 n_0''、n_N'' 后，过（0，n_0''）和（T_N，n_N''）两点连一条直线，即得到减弱磁通时的人为机械特性曲线。需注意的是，减弱磁通时，$T = T_N$ 这点所对应的电枢电流 I_a 大于额定电流 I_N，即有

$$I_a = \frac{T_N}{9.55 K_e \Phi} \tag{3-30}$$

例 3-1 一台他励直流伺服电动机，其铭牌数据为：$P_N = 10kW$，$U_N = 220V$，$I_N = 50A$，$n_N = 1500r/min$，额定负载，求解以下问题：

1）固有机械特性。

2）电枢回路串电阻 $R_{ad} = 0.4\Omega$ 时的人为机械特性和转速 n_{RN}。

3）电源电压降低为 110V 时的人为机械特性和转速 n_N'。

4）减弱磁通 $\Phi = 0.8\Phi_N$ 时的人为机械特性和转速 n_N''。

解：

1）固有机械特性。计算电枢电阻 R_a：

$$R_a = \frac{1}{2}\left(\frac{U_N I_N - P_N}{I_N^2}\right) = \frac{1}{2}\times\left(\frac{220\times50-10\times10^3}{50^2}\right)\Omega = 0.2\Omega$$

计算 $K_e \Phi_N$：

$$K_e \Phi_N = \frac{U_N - I_N R_a}{n_N} = \frac{220-50\times0.2}{1500}V/(r \cdot min^{-1}) = 0.14V/(r \cdot min^{-1})$$

计算理想空载转速：

$$n_0 = \frac{U_N}{K_e \Phi_N} = \frac{220}{0.14}r/min = 1571r/min$$

额定电磁转矩 T_N：

$$T_N = 9.55 K_e \Phi_N I_N = 9.55\times0.14\times50N \cdot m = 66.85N \cdot m$$

通过理想空载点（$T = 0$，$n_0 = 1571r/min$）和额定工作点（$T_N = 66.85N \cdot m$，$n_N = 1500r/min$）在坐标系中绘制出固有机械特性曲线，如图 3-19 中的直线 1 所示。

2）电枢回路串电阻 $R_{ad} = 0.4\Omega$ 时的人为机械特性和转速 n_{RN}。理想空载转速不变，$T = T_N$ 时，他励直流伺服电动机的转速为

$$n_{RN} = n_0 - \frac{R_a + R_{ad}}{9.55(K_e \Phi_N)^2} T_N = \left(1571 - \frac{0.2+0.4}{9.55\times0.14^2}\times66.85\right)r/min = 1357r/min$$

通过（$T = 0$，$n_0 = 1571r/min$）和工作点（$T_N = 66.85N \cdot m$，$n_{RN} = 1357r/min$）两点连一直线，即可得到电枢回路串电阻 $R_{ad} = 0.4\Omega$ 时的人为机械特性曲线，如图 3-19 中的直线 2 所示。

3）电源电压降低为 110V 时的人为机械特性和转速 n_N'。计算理想空载转速 n_0'：

$$n_0' = \frac{U}{K_e\Phi_N} = \frac{110}{0.14}r/min = 786r/min$$

此时 Δn_N 不变，因此对应于 $T = T_N$ 的转速为

$$n_N' = n_0' - \Delta n_N = [786 - (1571 - 1500)]r/min = 715r/min$$

通过 （ $T = 0$，$n_0' = 786r/min$ ） 和工作点 （ $T_N = 66.85N \cdot m$，$n_N' = 715r/min$ ） 两点连一直线，即可得到电源电压降低为 110V 时的人为机械特性曲线，如图 3-19 中的直线 3 所示。

4）减弱磁通 $\Phi = 0.8\Phi_N$ 时的人为机械特性和转速 n_N''。计算理想空载转速 n_0''：

$$n_0'' = \frac{U_N}{K_e\Phi} = \frac{U_N}{0.8K_e\Phi_N} = \frac{220}{0.8 \times 0.14}r/min = 1964r/min$$

$$n_N'' = n_0'' - \frac{R_a}{0.8^2 \times 9.55(K_e\Phi_N)^2}T_N = \left(1964 - \frac{0.2}{0.8^2 \times 9.55 \times 0.14^2} \times 66.85\right)r/min = 1852r/min$$

通过 （ $T = 0$，$n_0'' = 1964r/min$ ） 和工作点 （ $T_N = 66.85N \cdot m$，$n_N'' = 1852r/min$ ） 两点连一直线，即可得到减弱磁通 $\Phi = 0.8\Phi_N$ 时的人为机械特性曲线，如图 3-19 中的直线 4 所示。减弱磁通时，$T = T_L$ 所对应的电枢电流大于额定电流 I_N。

例 3-2　某一他励直流伺服电动机，额定功率 P_N 为 22kW，额定电压 U_N 为 220V，额定电流 I_N 为 115A，额定转速 n_N 为 1500r/min，电枢回路总电阻 R_a 为 0.1Ω，忽略空载转矩 T_0，电动机带额定负载运行时，要求把转速降到 1000r/min，试计算：

1）采用电枢串接电阻调速，需要串入的电阻值是多少？

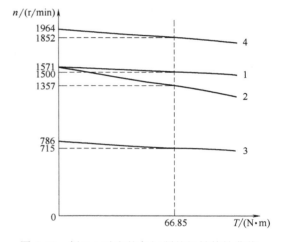

图 3-19　例 3-1 对应的各问题的机械特性曲线

2）采用降低电源电压调速，需要把电源电压降到多少？

3）上述两种调速情况下，电动机的输入功率与输出功率（输入功率不计励磁回路功率）。

4）若采用弱磁升速调速，要求负载转矩 T_L 为 $0.6T_N$，当转速 n 升到 2000r/min 时，磁通 Φ 应该降到额定值的多少？

解：

1）计算 $K_e\Phi$：

$$K_e\Phi = \frac{U_N - I_N R_a}{n_N} = \frac{220 - 115 \times 0.1}{1500}V/(r \cdot min^{-1}) = 0.139V/(r \cdot min^{-1})$$

理想空载转速为

$$n_0 = \frac{U_N}{K_e\Phi_N} = \frac{220}{0.139}r/min = 1582.7r/min$$

额定转速降落，有

$$\Delta n_N = n_0 - n_N = (1582.7 - 1500)r/min = 82.7r/min$$

电枢串接电阻后转速降落,有

$$\Delta n = n_0 - n = (1582.7 - 1000)\, \text{r/min} = 582.7\, \text{r/min}$$

电枢串接电阻 R,则有

$$\frac{R_\text{a} + R}{R_\text{a}} = \frac{\Delta n}{\Delta n_\text{N}}$$

$$R = \frac{\Delta n}{\Delta n_\text{N}} R_\text{a} - R_\text{a} = 0.1 \times \left(\frac{582.7}{82.7} - 1 \right) \Omega = 0.605\, \Omega$$

2)降低电源电压后的理想空载转速:

$$n_{01} = n + \Delta n_\text{N} = (1000 + 82.7)\, \text{r/min} = 1082.7\, \text{r/min}$$

降低后的电源电压为 U_1,则

$$\frac{U_1}{U_\text{N}} = \frac{n_{01}}{n_0}$$

$$U_1 = \frac{n_{01}}{n_0} U_\text{N} = \frac{1082.7}{1582.7} \times 220\, \text{V} = 150.5\, \text{V}$$

3)电动机额定输出转矩:

$$T_2 = 9550 \frac{P_\text{N}}{n_\text{N}} = 9550 \times \frac{22}{1500}\, \text{N} \cdot \text{m} = 140.1\, \text{N} \cdot \text{m}$$

由于负载为额定负载,因此调速过程中电动机输出转矩为额定输出转矩,则输出功率为

$$P_2 = T_2 \omega = T_2 \frac{2\pi}{60} n = 140.1 \times \frac{2\pi}{60} \times 1000\, \text{W} = 14670\, \text{W}$$

电枢串接电阻降速时,输入功率为

$$P_1 = U_\text{N} I_\text{N} = 220 \times 115\, \text{W} = 25300\, \text{W}$$

降低电源电压降速时,输入功率为

$$P_1 = U_1 I_\text{N} = 150.5 \times 115\, \text{W} = 17308\, \text{W}$$

4)电动机额定电磁转矩为

$$T_\text{N} = 9.55 K_\text{e} \Phi_\text{N} I_\text{N} = 9.55 \times 0.139 \times 115\, \text{N} \cdot \text{m} = 152.66\, \text{N} \cdot \text{m}$$

转矩为 $0.6 T_\text{N}$,转速为 $2000\, \text{r/min}$ 时,把调速后的转矩与转速等有关数值代入他励直流伺服电动机机械特性方程中,得到

$$n = \frac{U_\text{N}}{K_\text{e} \Phi} - \frac{R_\text{a}}{9.55 (K_\text{e} \Phi)^2} T$$

$$2000\, \text{r/min} = \frac{220\, \text{V}}{K_\text{e} \Phi} - \frac{0.1\, \Omega}{9.55 (K_\text{e} \Phi)^2} \times 0.6 \times 152.66\, \text{N} \cdot \text{m}$$

解得:

$$(K_\text{e} \Phi)_1 = 0.1054\, \text{V/(r} \cdot \text{min}^{-1}) \qquad (K_\text{e} \Phi)_2 = 0.0045\, \text{V/(r} \cdot \text{min}^{-1})$$

其中,当 $(K_\text{e} \Phi)_2 = 0.0045\, \text{V/(r} \cdot \text{min}^{-1})$ 时,磁通值很小,这么小的磁通要产生 $0.6 T_\text{N}$ 的电磁转矩,则需要的电枢电流 I_a 很大,远远超过额定电流 I_N,显然不合适,所以这里应该选取 $(K_\text{e} \Phi)_1 = 0.1054\, \text{V/(r} \cdot \text{min}^{-1})$。此时的磁通减少到额定磁通 Φ_N 的百分比为

$$\frac{\Phi}{\Phi_\text{N}} = \frac{K_\text{e} \Phi}{K_\text{e} \Phi_\text{N}} = \frac{0.1054}{0.139} = 0.758 = 75.8\%$$

2. 调节特性

在自动控制系统中，为了控制伺服电动机的转速，就需要知道电动机在带了负载后，转速随控制信号变化的情况。即电动机带负载后，加多大的控制信号，电动机能起动，加上某一大小的控制信号后，电动机的转速为多少。

电动机在一定的负载转矩下，稳态转速 n 随电枢电压 U_a 变化的关系称为电动机的调节特性。

当负载转矩 T_L 保持不变时，电动机轴上的总阻转矩 $T_s = T_L + T_0$ 也保持不变，电动机稳态运行时，电磁转矩 $T_e = T_s$ 为常数。由式（3-13）可得

$$n = \frac{U_a}{K_e\Phi} - \frac{R_a}{K_eK_m\Phi^2}T = k_1 U_a - A \tag{3-31}$$

式中，k_1 为调节特性的斜率，$k_1 = 1/(K_e\Phi)$；A 为由负载转矩决定的常数，表达式可写成 $A = \dfrac{R_a}{K_eK_m\Phi^2}T$。

当 $T_s = C$（常数）时，式（3-31）所表达的是一直线方程。图 3-20 为该方程所表达的调节特性，调节特性为一上翘的直线。已知调节特性与横轴交点（U_{a0}，0）和斜率 $k_1 = 1/(K_e\Phi)$，便可作出对应于某一阻转力矩（负载转矩）T_s 时的一条调节特性。

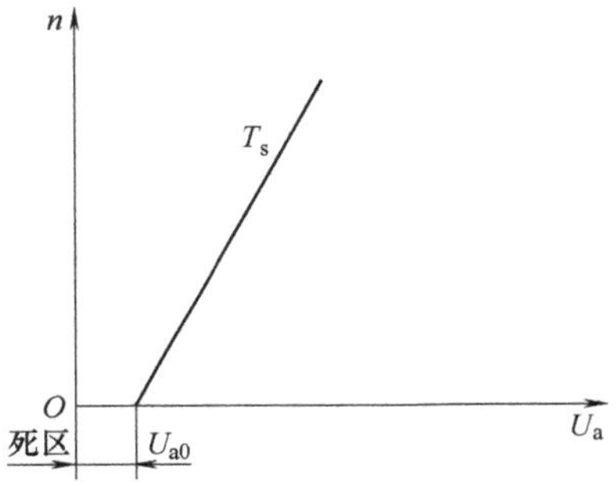

调节特性与横轴交点 U_{a0} 又称为始动电压，是电动机处在待动而又未动的临界状态时的控制电压。由式（3-31）当 $n = 0$ 时，便可求得

$$U_a = U_{a0} = \frac{R_a}{K_m\Phi}T_s \tag{3-32}$$

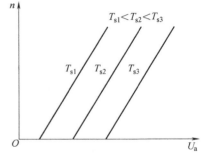

图 3-20　直流伺服电动机的调节特性

由式（3-32）可知，$U_{a0} \propto T_s$，即负载转矩越大，始动电压越高。而且控制电压从零到 U_{a0} 一段范围内，电动机不转动，所以把此区域称为电动机的死区。负载越大，死区也越大。

可见，在 $U_a < U_{a0}$ 时电动机的转速 n 始终为零，因为此时电动机的电磁转矩始终小于总阻转矩。当 $U_a = U_{a0}$ 时电磁转矩与总阻转矩相等，电动机就处在从静止到转动的临界状态，此时只要稍微增加 U_a，电动机就会起动起来。

调节特性曲线的斜率 $k_1 = 1/(K_e\Phi)$，是由电动机本身参数决定的常数，与负载无关。

以上讨论的是对应于某一负载时，电动机的调节特性。当电动机的负载转矩不同时（T_{s1}、T_{s2}、T_{s3}、…），其对应的 U_{a0} 也不同，随着负载转矩增大，U_{a0} 升高，但特性曲线斜率 k_1 保持不变。因此对应于不同的负载转矩，可以得到一组相互平行的调节特性，如图 3-21 所示。

从电动机理想的调节特性来看，只要控制电压 $U_a >$

图 3-21　不同负载时直流伺服电动机的调节特性

U_{a0}，电动机便可以在很低的转速下运行。实际上，当电动机转速很低时，其转动不均匀，出现时快、时慢，甚至暂时停转的现象，这种现象称为直流伺服电动机低速运转的不稳定性。产生这个现象的原因如下：

1）电枢齿槽的影响。低速时，反电动势的平均值很小，因而电枢齿槽效应等引起电动势脉动的影响增大，导致电磁转矩波动比较明显。

2）电刷接触压降的影响。低速时，控制电压很低，电刷和换向器之间的接触压降开始不稳定，影响电枢上有效电压的大小，从而导致输出转矩不稳定。

3）电刷和换向器之间摩擦的影响。低速时，电刷和换向器之间的摩擦转矩不稳定，造成电动机本身的初始阻转矩不稳定，因而导致总阻转矩不稳定。

直流伺服电动机低速运转的不稳定性将在控制系统中造成误差。当系统要求电动机在低转速下运行时，就必须在系统的控制线路中采取措施，使其转速平稳，或者选用低速稳定性好的直流力矩电动机。

直流伺服电动机在电枢控制下，其机械特性和恒负载时的调节特性是一组平行的直线。这是直流伺服电动机独特的优点，也是交流伺服电动机所不具备的。

3.6　直流伺服电动机的动态特性

直流伺服电动机的动态特性是指在电枢控制条件下，在电枢绕组上加阶跃电压时，电动机转速 n 和电枢电流 i_a 随时间变化的规律。这是处在过渡过程中的动态问题。

当电动机的工况发生变化时，总存在着一个过渡过程，即由一个稳定运转状态变化到另一个稳定运转状态，总需要经历一段时间才能完成。

产生过渡过程的原因主要是电动机中存在着机械和电磁两种惯性。在机械方面，由于电动机本身和负载都存在转动惯量，当电枢电压突然变化时，转速不能突变，需要有一个渐变的过程，才能使转速达到新的稳定状态，因此转动惯量是产生机械过渡过程的主要因素。在电磁方面，由于电枢绕组具有电感，电枢电压突变时，电枢电流也不能突变，也需要有一个渐变的过程，才能使电流达到新的稳定状态，所以电感是产生电磁过渡过程的主要因素。机械过渡过程和电磁过渡过程是相互影响的，这两种过渡过程交织在一起形成了电动机总的过渡过程。但是一般来说，电磁过渡过程所需要的时间比机械过渡过程短得多。因此在许多场合，只考虑机械过渡过程，而忽略电磁过渡过程，从而使分析问题和解决问题的过程大为简化。

3.6.1　直流伺服电动机过渡过程分析

研究电动机过渡过程的方法，是将过渡过程中的物理规律用微分方程表示，依据初始条件求解方程，找出各物理量与时间之间的函数关系。

首先利用直流电动机在动态下的四个关系式建立转速对时间的微分方程。在过渡过程中，电动机内部的基本电磁关系并不发生变化，只是各电磁量和机械量随时间变化，都是时间的函数。因此在电枢控制方式下，除磁通 Φ 仍为常数外，其余量均为瞬时值。

在过渡过程中，直流电动机的电磁转矩和感应电动势为

$$T(t) = K_m \Phi i_a$$

$$e_a = K_e \Phi n$$

因为电枢绕组具有电感，在过渡过程中电枢电流随时间变化，所以在电枢回路中将产生电抗压降 $L_a \mathrm{d}I_a / \mathrm{d}t$，其中 L_a 为电枢绕组的电感。因此，动态电压平衡方程式可写为

$$U_a = L_a \frac{\mathrm{d}i_a}{\mathrm{d}t} + i_a R_a + e_a \qquad (3\text{-}33)$$

在过渡过程中，电动机的电磁转矩除了要克服轴上的摩擦转矩外，还要克服轴上的惯性转矩，因此，转矩平衡方程式可写为

$$T(t) = T_s + J \frac{\mathrm{d}\Omega}{\mathrm{d}t} \qquad (3\text{-}34)$$

式中，T_s 为负载转矩和电动机空载转矩之和；J 为电动机本身及负载的转动惯量；$\mathrm{d}\Omega / \mathrm{d}t$ 为电动机的角加速度。

在小功率随动系统中选择电动机时，总是使电动机的额定转矩远大于轴上的总阻转矩 T_s。也就是说，在动态过程中，电磁转矩主要用来克服惯性转矩，以加速过渡过程。因此，为了推导方便，假定 $T_s = 0$，这样有 $T(t) = J \dfrac{\mathrm{d}\Omega}{\mathrm{d}t}$。由 $\Omega = \dfrac{2\pi n}{60}$ 和 $T(t) = K_m \Phi i_a$ 可得

$$i_a = \frac{T(t)}{K_m \Phi} = \frac{J}{K_m \Phi} \frac{\mathrm{d}\Omega}{\mathrm{d}t} = \frac{2\pi J}{60 K_m \Phi} \frac{\mathrm{d}n}{\mathrm{d}t}$$

把 i_a 表达式和 $e_a = K_e \Phi n$ 代入式（3-33），两边同乘以 $1/(K_e \Phi)$ 得

$$\frac{U_a}{K_e \Phi} = L_a \frac{2\pi J}{60 K_m K_e \Phi^2} \frac{\mathrm{d}^2 n}{\mathrm{d}t^2} + \frac{2\pi J R_a}{60 K_m K_e \Phi^2} \frac{\mathrm{d}n}{\mathrm{d}t} + n$$

令

$$\tau_m = \frac{2\pi J R_a}{60 K_m K_e \Phi^2}, \ \tau_d = \frac{L_a}{R_a}$$

又

$$n_0 = \frac{U_a}{K_e \Phi}$$

则上式可化为

$$n_0 = \tau_m \tau_d \frac{\mathrm{d}^2 n}{\mathrm{d}t^2} + \tau_m \frac{\mathrm{d}n}{\mathrm{d}t} + n \qquad (3\text{-}35)$$

式中，τ_m 为机电时间常数；τ_d 为电磁时间常数；n_0 为理想空载转速。

对已有伺服电动机而言，τ_m 和 τ_d 是常数。当电枢电压一定时，n_0 也为常数。因此式（3-35）是转速的二阶常系数非齐次微分方程。进行拉普拉斯变换得

$$\tau_m \tau_d p^2 n(p) + \tau_m p n(p) + n(p) = \frac{n_0}{p}$$

其特征方程及其两个特征根为

$$\tau_m \tau_d p^2 + \tau_m p + 1 = 0$$

$$p_{1,2} = -\frac{1}{2\tau_d} \left(1 \pm \sqrt{1 - \frac{4\tau_d}{\tau_m}} \right)$$

所以转速的解为

$$n = n_0 + A_1 e^{p_1 t} + A_2 e^{p_2 t} \tag{3-36}$$

按初始条件确定积分常数 A_1 和 A_2。当 $t=0$ 时，转速 $n=0$，加速度 $\mathrm{d}n/\mathrm{d}t=0$，故有

$$A_1 + A_2 + n_0 = 0, \quad A_1 p_1 + A_2 p_2 = 0$$

由此解得

$$A_1 = \frac{p_2}{p_1 - p_2} n_0, \quad A_2 = -\frac{p_1}{p_1 - p_2} n_0$$

将 A_1、A_2 代入式（3-36）得转速随时间的变化规律为

$$n = n_0 + \frac{n_0}{2\sqrt{1 - \frac{4\tau_d}{\tau_m}}} \left[\left(1 - \sqrt{1 - \frac{4\tau_d}{\tau_m}}\right) e^{p_1 t} - \left(1 + \sqrt{1 - \frac{4\tau_d}{\tau_m}}\right) e^{p_2 t} \right] \tag{3-37}$$

用同样的分析方法，可找出过渡过程中电枢电流 i_a 随时间 t 的变化规律为

$$i_a = \frac{U_a / R_a}{\sqrt{1 - 4\tau_d / \tau_m}} (e^{p_2 t} - e^{p_1 t}) \tag{3-38}$$

当 $4\tau_d < \tau_m$ 时，p_1 和 p_2 两根都为负实数。此时电动机在过渡过程中转速 n 和电流 i_a 随时间 t 的变化规律如图 3-22 所示，是非周期性的过渡过程。这是在电动机的电枢电感 L_a 较小、电枢电阻 R_a 较大、转动惯量 J 较大和电动机转矩 T 较小的条件下出现的情况。

当 $4\tau_d > \tau_m$ 时，p_1 和 p_2 两根均为共轭复数。此时电动机过渡过程为周期性的，如图 3-23 所示。由图可知，当电枢回路电阻 R_a 及转动惯量 J 都很小，而电枢电感 L_a 很大时的条件下就可能出现这种振荡现象。

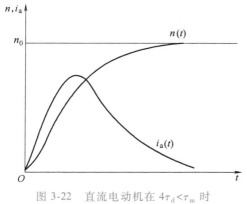

图 3-22　直流电动机在 $4\tau_d < \tau_m$ 时
的 n、i_a 的过渡过程

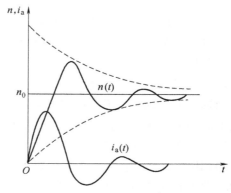

图 3-23　直流电动机在 $4\tau_d > \tau_m$ 时
的 n、i_a 的过渡过程

在大多数情况下，特别是放大器内阻与电枢绕组相串联时，则有 $\tau_m \gg \tau_d$。此时，τ_d 可以忽略不计，于是式（3-35）可以简化为一阶微分方程

$$\tau_m \frac{\mathrm{d}n}{\mathrm{d}t} + n = n_0 \tag{3-39}$$

其解为

$$n = n_0 (1 - e^{-\frac{t}{\tau_m}}) \tag{3-40}$$

同样可得

$$i_a = \frac{U_a}{R_a} e^{-\frac{t}{\tau_m}}$$ （3-41）

此时转速 n 和电流 i_a 的过渡过程如图 3-24 所示。n 为按指数规律上升的曲线，i_a 为按指数规律下降的曲线。

把 $t = \tau_m$ 代入式（3-40），可得 $n = 0.632 n_0$。机电时间常数 τ_m 定义为电动机在空载状态下，励磁绕组加额定励磁电压，电枢加阶跃额定控制电压时，转速从零升到理想空载转速的 63.2% 所需要的时间。但实际上电动机的理想空载转速是无法测量的，因此为了能通过试验确定机电时间常数，实际上 τ_m 被定义为在上述同样条件下，转速从零升到空载转速的 63.2% 所需要的时间。

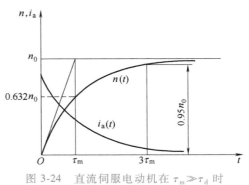

图 3-24　直流伺服电动机在 $\tau_m \gg \tau_d$ 时 n、i_a 的过渡过程

把 $t = 3\tau_m$ 代入式（3-40），则 $n = 0.95 n_0$。过渡过程基本结束，所以 $3\tau_m$ 为过渡过程时间。

3.6.2　机电时间常数与电动机参数的关系

由以上分析可知，电动机过渡过程时间的长短主要由机电时间常数 τ_m 来决定。下面将进一步讨论机电时间常数 τ_m 与电动机参数的关系。

$$\tau_m = \frac{2\pi J R_a}{60 K_m K_e \Phi^2}$$ （3-42）

式（3-42）表明，机电时间常数 τ_m 与旋转部分的转动惯量 J、电枢回路电阻 R_a 成正比。在自动控制系统中使用时，系统中的放大器和电动机所带的负载都影响到电动机的过渡过程，分析如下。

1. 负载转动惯量的影响

当伺服电动机在系统中带动负载时，其转动惯量应该包括负载通过传动比折合到电动机轴上的转动惯量 J_L 和电动机本身的转动惯量 J_0，即总的转动惯量应该是 $J_L + J_0$。

2. 放大器内阻的影响

当伺服电动机是由直流放大器提供控制信号时，电枢回路的电阻中应该包括放大器的内阻 R_f，即总的电枢回路电阻为 $R_a + R_f$。根据式（3-42），电动机此时的机电时间常数为

$$\tau_m = \frac{2\pi (J_L + J_0)(R_a + R_f)}{60 K_m K_e \Phi^2}$$ （3-43）

由式（3-43）可以看出，负载惯量越大或放大器内阻越大，则机电时间常数 τ_m 也越大，过渡过程的时间就越长。

还可以把电动机机械特性硬度和机电时间常数联系起来进行分析。把式（3-42）的分子、分母各乘上电动机堵转时的电枢电流 $I_{a(d)}$，则式（3-42）变为

$$\tau_m = \frac{2\pi J R_a I_{a(d)}}{60 K_m K_e \Phi^2 I_{a(d)}}$$ （3-44）

因为堵转时，$U_a = I_{a(d)} R_a$，堵转转矩 $T_k = K_m \Phi I_{a(d)}$，又 $n_0 = U_a / (K_e \Phi)$，所以式（3-44）变为

$$\tau_m = \frac{2\pi J}{60} \frac{n_0}{T_k} \tag{3-45}$$

式中，$k = n_0 / T_k$ 为机械特性曲线的斜率。所以式（3-45）变成

$$\tau_m = \frac{2\pi J}{60} k \tag{3-46}$$

式（3-46）表明了伺服电动机机械特性曲线斜率和过渡过程时间的关系。机械特性曲线斜率小，特性硬，则机电时间常数小，过渡过程快；反之，若斜率大，特性软，则机电时间常数大，过渡过程慢。

式（3-45）中令 $\Omega_0 = 2\pi n_0 / 60$，Ω_0 是理想空载时的角速度，故式（3-45）可写成

$$\tau_m = \frac{J}{\dfrac{T_k}{\Omega_0}} \tag{3-47}$$

或

$$\tau_m = \frac{\Omega_0}{\dfrac{T_k}{J}} \tag{3-48}$$

式（3-47）中的 T_k / Ω_0 称为伺服电动机的阻尼系数 D，即 $D = T_k / \Omega_0$。阻尼系数是用角速度表示的机械特性曲线斜率的倒数。显然，阻尼系数越大，则机械特性曲线斜率越小，机电时间常数越小，过渡过程越快；反之，阻尼系数越小，则过渡过程越慢。

式（3-48）中的 T_k / J 称为伺服电动机的力矩-惯量比。力矩-惯量比越大，过渡过程越短，力矩-惯量比越小，过渡过程越长。

由于机电时间常数表示了电动机过渡过程时间的长短，反映了电动机转速跟随信号变化的快慢程度，所以是伺服电动机一项重要的动态性能指标。一般直流伺服电动机的机电时间常数在十几毫秒到几十毫秒之间。快速低惯量直流伺服电动机的机电时间常数通常在 10ms 以下，其中空心杯电枢永磁直流伺服电动机的机电时间常数可小到 2~3mm。

3.7　特种直流伺服电动机

直流伺服电动机因具有起动转矩大、调速范围广、机械特性和调节特性线性度好、控制方便等优点，获得了广泛的应用。但是，由于直流伺服电动机存在转子铁心，且铁心有齿和槽，具有转动惯量大、机电时间常数大和灵敏度差，低速转矩波动大、转动不平稳，换向火花大、寿命短和无线电干扰大等性能上的缺陷，其应用受到一定的限制。目前国内外已在普通直流伺服电动机的基础上开发出直流力矩电动机和低惯量直流伺服电动机。

3.7.1　直流力矩电动机

1. 直流力矩电动机基本结构

在某些自动控制系统中，被控对象的转速相对于电动机的转速低得多，所以，两者之间

常常需要用减速机构连接。由于采用了减速器，一方面使系统装置变得复杂，另一方面大减速比的传动机构往往存在比较大的传动间隙，它是闭环控制系统产生自激振荡的重要原因之一，影响了系统性能的提高。因此，工程应用中希望有一种低转速、大转矩的电动机来驱动。力矩电动机就是一种能低速运转并产生较大转矩的控制电动机。它能和负载直接相连，能带动负载在堵转或远低于空载转速下运转的电动机，具有反应速度快、转矩和转速波动小、能在低转速下稳定运行、机械特性和调节特性线性度好等优点，特别适用于在位置伺服系统和低速伺服系统中作为执行元件，也适用于需要转矩调节、转矩反馈和需要一定张力的场合。

直流力矩电动机的工作原理和普通直流伺服电动机相同，只是在结构和外形尺寸的比例上有所不同。一般直流伺服电动机为了减少其转动惯量，大部分做成细长的圆柱形。而直流力矩电动机为了能在相同的体积和电枢电压下，产生比较大的转矩和较低的转速，一般做成圆盘状，电枢长度和直径之比一般为 0.2 左右。从结构合理性来考虑，一般做成永磁多极式。为了减少转矩和转速的波动，选取有较多的槽数、换向片数和串联导体数的电动机。永磁式直流力矩电动机结构示意图如图 3-25 所示。图中定子 1 是一个用软磁材料制成的带槽的环，在槽中嵌入永久磁钢作为主磁场源，这样在气隙中形成了分布较好的磁场。电枢铁心 2 由硅钢片叠压而成，槽中放有电枢绕组 3，槽楔 4 由铜板做成，用作换向片，槽楔两端伸出槽外，一端作为电枢绕组接线用，另一端作为换向片，转子上的所有部件用高温环氧树脂灌封成整体，电刷 5 装在刷架 6 上。

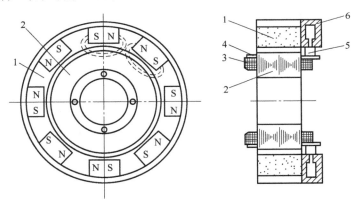

图 3-25　永磁式直流力矩电动机结构示意图

1—定子　2—电枢铁心　3—电枢绕组　4—槽楔　5—电刷　6—刷架

2. 直流力矩电动机基本特点

（1）转矩大

从直流电动机的基本工作原理可知，设直流电动机每个磁极下磁感应强度平均值为 B，电枢绕组导体上的电流为 I_a，导体的有效长度（即电枢铁心厚度）为 l，则每根导体所受的电磁力为

$$F = BI_a l$$

电磁转矩为

$$T = NF\frac{D}{2} = NBI_a l\frac{D}{2} = \frac{BI_a Nl}{2}D \tag{3-49}$$

式中，N 为电枢绕组总的导体数；D 为电枢铁心的直径。

式（3-49）表明了电磁转矩 T 与电动机结构参数 l、D 的关系。电枢体积大小在一定程度上反映了整个电动机的体积，因此，在电枢体积相同的条件下，即保持 $\pi D^2 l$ 不变，当 D 增大时，铁心长度 l 就应减小。其次，在相同电流 I_a 以及相同用铜量的条件下，电枢绕组的导线粗细不变，则总导体数 N 应随 l 的减小而增加，以保持 Nl 不变。满足上述条件，则式（3-49）中 $BI_a Nl/2$ 近似为常数，故电磁转矩 T 与直径 D 近似呈正比例关系。

（2）转速低

导体在磁场中运动切割磁感线所产生的感应电动势为

$$e_a = Blv$$

式中，v 为导体运动的线速度，$v = \pi Dn/60$。

设一对电刷之间的并联支路数为 2，则一对电刷间 $N/2$ 根导体串联后总的感应电动势为 E_a，且在理想空载条件下，外加电压 U_a 与 E_a 相平衡，故有

$$U_a = E_a = \frac{NBl\pi Dn_0}{120}$$

即

$$n_0 = \frac{120}{\pi}\frac{U_a}{NBlD} \tag{3-50}$$

式（3-50）说明，在保持 Nl 不变的情况下，理想空载转速 n_0 和电枢铁心直径 D 成反比，电枢直径 D 越大，电动机理想空载转速 n_0 就越低。

由上述分析可知，在其他条件相同的情况下，增大电动机直径，减小轴向长度，有利于增加电动机的转矩和降低空载转速，故力矩电动机都做成扁平圆盘状结构。做成扁平圆盘状结构还有利于电枢绕组散热。因此，直流力矩电动机过载能力强，甚至可长时间工作在堵转状态。

3.7.2 低惯量型直流伺服电动机

与传统的直流伺服电动机相比，低惯量型直流伺服电动机具有时间常数小、响应速度快的特点。目前低惯量型直流伺服电动机主要形式有杯形电枢直流伺服电动机、盘形电枢直流伺服电动机和无槽电枢直流伺服电动机。

1. 杯形电枢直流伺服电动机

杯形电枢直流伺服电动机结构简图如图 3-26 所示。空心杯转子可以由事先成型的单个线圈，沿圆柱面排列成杯形或直接用绕线机绕成导线杯，再用环氧树脂热固化定型，也可采用印制绕组。它有内、外定子，外定子装有永久磁钢，内定子起磁轭作用，由软磁材料制成。空心杯电枢直接安装在电动机轴上，它在内、外定子之间的气隙中旋转。由于转子内、外侧都需要有足够的气隙，所以磁阻大，磁通势利用率低。通常需采

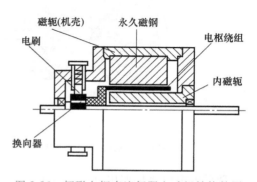

图 3-26 杯形电枢直流伺服电动机结构简图

用高性能永磁材料作磁极。这种伺服电动机以机械惯性极小著称，控制灵敏度高，几乎无控制死区，其体积可做得非常小且重量轻。但堵转转矩较小，目前它的容量还不能做得很大，

是一种微型伺服电动机。

杯形电枢直流伺服电动机的性能特点如下：

1）低惯量。由于转子无铁心且薄壁细长，因此惯量极低，有超低惯量电动机之称。

2）灵敏度高。因转子绕组散热条件好，绕组的电流密度可取到 $30A/mm^2$，并且永久磁钢体积大，可提高气隙的磁通密度，所以力矩大。因电动机惯量小，所以转矩-惯量比很大，机电时间常数小（最小的在 1ms 以下），灵敏度高，快速性好。其始动电压在 100mV 以下，可完成每秒 250 个起—停循环。

3）损耗小，效率高。因转子中无磁滞和涡流造成的铁耗，所以效率可达 80% 或更高。

4）力矩波动小，低速运转平稳，噪声低。由于绕组在气隙中均匀分布，不存在齿槽效应，因此力矩传递均匀，波动小，故运转时噪声低，低速运转平稳。

5）换向性能好，寿命长。由于杯形转子无铁心，换向元件电感很小，几乎不产生火花，换向性能好，因此大大提高了电动机的使用寿命。查阅相关资料可知，这种电动机的寿命可达 3000~5000h，甚至高于 10000h。而且换向火花很小，可大大减小对无线电的干扰。

这种形式的直流伺服电动机大多用于高精度的自动控制系统及测量装置等设备中，例如，机器人、X-Y 函数记录仪和机床控制系统等方面。该类电动机的用途日趋广泛，是今后直流伺服电动机的发展方向之一。

2. 盘形电枢直流伺服电动机

盘形电枢的特点是电枢直径远大于长度，电枢有效导体沿径向排列，定子与转子之间的气隙为轴向平面气隙，主磁通沿轴向通过气隙。圆盘中电枢绕组可以是印制绕组或绕线式绕组，后者功率比前者大。

印制绕组是采用与制造印制电路板相类似的工艺制成的，它可以是单片双面或多片重叠的。绕线式则是先绕成单个线圈，然后把全部线圈排列成盘形，再用环氧树脂热固化成型。印制绕线盘形电枢直流伺服电动机不单独设置换向器，而是利用靠近转轴的电枢端部兼作换向器，但为了延长使用寿命，导体表面需要另外镀一层耐磨材料。印制绕组盘形电枢直流伺服电动机和绕线式盘形电枢直流伺服电动机主要零部件结构简图如图 3-27 和图 3-28 所示。

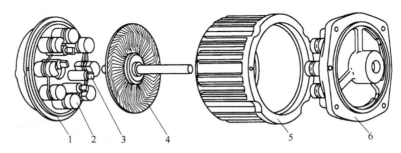

图 3-27　印制绕组盘形电枢直流伺服电动机主要零部件结构简图

1—后轭铁（端盖）　2—永久磁钢　3—电刷　4—印制绕组　5—机壳　6—前轭铁（端盖）

盘形电枢电流伺服电动机的性能特点：

1）电动机结构简单，制造成本低。

2）起动转矩大。由于电枢绕组全部在气隙中，散热良好，其绕组电流密度比一般普通的直流伺服电动机高 10 倍以上，因此允许的起动电流大，起动转矩大。

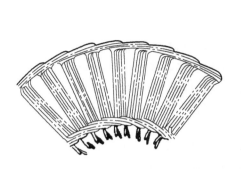
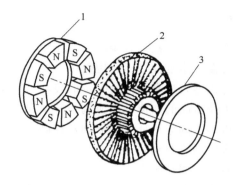

图 3-28 绕线式盘形电枢直流伺服电动机主要零部件结构简图

1—磁钢 2—盘形电枢 3—铁心

3）力矩波动小，低速运行稳定，调速范围广而平滑，能在 1：20 的速比范围内可靠平稳运行。这主要是由于这种电动机没有齿槽效应以及电枢元件数、换向片数多。

4）换向性能好。电枢由非磁性材料组成，换向元件电感小，所以换向火花小。

5）电枢转动惯量小，反应快，机电时间常数一般为 10～15ms，属于中等低惯量伺服电动机。

盘形电枢直流伺服电动机适用于低速、起动和反转频繁，要求薄形安装尺寸的系统中。目前它的输出功率一般在几瓦到几千瓦之间，其中功率较大的电动机主要用于数控机床、工业机器人、雷达天线驱动和其他伺服系统。

3. 无槽电枢直流伺服电动机

无槽电枢直流伺服电动机的结构同普通直流电动机的差别仅在于其电枢铁心是光滑、无槽的圆柱体，电枢绕组直接排列在铁心表面，再用环氧树脂把它与电枢铁心固化成一体，定子磁极可以用永久磁钢做成，也可以采用电磁式结构。其结构简图如图 3-29 所示。

因为无槽直流电动机在磁路上不存在齿部磁通密度饱和的问题，因此可提高电动机的气隙磁通密度和减小电枢的外径。这种电动机的气隙磁通密度可达 1T 以上，比普通直流伺服电动机大 1.5 倍左右，电枢的长度与外径之比在 5 倍以上。所以无槽直流伺服电动机具有转动惯量低、起动转矩大、反应快、

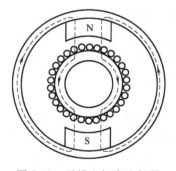

图 3-29 无槽电枢直流伺服电动机结构简图

起动灵敏度高、转速平稳、低速运行均匀和换向性能良好等优点。目前该电动机的输出功率在 10kW 以内，机电时间常数为 5～10ms，主要用于数控机床、雷达等功率较大且动作迅速的驱动系统。

3.8 直流伺服电动机在足球机器人中的应用

在机器人驱动领域，直流电动机作为各关节的主要执行机构得到了广泛的应用，电动机及控制系统的性能决定了机器人的运动性能和控制精度。

3.8.1　应用概述

直流伺服电动机具有转矩-惯量比大、动态响应快、调速范围宽、低速转矩大且脉动小、过载能力强、稳定性好、结构简单、体积小、重量轻、功耗小、精确度高和安装方式灵活等优点。与机器人自身结构所决定的传动机构要求结构紧凑、体积小、重量轻、力-质量比大，而且为了获得高的加速性能应选择转动惯量小的电动机转子相契合。显然，直流伺服电动机很适合机器人的应用环境和驱动及控制的要求，尤其在功率小、精度要求高的场合，多采用直流伺服电动机驱动。

在机器人驱动选型中，根据关节负载来选择可能的直流电动机型号，并且需要满足所需驱动电动机的有效转矩比所选电动机的连续转矩小，所选驱动电动机的堵转转矩通常大于所需的峰值转矩。在满足要求的情况下，遵循功耗越小越好的原则，通过负载特性曲线与电动机理想机械特性曲线相比，判断所需电动机的工作转速和转矩的所有工作点是否都位于表征电动机运行状态良好的理想电动机的机械特性曲线之内，验证机器人各关节所选电动机能否符合运动性能的要求。

3.8.2　应用案例

伺服系统的控制目标就是使系统的输出信号和输入的指令信号的差值尽量小。伺服系统在自动导航车、激光导航车和移动机器人等领域应用广泛。在足球机器人的设计中，要实现足球机器人的精确运动控制，主要是依靠伺服控制系统的性能。在基于 ARM9 嵌入式处理器和专用的集成运动控制芯片 LM629 的基础上，创新设计了足球机器人电动机伺服控制系统。该系统由一片 S3C2440 芯片、一片 L298、一片 LM629 和一台带增量式光电编码器的直流电动机构成。这种全新的电动机伺服控制系统具有较高的速度控制精度，动态品质良好，使得足球机器人能够根据赛场形式做出更快、更合理的反应，从而提高了系统的运行速度和可靠性。

1. ARM9 概述

ARM（Advanced RISC Machine）处理器是英国公司设计的低功耗成本的第一款 RISC 微处理器。ARM 处理器本身是 32 位设计，但也配备 16 位指令集，一般来讲，比等价 32 位代码节省达 35%，却能保留 32 位系统的所有优势。ARM 微处理器已遍及工业控制、消费类电子产品、通信系统、网络系统和无线系统等各类产品市场，基于 ARM 技术的微处理器应用约占据了 32 位 RISC 微处理器 75%以上的市场份额，ARM 技术正在逐步渗入到我们生活的各个方面。

新一代的 ARM9 处理器，通过全新的设计，采用了更多的晶体管，能够达到两倍以上于 ARM7 处理器的处理能力。这种处理能力的提高是通过增加时钟频率和减少指令执行周期实现的。ARM9 系列包括三种处理器：ARM926EJ-S、ARM946E-S 和 ARM968E-S，具有体积小、低功耗、低成本和高性能，指令执行速度快、效率高和寻址方式灵活简单等特点。

2. LM629 概述

LM629 是全数字式控制的专用运动控制处理器，可用于直流、无刷直流电动机及其他可提供增量式位置反馈信号的伺服机构；内部有 32 位的位置、速度和加速度寄存器，16 位可编程数字 PID（比例积分微分）控制器、8 位分辨率的 PWM 输出、梯形速度图发生器，实时可编程中断，可对增量式光电编码盘的输出进行 4 倍频处理等特点。该器件可完成数字运动控制中的高精度实时计算任务，方便与桥式功率放大电路构成位置闭环系统。

3. 电动机伺服控制系统的整体设计方案

电动机伺服控制系统是以 ARM9 微处理器为核心，以 LM629 作为伺服控制调节器，以 PWM 功放电路为驱动器，以光电编码器为反馈元件来构成电动机伺服系统。其中位置、速度和电流等调节器的功能都由微处理器来完成，速度反馈由微处理器根据位置反馈量来计算。电动机伺服控制系统的整体设计方案如图 3-30 所示。

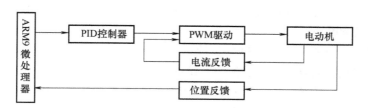

图 3-30 电动机伺服控制系统的整体设计方案

4. 直流电动机伺服控制系统的硬件设计

（1）主处理器

主处理器选用 S3C2440 微处理器，该处理器是一款基于 ARM920T 内核和 0.18μm CMOS 工艺的 16 位/32 位 RISC 微处理器，适用于低成本、低能耗和高性能的手持设备或其他电子产品。S3C2440 中集成了 16KB 的 I-Cache（指令高速缓存）、16KB 的 D-Cache（数据高速缓存）、MMU（存储管理部件）、外部的存储控制器［SDRAM（同步动态随机存储器）控制器和片选逻辑］、LCD（液晶显示）控制器、4 个带外部请求引脚的 DMA（直接存储器访问）、2 端口 USB 主设备接口和 1 端口 USB 从设备接口等一些通用的系统外设和接口。该处理器支持大端和小端的存储格式，共 1G 寻址空间，支持自刷新和低功率模式 SDRAM。

（2）伺服运动控制器

LM629 作为伺服运动控制器除接受 ARM9 的位置、速度和加速度三个运动参数指令和控制器 PID 的 K_P、T_I、T_D 参数外，同时还对输出信号进行处理，获得位置信号，经 PID 运算后输出 PWM 和反向控制信号，将其送给直流电动机驱动芯片。

控制芯片 LM629 的数据总线与 S3C2440 芯片进行通信，输入运动参数和控制参数，输出状态信息，PWM 的输出信号直接连到 H 桥驱动器 L298 上。直流电动机的反馈采用增量式编码器，编码器的 U、V 两相正交信号经 LM629 内部电路完成 4 倍频。W 相信号是电动机每转一圈产生的脉冲信号，用于电动机的精确回零。LM629 的应用框图如图 3-31 所示。

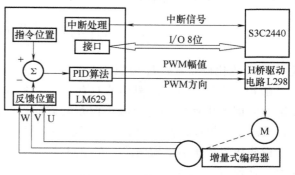

图 3-31 LM629 应用框图

（3）功率放大器

该设计方案采用双 H 桥驱动器的 L298 芯片，H 桥可承受最高电压为 46V 电源电压，相位电流可达 2.5A，可驱动感性负载，支持最大 PWM 频率为 50kHz，逻辑供电为 5V，功放级电压为 5~46V 电压，下管（功率管）的发射极单独引出，以便接入电阻，形成传感器信号。

（4）时钟电路设计

基于 S3C2440 的最高工作频率，设计时采用外部时钟频率为 12MHz 的时钟源，通过内置分频器，将 CPU 频率提高到 400MHz。S3C2440 处理器时钟频率为 FCLK，内部总线 AHB 和 APB 的时钟频率分别为 HCLK 和 PCLK。S3C2440 片内的 PLL 电路兼有频率放大和信号提纯的功能。因此，该系统可以以较低的外部时钟信号获得较高的工作频率，以降低因高速开关时钟所造成的高频噪声。

5. 直流电动机伺服控制系统的软件设计

软件设计是实现直流电动机伺服控制系统的关键，特别是控制算法的开发，将直接影响系统的最终控制性能。由于 LM629 的内部含有梯形发生器和数字 PID 调节器，因此极大地简化了直流电动机伺服控制系统的软件设计。

（1）伺服控制系统的 PID 算法

在伺服控制系统中，微处理器完成电动机闭环控制系统的位置、速度等调节器的所有功能，它将编码出来的反馈值与指令值进行比较，再按一定的算法计算电动机下一步的位置、速度。PID 算法仍是目前电动机控制中较为普遍且实用性好的算法，其原理如图 3-32 所示。

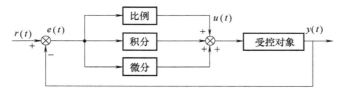

图 3-32　PID 算法原理图

图 3-32 中 $r(t)$ 是给定值，$y(t)$ 是控制系统实际输出值，给定值与输出值之间的偏差为

$$e(t) = r(t) - y(t) \tag{3-51}$$

$e(t)$ 作为 PID 控制器的输入，$u(t)$ 作为输出，PID 控制器的控制方式为

$$u(t) = K_P \left[e(t) + \frac{1}{T_I} \int_0^t e(t)\,\mathrm{d}t + T_D \frac{\mathrm{d}e(t)}{\mathrm{d}t} \right] \tag{3-52}$$

式中，K_P 为比例系数；T_I 为积分系数；T_D 为微分系数。

在 PID 控制器中，比例环节对存在偏差的系统即刻做出快速反应。即偏差一旦产生，控制器立即产生使控制量向减小偏差的方向控制。控制作用的强弱取决于 K_P 值，K_P 值越大，控制作用越强，但 K_P 值过大会使系统不稳定。

积分环节是输出累积偏差。在控制过程中，只要有偏差存在，积分环节的输出就会不断增大，直到 $e(t)$ 为零为止，输出 $u(t)$ 才能保持某一常量，使系统趋于稳定。然而积分环节的存在将使系统达到稳定的时间变长，制约了系统快速性。

微分环节将对偏差立即校正，而且还要根据偏差的变化趋势预先给予校正。加入微分环节将有助于降低超调量，减小系统振荡，使系统快速收敛。

（2）伺服控制系统的 PID 参数设置

若已知被控对象的数学模型，就可采用常规方法获得 PID 控制参数。若系统不易获得较为精确的数学模型，可通过过渡过程响应法或临界稳定测量法来确定 PID 参数。该系统采用比例环节对被控对象进行控制，逐渐加大比例系数，直到系统处于临界稳定状态来获得控制参数的测量方法即临界稳定测量法。

（3）时钟初始化

外部提供的 12MHz 晶振，经分频后可达到 400MHz，以供外围设备使用。S3C2440 内部时钟逻辑控制可提供 CPU 的 FCLK 时钟、内部总线 AHB 和 APB 的 HCLK 与 PCLK 时钟。外围设备正常工作前，必须对所需的时钟进行初始化。

（4）"忙"状态检测

"忙"状态的检测贯穿于整个程序设计中，是软件设计的重要部分。"忙"状态位处于状态字节的最低位，在 ARM9 处理器向 LM629 集成运动控制芯片写命令或读写数据字节后，"忙"状态位会立刻被置位，此时，会忽略一切命令或数据传输，纸质信息被接受，"忙"状态位会复位，所以在每次写命令或读写数据前必须检测此状态位。

6. 系统测试与结果分析

设计基于 ARM9 和 LM629 的直流电动机的伺服控制系统之后，通过两个标志物来观察机器人运行的平稳性（带有旗帜标志的钢丝）和速度调控的平稳性（带有橡胶标志的钢丝）。小车运动时，旗帜标志摆动小，运动平稳。若小车在检测到目标且靠近然后停止时，橡胶标志前后摆动小，可知机器人对于速度的控制较为平稳。机器人在最大功率运行过程中，从旗帜标志抖动情况来看，运行平稳，没有发现偏差。在机器人从搜索到目标然后到接近目标时，橡胶标志始终保持一种较小且平稳的摆动，由此可见，机器人速度控制准、定位精确。

本 章 小 结

通过本章的学习，应当了解：

★ 伺服电动机控制系统是用来精确地跟随或复现某个过程的反馈控制系统，又称随动系统。在很多情况下，伺服系统专指被控制量（系统的输出量）是机械位移或位移速度、加速度的反馈控制系统，其作用是使输出的机械位移（或转角）准确地跟踪输入的位移（或转角）。

★ 伺服电动机作为工业机器人的"肌肉"，是工业机器人最核心的部件之一。伺服电动机又称为执行电动机，在自动控制系统中用作执行元件，将输入的电压信号变换成转轴的角位移或角速度，来驱动控制对象。输入的电压信号又称为控制信号或控制电压。改变控制电压可以改变伺服电动机的转速和转向。

★ 直流伺服电动机有永磁式和电磁式两种基本结构类型。电磁式直流伺服电动机按励磁方式不同又分为他励、并励、串励和复励四种。直流伺服电动机指使用直流电源驱动的伺服电动机，基本结构和工作原理与普通他励直流电动机相同，不同的是做得比较细长，以满足工业机器人等应用领域快速响应的需要。

★ 直流电动机由定子（固定部分）和转子（旋转部分）两大部分组成。定子和转子之间存在气隙，称为空气隙。定子是用来安装磁极和作为电动机本身的机械支撑，包括定子铁心、励磁绕组、机壳、端盖和电刷装置等。转子是用来感应电动势和通过电流从而实现能量转换的部分，也称为电枢，包括电枢铁心、电枢绕组、换向器和轴等。输出轴通过轴承支撑在端盖上。

★ 直流伺服电动机有电枢控制和磁场控制两种控制方式，其中以电枢控制应用较多。电枢控制时直流伺服电动机具有机械特性和控制特性的线性度可控性好、控制绕组电感较小、电气过渡过程短和响应迅速等优点。

★ 直流伺服电动机的动态特性是指在电枢控制条件下，在电枢绕组上加阶跃电压时，电动机转速和电枢电流随时间变化的规律。当电动机的工况发生变化时，总存在着一个过渡过程，即由一个稳定运转状态变化到另一个稳定运转状态，总需要经历一段时间才能完成。

★ 产生过渡过程的原因主要是电动机中存在机械和电磁两种惯性。机械方面，转动惯量是产生机械过渡过程的主要因素。电磁方面，电感是产生电磁过渡过程的主要因素。电磁过渡过程所需要的时间比机械过渡过程短得多。因此在许多场合，只考虑机械过渡过程，而忽略电磁过渡过程，使分析问题和解决问题的过程大为简化。机电时间常数表示了电动机过渡过程时间的长短，反映了电动机转速跟随信号变化的快慢程度，所以是伺服电动机一项重要的动态性能指标。

★ 力矩电动机就是一种能低速运转并产生较大转矩的控制电动机。它能和负载直接相连，能带动负载在堵转或远低于空载转速下运转的电动机，具有反应速度快、转矩和转速波动小、能在低转速下稳定运行、机械特性和调节特性线性度好等优点，特别适用于在位置伺服系统和低速伺服系统中作为执行元件，也适用于需要转矩调节、转矩反馈和需要一定张力的场合。

★ 低惯量直流伺服电动机主要形式有杯形电枢直流伺服电动机、盘形电枢直流伺服电动机和无槽电枢直流伺服电动机。它们大大减小了直流伺服电动机的机电时间常数，改善了电动机的动态特性。

★ 直流伺服电动机很适合机器人的应用环境和驱动及控制的要求，尤其在功率小、精度要求高的场合，多采用直流伺服电动机驱动。

★ 机器人驱动选型是根据关节负载来选择直流电动机型号，需要满足所选电动机的连续转矩大于所需驱动电动机的有效转矩，堵转转矩大于所需的峰值转矩。通过负载特性曲线与电动机理想机械特性曲线对比，判断所需电动机的工作转速和转矩的工作点是否位于表征电动机运行状态良好的理想机械特性曲线之内，来验证机器人各关节所选电动机是否符合运动性能要求。

本 章 习 题

1. 可以决定直流伺服电动机旋转方向的是（　　　）。

A. 电源的频率　　　　　　　　　　B. 电动机的极对数

C. 控制电压的极性　　　　　　　　D. 控制电压的幅值

2. 一台他励直流电动机在稳定运行时，电枢反电动势 $E = E_1$，若负载转矩 T_L 为常数，外加电压和电枢电路中的电阻均不变。问：减弱励磁使转速上升到新的稳定值后，电枢反电动势将如何变化，与电动势 E_1 的关系是什么？

3. 有一台直流伺服电动机，电枢控制电压和励磁电压均保持不变，当负载增加时，电动机的控制电流、电磁转矩和转速如何变化？

4. 已知他励直流电动机的铭牌数据：$P_N = 7.5kW$，$U_N = 220V$，$n_N = 1500r/min$，$\eta_N = 88.5\%$。试求该电动机的额定电流和额定转矩。

5. 一台他励直流电动机所拖动的负载转矩 T_L 为常数，当电枢电压或电枢附加电阻改变时，能否改变其稳定运行状态下电枢电流的大小？为什么？这时传动系统中哪些量必然要发生变化？

6. 直流伺服电动机的机械特性为什么是一条向下倾斜的直线？放大器的内阻越大，机械特性为什么就越软？

7. 已知某他励直流伺服电动机的技术数据如下：$P_N = 6.5kW$，$U_N = 220V$，$I_N = 34.4A$，$n_N = 1500r/min$，$R_a = 0.242\Omega$。试计算出此他励直流伺服电动机的如下特性并绘制各特性的图形。

（1）固有机械特性。

（2）电枢附加电阻分别为 3Ω 和 5Ω 时的人为机械特性。

（3）电枢电压为 $U_N/2$ 时的人为机械特性。

（4）磁通 $\Phi = 0.8\Phi_N$ 时的人为机械特性。

8. 已知一台他励直流伺服电动机的铭牌数据：$P_N = 5.5kW$，$U_N = 110V$，$I_N = 62A$，$n_N = 1000r/min$。试绘制出该电动机的固有机械特性曲线。

9. 已知一台他励直流电动机，其额定数据如下：$P_N = 2.2kW$，$U_N = U_f = 110V$，$n_N = 1500r/min$，$\eta_N = 0.8$，$R_a = 0.4\Omega$，$R_f = 82.7\Omega$。试求：

（1）额定电枢电流 I_{aN}。

（2）额定励磁电流 I_{fN}。

（3）励磁功率 P_f。

（4）额定转矩 T_N。

（5）额定电流时的反电动势。

（6）直接起动时的起动电流。

（7）如果要使起动电流不超过额定电流的 2 倍，求起动电阻是多少，此时起动转矩又是多少？

10. 直流伺服电动机当转速很低时会出现转速不稳定现象，简述产生转速不稳定的原因及其对控制系统产生的影响。

11. 一台直流伺服电动机带动恒转矩负载（即负载转矩保持不变）运动，测得始动电压 $U_{a0} = 4V$，当电枢电压为 50V 时，其转速为 1500r/min，若要求转速达到 3000r/min，试问需要加多大的电枢电压才能实现？

12. 直流伺服电动机在不带负载时，其调节特性有无死区？调节特性死区的大小与哪些因素有关？

13. 已知一台直流电动机电枢额定电压 U_a 为 110V，额定运行时的电枢电流 I_a 为 0.4A，转速 n 为 3600r/min，电枢电阻 R_a 为 50Ω，空载阻转矩 T_0 为 $15mN \cdot m$。计算该直流电动机的额定负载转矩。

14. 机器人在（　　）、（　　）的场合，多采用直流伺服电动机驱动。

15. 简述足球机器人电动机伺服控制系统的控制过程。

第4章

机器人交流伺服电动机驱动及控制

本章学习目标

◇ 掌握两相交流感应伺服电动机的工作原理
◇ 掌握圆形和椭圆形旋转磁场产生机理及运行分析
◇ 掌握两相交流感应伺服电动机控制方法和静态特性
◇ 掌握永磁式同步电动机的工作原理
◇ 掌握反应式同步电动机工作原理和振荡产生机理
◇ 掌握反应式和励磁式电磁减速同步电动机工作原理
◇ 了解交流伺服电动机在焊接机器人中的应用

传统交流伺服电动机是指两相感应伺服电动机，受性能限制，主要应用于几十瓦以下的小功率场合，由于没有换向器，具有构造简单、工作可靠、维护容易、效率较高和价格便宜以及不需整流电源设备等优点，因此在机器人驱动系统中应用非常广泛。与直流伺服电动机一样，交流伺服电动机在驱动系统中也常被用来作为将控制电压信号快速转换为转轴旋转驱动负载的执行元件。

4.1 两相交流感应伺服电动机结构

4.1.1 概述

两相交流感应伺服电动机结构与普通感应电动机相似，由定子和转子两大部分组成。定子铁心中放置多相励磁绕组，转子绕组为自行闭合的多相对称绕组。运行时定子绕组通入交流电流，产生旋转磁场，在闭合的转子绕组中感应出电动势，产生转子电流，转子电流与磁场相互作用产生电磁转矩。为了控制方便，定子为空间互成 90°电角度的两相绕组，两相绕组分布如图 4-1 所示。其中一相作为励磁绕组 (l_1-l_2)，运行时接到电压为 U_f 的交流电源上，另一相作为控制绕组 (k_1-k_2)，施加与电压 U_f 同频率、大小或相位可调的控制电压 U_c，通过 U_c 控制

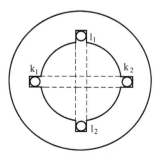

图 4-1　两相绕组分布

伺服电动机的起、停及运行转速。由于励磁绕组电压 U_f 固定不变，而控制电压 U_c 是变化的，故通常情况下两相绕组中的电流不对称，电动机中的气隙磁场不是圆形旋转磁场，而是椭圆形旋转磁场。

自动控制系统对用作执行元件的两相感应伺服电动机提出如下要求：

1）转速能随着控制电压的变化在较宽的范围内连续调节。

2）整个运行范围内的机械特性应接近线性，以保证伺服电动机运行的稳定性，且便于提高控制系统的动态精度。

3）当控制信号消除时，伺服电动机应立即停转，无自转现象。

4）堵转转矩大，转动惯量小。

5）机电时间常数小，动态响应快。当控制信号变化时，反应快速、灵敏。

为了满足上述要求，在具体结构和参数上两相感应伺服电动机与普通感应电动机相比有着不同的特点。

4.1.2　两相感应伺服电动机转子结构

两相感应伺服电动机转子结构通常有笼式、非磁性空心杯式和铁磁性空心杯式三种转子结构型式。工程应用中铁磁性空心杯式转子应用较少，下面仅就前两种结构进行介绍。

1. 笼式转子

笼式转子异步交流伺服电动机的结构如图 4-2 所示。这种转子在结构上与普通笼式感应电动机的转子相似，为了减小转子的转动惯量，需要做成细长型结构。转子由转轴、转子铁心和转子绕组等组成。转子铁心由硅钢片叠成，每片冲成有齿和槽的形状，然后叠压起来将轴压入轴孔内，转子冲片如图 4-3 所示。铁心槽中放置导条，所有导条两端用两个短路环

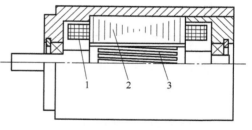

图 4-2　笼式转子异步交流伺服电动机的结构
1—定子绕组　2—定子铁心　3—笼式转子

连接，这就构成了转子绕组。去掉铁心，整个转子绕组形成一笼状，笼式转子绕组如图 4-4 所示。导条和端环可以用铜（通常采用高电阻率的黄铜或青铜等）制造，也可采用铸铝转子。

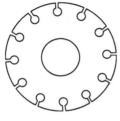

图 4-3　转子冲片

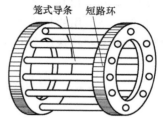

图 4-4　笼式转子绕组

2. 非磁性空心杯式转子

非磁性空心杯式转子两相感应伺服电动机的结构如图 4-5 所示。它的定子分为外定子和内定子两部分，内外定子铁心通常均由硅钢片叠成。外定子铁心槽中放置空间相距 90° 电角

度的两相交流绕组，内定子铁心中一般不放绕组，仅作为磁路的一部分，以减小主磁通磁路的磁阻。在内、外定子之间有细长的空心转子装在转轴上，空心转子做成杯子形状，所以称为空心杯式转子。空心杯由非磁性材料铝或铜制成，杯壁极薄，一般为 0.3mm 左右，杯形转子套在内定子铁心外，一端与转轴相连，通过转轴在固定的内、外定子之间的气隙中自由转动。

空心杯式转子与笼式转子虽然形状不同，但实际上，杯形转子可以看作是笼式导条数目非常多，条与条之间彼此紧靠在一起、两端自行短路的笼式转子，如图 4-6 所示。因此，空心杯式转子只是笼式转子的一种特殊形式。实质上两者没有区别，在电动机中的作用是一致的。故笼式转子的分析结果对空心杯式转子电动机也完全适用。

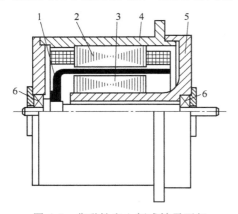 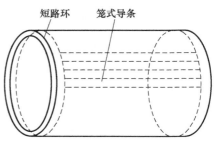

图 4-5　非磁性空心杯式转子两相
感应伺服电动机的结构
1—端盖　2—杯式转子　3—内定子
4—外定子　5—机壳　6—轴承

图 4-6　杯形转子

与笼式转子相比，非磁性空心杯式转子惯量小，轴承摩擦阻转矩小。由于它的转子没有齿和槽，所以定、转子间没有齿槽黏合现象，转矩不会随着转子位置的不同而发生变化，恒速旋转时，转子一般不会有抖动现象，运转平稳。但由于其内、外定子间气隙较大（杯壁厚度加上杯壁两边的气隙），所以励磁电流大，功率因数低，降低了电动机的利用率，因而在相同的体积和重量下，在一定的功率范围内，空心杯式转子伺服电动机比笼式转子伺服电动机所产生的转矩和输出功率都小。而且，空心杯式转子伺服电动机结构与制造工艺均较复杂。所以，目前广泛应用的是笼式转子伺服电动机，只有在要求转动惯量小、反应快，以及要求运转非常平稳的某些特殊场合下（如积分电路等），才采用非磁性空心杯式转子伺服电动机。

4.2　两相交流感应伺服电动机工作原理

4.2.1　工作原理概述

两相感应伺服电动机使用时，励磁绕组两端施加恒定的励磁电压 $\dot{U}_f$，控制绕组两端施加控制电压 $\dot{U}_k$，定子工作原理如图 4-7 所示。当定子绕组加上电压后，伺服电动机就会很快转动起来，将电信号转换成转轴的旋转运动。

两相感应伺服电动机工作原理如图 4-8 所示。能够自由转动的笼式转子放在可用手柄转动的两极永磁铁中间，当转动手柄使永磁铁旋转时，会发现磁铁中间的笼式转子也会跟着转动起来。转子的转速比磁铁慢，当磁铁的旋转方向改变时，转子的旋转方向也跟着改变。笼式转子跟随磁铁转动的原理如下。

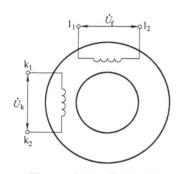

图 4-7 定子工作原理图

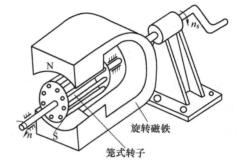

图 4-8 两相感应伺服电动机工作原理简图

当磁铁旋转时，在空间形成一个旋转磁场。假设图 4-8 中的永久磁铁按顺时针方向以 n_s 的转速旋转，那么它的磁感线就以顺时针方向切割转子导条。相对于磁场，转子导条以逆时针方向切割磁感线，在转子导条中就产生感应电动势。由右手定则，N 极下导条的感应电动势方向都是垂直纸面向外，用 ⊙ 表示，而 S 极下导条的感应电动势方向都是垂直纸面向内，用 ⊗ 表示，笼式转子旋转工作原理如图 4-9 所示。由于笼式转子的导条都是通过短路环连接起来的，在感应电动势的作用下，转子导条中就会有电流流过，电流有功分量的方向和感应电动势方向相同。根据通电导体在磁场中受力原理，转子载流导条与磁场相互作用产生电磁力，这个电磁力 F 作用在转子上，对转轴形成电磁转矩。根据左手定则，

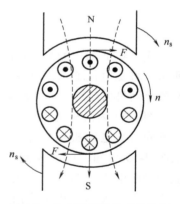

图 4-9 笼式转子旋转工作原理

转矩方向与磁铁转动方向是一致的，也是顺时针方向。因此，笼式转子便在电磁转矩作用下沿着磁铁旋转方向进行旋转。

但是转子的转速总是比磁铁转速低，是因为电动机轴上总带有机械负载，即使在空载下，电动机本身也会存在摩擦或风阻等阻转矩。为了克服阻转矩，转子绕组中必须要有一定大小的电流以产生足够的电磁转矩，而转子绕组中的电流是由旋转磁场切割转子导条产生的，那么要产生一定量的电流，转子转速必须要低于旋转磁场的转速。显然，如果转子转速等于旋转磁铁的转速，则转子与旋转磁铁之间就没有相对运动，转子导条将不会切割磁感线，也不会在转子导条中产生感应电动势、电流及电磁转矩。所以，转子和旋转磁场之间的转速差是保证转子旋转的主要因素。负载的变化将会引起转速差的变化，把这种感应电动机也称为异步电动机，而把转速差与旋转磁铁转速的比值称为转差率，用 s 表示，即

$$s = \frac{n_0 - n}{n_0} \tag{4-1}$$

式中，n_0 为旋转磁铁的转速；n 为转子的旋转速度；s 为转差率，是分析电动机运行特性的主要参数。

总之，笼式转子（或非磁性空心杯式转子）之所以能旋转是因为所在空间中存在着旋转磁场。旋转磁场切割转子导条，在导条中产生感应电动势和电流，导条中的电流再与旋转磁场相互作用产生电磁力和电磁转矩，转矩的方向和旋转磁场的旋转方向相同，于是转子就跟着旋转磁场沿同一方向转动。这就是感应交流伺服电动机的工作原理。实际电动机中的旋转磁场由定子两相绕组通入两相交流电流所产生。

4.2.2　两相绕组旋转磁场产生机理

为了便于分析，假定励磁绕组有效匝数 W_f，与控制绕组有效匝数 W_k 相同。这种在空间上互差 90°电角度、有效匝数相等和阻抗相同的两个绕组称为两相对称绕组。同时还假定通入励磁绕组电流 $\dot{I}_f$ 与通入控制绕组电流 $\dot{I}_k$ 幅值相等，相位相差 90°，这样的两个电流称为两相对称电流，用数学式表示为

$$\begin{cases} i_k = I_{km}\sin\omega t \\ i_f = I_{fm}\sin(\omega t - 90°) \\ I_{km} = I_{fm} = I_m \end{cases} \tag{4-2}$$

式（4-2）对应的两相对称电流波形图如图 4-10 所示，将此电流通入两相对称绕组后，分析不同时刻电动机内部所形成的磁场。

图 4-11 为两相绕组产生的圆形旋转磁场，表示不同时刻电动机磁场分布的情况。当 $t = t_1$ 时，从图 4-10 可知，此时控制电流 i_k 具有正的最大值，励磁电流 i_f 为零。假定正值电流从绕组始端流入、末端流出，相反流向为负值电流。垂直纸

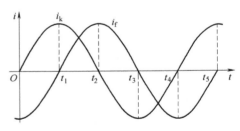

图 4-10　两相对称电流波形图

面流入的电流用 ⊗ 表示，垂直纸面流出的电流用 ⊙ 表示。此时控制电流是从控制绕组始端 k_1 流入、从末端 k_2 流出。根据电流方向和右手螺旋定则，由图 4-11a 分析可知，可画出如虚线所示的磁感线方向。显然这是两极磁场的图形。控制绕组通入电流后所产生的是一种空间位置固定而幅值在正负最大值之间变化的磁场，该磁场称为脉振（或脉动）磁场（特点为：对某时刻来说，磁场的大小沿定子内圆周长方向做余弦分布，对气隙中某一点磁场的大小随时间做正弦变化，磁通密度振幅的位置位于该单相绕组的轴线）。用磁通密度空间矢量 $\boldsymbol{B}_k$ 表示，$\boldsymbol{B}_k$ 的大小与控制电流成正比。此时控制电流 i_k 具有正的最大值，$\boldsymbol{B}_k$ 也为最大值，即 $B_k = B_m$，方向是沿着控制绕组轴线向下。由于此时励磁电流 i_f 为零，励磁绕组不产生磁场，即 $\boldsymbol{B}_f = 0$，故控制绕组产生的磁场就是电动机的总磁场。若电动机的总磁场用磁通密度矢量 $\boldsymbol{B}$ 表示，则此刻 $\boldsymbol{B} = \boldsymbol{B}_k$，电动机总磁场的轴线与控制绕组轴线重合，总磁场的幅值为

$$B = B_k = B_m$$

式中，B_m 为一相磁通密度矢量幅值的最大值。

当 $t=t_2$ 时，由图 4-10 可知，此时励磁电流 i_f 具有正的最大值，而控制电流 i_k 为零，控制绕组不产生磁场，即 $\boldsymbol{B}_k=0$，励磁绕组产生的磁场就是电动机的总磁场，它的磁场图形如图 4-11b 中虚线所示。$\boldsymbol{B}=\boldsymbol{B}_f$，此时电动机磁场轴线与励磁绕组轴线重合，与 $t=t_1$ 相比，磁场方向在空间沿顺时针方向转过 90°，总磁场的幅值为

$$B = B_f = B_m$$

当 $t=t_3$ 时，由图 4-10 可知，此时控制电流 i_k 具有负的最大值，励磁电流 i_f 为零。与 $t=t_1$ 时刻的差别仅是控制电流 i_k 方向相反，因此两者所形成的电动机磁场的幅值和位置都相同，只是磁场方向改变，电动机磁场的轴线比 $t=t_2$ 时在空间沿顺时针方向又转过 90°，与控制绕组轴线重合，如图 4-11c 所示。合磁场的幅值仍为

$$B = B_k = B_m$$

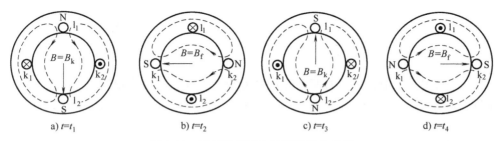

图 4-11　两相绕组产生的圆形旋转磁场

当 $t=t_4$ 时，同理分析图 4-11d，此时电动机磁场的轴线沿顺时针方向再转过 90°，与励磁绕组轴线重合，合磁场的幅值为

$$B = B_f = B_m$$

当 $t=t_5$ 时，由图 4-10 可知，控制电流 i_k 又达到正的最大值，励磁电流 i_f 为零，电动机的磁通密度矢量 $\boldsymbol{B}$ 又转到图 4-11a 所示的位置。

综上所述，当两相对称电流通入两相对称绕组时，在电动机内就会产生一个旋转磁场，这个旋转磁场的磁通密度 $\boldsymbol{B}$ 在空间也可看作是按正弦规律分布的，其幅值恒定不变（$B=B_m$），而磁通密度幅值在空间的位置却以转速 n_s 在旋转，旋转磁场如图 4-12 所示。

当控制电流 i_k 从正的最大值经过一个周期又回到正的最大值，即电流变化一个周期时，旋转磁场在空间转了一圈。

由于电动机磁通密度幅值是恒定不变的，在磁场旋转过程中，磁通密度矢量 $\boldsymbol{B}$ 在任何时刻都保持为恒值，等于单相磁通密度矢量的最大值 B_m，方向随时间的变化在空间进行旋转，磁通密度矢量 $\boldsymbol{B}$ 的矢端在空间为一个以 B_m 为半径的圆，这样的磁场称为圆形旋转磁场。当两相对称交流电流通入两相对称绕组时，在电动机内产生圆形旋转磁场。电动机的总磁场由两个脉振磁场合成。表征这两个脉振磁场的磁通密度矢量 $\boldsymbol{B}_f$ 和 $\boldsymbol{B}_k$ 分别位于励磁绕组及控制绕组的轴线上。由于这两个绕组在空间彼此相隔 90°电角度，那么磁通密度矢量 $\boldsymbol{B}_f$ 与 $\boldsymbol{B}_k$ 在空间也彼此相隔 90°电角度。而且，励磁电流 i_f 与控制电流 i_k 都是随时间按正弦规律变化的，相位上彼此相差 90°。所以磁通密度矢量 $\boldsymbol{B}_f$ 和 $\boldsymbol{B}_k$ 也随时间做正弦变化，相位彼此相差 90°。由于两相对称电流幅值相等，当匝数相等时，两相绕组所产生的磁通密度矢量的幅值也必然相等。即两相绕组磁通密度矢量随时间的变化关系为

$$\begin{cases} B_k = B_{km}\sin\omega t \\ B_f = B_{fm}\sin(\omega t - 90°) \\ B_{km} = B_{fm} = B_m \end{cases} \qquad (4\text{-}3)$$

相应的变化图形如图 4-13 所示。任何时刻电动机合成磁场的磁通密度为

$$B = \sqrt{B_k^2 + B_f^2} = \sqrt{(B_{km}\sin\omega t)^2 + [B_{fm}\sin(\omega t - 90°)]^2} = B_m \qquad (4\text{-}4)$$

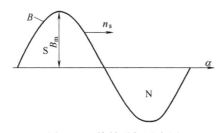

图 4-12　旋转磁场示意图

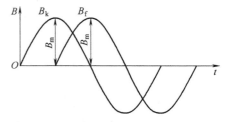

图 4-13　磁通密度矢量随时间的变化关系

总之，在两相系统中，如果有两个脉振磁通密度，其脉振幅值相等，其轴线在空间相差 90°电角度，脉振的时间相位差为 90°，那么这两个脉振磁场的合成必然是一个圆形旋转磁场。

当两相绕组匝数不相等时，设匝数比为

$$k = \frac{W_f}{W_k} \qquad (4\text{-}5)$$

可以看出，只要两个脉振磁场的磁通势幅值相等，即 $F_{fm} = F_{km}$，它们所产生的两个磁通密度的脉振幅值就相等，那么，这两个脉振磁场的合磁场也必然是圆形旋转磁场。由于磁通势幅值

$$F_{fm} \propto I_f W_f \qquad (4\text{-}6)$$

$$F_{km} \propto I_k W_k \qquad (4\text{-}7)$$

式中，I_f、I_k 分别为励磁绕组电流及控制绕组电流的有效值。当 $F_{fm} = F_{km}$ 时，必有

$$I_f W_f = I_k W_k \qquad (4\text{-}8)$$

或

$$\frac{I_k}{I_f} = \frac{W_f}{W_k} = k \qquad (4\text{-}9)$$

从式（4-9）可知，当两相绕组有效匝数不相等时，若要产生圆形旋转磁场，这时两个绕组中的电流值也应不相等，而且应与绕组匝数成反比。

4.2.3　旋转磁场的转向

交流感应伺服电动机的转子跟随旋转磁场转动，即旋转磁场的转向决定了电动机的转向。下面介绍怎样确定旋转磁场的转向。

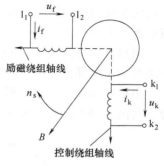

　　旋转磁场的转向是从流过超前电流的绕组轴线转到流过落后电流的绕组轴线。由图 4-11 可知，控制电流 i_k 超前励磁电流 i_f，所以旋转磁场是从控制绕组轴线转到励磁绕组轴线，即按顺时针的方向转动，如图 4-14 所示。显然，当任意一个绕组上所加的电压反向时，则流过该绕组的电流也反向，即原来是超前电流就变成落后电流，原来是落后电流则变成超前电流（一相电压反向后的绕组电流波形如图 4-15 所示，原来超前电流 i_k 变成落后电流 i_k'），旋转磁场转向改变，变成逆时针方向，这样电动机的转向也发生变化，如图 4-16 所示。

图 4-14　旋转磁场转向

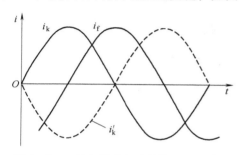

图 4-15　一相电压反向后的绕组电流波形

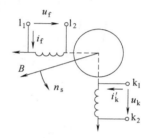

图 4-16　旋转磁场转向的改变

4.2.4　旋转磁场的转速

　　旋转磁场的转速取决于定子绕组极对数和电源的频率。图 4-11 所示的是一台两极电动机，即极对数 $p=1$。对两极电动机来说，电流每变化一个周期，磁场旋转一圈，因而当电源频率 $f=400\text{Hz}$，即每秒变化 400 个周期时，磁场每秒应当转 400 圈，故对两极电动机（$p=1$）旋转磁场转速为

$$n_s = f = 24000\text{r/min}$$

同理，当电源频率 $f=50\text{Hz}$ 时，旋转磁场转速为

$$n_s = f = 3000\text{r/min}$$

　　图 4-17 是一台四极电动机定子绕组的示意图。图中在定子的圆周上均布有四套相同的绕组，将绕组 k_1-k_2 和 $k_1'-k_2'$ 串联后组成控制绕组，其上施加控制电压 U_k；将绕组 l_1-l_2 和 $l_1'-l_2'$ 串联后组成励磁绕组，接到励磁电源上。这种接法组成控制绕组和励磁绕组的两个绕组（k_1-k_2、$k_1'-k_2'$ 和 l_1-l_2、$l_1'-l_2'$）所流过的电流大小相等，方向相同。

　　根据图 4-11 所示的电流方向，也可标出四极电动机在不同时刻的电流方向，绕组 $l_1'-l_2'$ 和 $k_1'-k_2'$ 中的电流方向分别与绕组 l_1-l_2 和 k_1-k_2 中的电流方向相同。

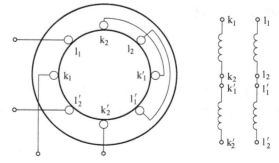

图 4-17　四极电动机定子绕组

　　图 4-18 为四极电动机的旋转磁场。当 $t=t_1$ 时，图 4-18a 与图 4-11a 相对应。这时控制绕

组的两个绕组有同向的电流，根据图 4-11a 所标的电流方向，在图 4-18a 中也可标出控制绕组电流的方向，由右手螺旋定则，可以得到如图所示的磁场分布情况。

同理可以得到图 4-18b~d。可见，它们都表示一台四极电动机的磁场分布，而且每个时刻磁场的位置都比上一个时刻沿顺时针方向转过 45°。

当控制电流经过一个周期又回到正的最大值时，电动机磁场又回到图 4-18a 所示的位置，与图 4-18d 相比，此时磁场又转过 45°。

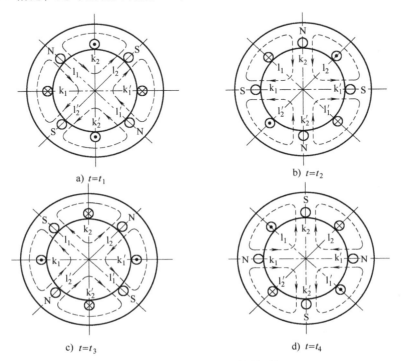

图 4-18　四极电动机的旋转磁场

从图 4-18 分析可知，当控制电流从正的最大值经过一个周期又回到正的最大值，即电流变化一个周期时，磁场只转过半圈。因此，若电源频率 f = 50Hz，即电流每秒变化 50 个周期时，磁场每秒只转过 25 圈。即对四极电动机（p = 2）来说，旋转磁场转速为

$$n_s = \frac{f}{2} = 1500\text{r/min}$$

综上，两极电动机（p = 1）时，$n_s = f$；四极电动机（p = 2）时，$n_s = f/2$。那么对于极对数为 p 的电动机，旋转磁场转速（又称同步转速）的表达式可写为

$$n_s = \frac{60f}{p} \tag{4-10}$$

式中，n_s 单位为 r/min。由式（4-10）可知，旋转磁场的转速 n_s 与电流的频率成正比，与磁极对数成反比。交流感应伺服电动机使用的电源频率通常是标准频率 f = 400Hz 或 50Hz，对应不同极对数时的同步转速见表 4-1。

表 4-1 不同极对数 p 与同步转速 n_s 的对应值

p		1	2	3	4
$n_s / (\text{r/min})$	$f = 50\,\text{Hz}$	3000	1500	1000	750
	$f = 400\,\text{Hz}$	24000	12000	8000	6000

若忽略谐波影响，气隙磁通密度 B_δ 沿着圆周空间正弦分布，对于两极电动机，旋转磁场沿圆周是正弦分布的磁通密度波，如图 4-12 所示。对于多极电动机，如果极对数为 p，那么沿着圆周空间就有 p 个正弦分布的磁通密度波。图 4-19 表示四极电动机的磁通密度波在空间以同步转速 n_s 旋转的示意图。

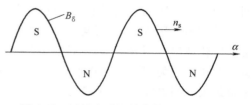

图 4-19 四极电动机的旋转磁通密度波

关于交流感应电动机磁场的分析可得出如下结论：

1）单相绕组通入单相交流电后，所产生的是一个脉振磁场。

2）圆形旋转磁场的磁通密度在空间按正弦规律分布，其幅值不变并以恒定的速度在空间旋转。

3）两相对称绕组通入两相对称电流能产生圆形旋转磁场，或两个空间上相差 90° 电角度，时间上有 90° 相位差，幅值相等的脉振磁场必然形成圆形旋转磁场。

4）旋转磁场的转向是从超前相的绕组轴线（此绕组中流有相位上超前的电流）转到落后相的绕组轴线。把两相绕组中任意一相绕组上所加的电压反向（即相位改变 180°）就可以改变旋转磁场的转向。

5）旋转磁场的转速称为同步转速，且只与电动机极数和电源频率有关，关系式见式（4-10）。

4.3 两相交流感应伺服电动机的控制

两相交流感应伺服电动机的转速和转向不但与励磁电压和控制电压的幅值有关，而且还与励磁电压和控制电压相位差的大小有关，因此在励磁电压、控制电压以及它们之间的相位差三个参量中，任意改变其中的一个或两个都可以实现电动机的控制。两相交流伺服电动机的控制方法有三种，分别是幅值控制、相位控制和幅值-相位控制。

1. 幅值控制

控制电压和励磁电压保持相位差 90°，只改变控制电压幅值，这种控制方法称为幅值控制。图 4-20 为交流伺服电动机幅值控制接线图，使用时励磁电压 U_f 保持额定值不变，控制电压 U_k 的幅值在零到额定值之间变化。

幅值控制交流伺服电动机具有以下特性：

1）当励磁电压 U_f 为额定电压，控制电压 U_k 为零时，伺服电动机转速为零，电动机不动。

2）当励磁电压 U_f 为额定电压，控制电压 U_k 也为额定电压时，伺服电动机转速最大，电动机转矩也为最大。

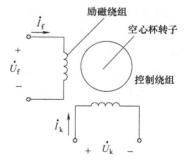

图 4-20 交流伺服电动机幅值控制接线图

3）当励磁电压 U_f 为额定电压，控制电压 U_k 在零到额定电压之间变化时，伺服电动机转速在零到最高转速之间变化。

2. 相位控制

采用相位控制时，控制电压和励磁电压均为额定电压，通过改变控制电压和励磁电压之间的相位差，实现对伺服电动机的控制。

设控制电压 U_k 与励磁电压 U_f 的相位差为 β，$\beta = 0° \sim 90°$。根据 β 的取值可得出气隙磁场的变化情况。当 $\beta = 0°$ 时，控制电压与励磁电压同相位，气隙总磁通势为脉振磁通势，伺服电动机转速为零，电动机不动。当 $\beta = 90°$ 时为圆形旋转磁通势，伺服电动机转速最大，转矩也最大。当 β 在 $0° \sim 90°$ 变化时，磁通势从脉振磁通势变为椭圆形旋转磁通势再变为圆形旋转磁通势，伺服电动机的转速由低向高变化。β 值越大越接近圆形旋转磁通势，相位控制时的原理电路图和电压相量图如图 4-21 所示。

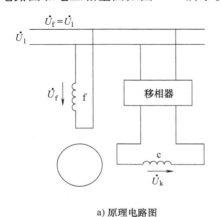
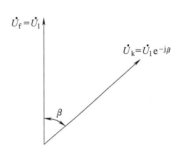

a) 原理电路图　　　　　　　　　　b) 电压相量图

图 4-21　相位控制

3. 幅值-相位控制（电容控制）

幅值-相位控制也称为电容控制。这种控制方式是通过改变控制电压的幅值及控制电压与励磁电压之间的相位差来控制伺服电动机的转速，如图 4-22 所示。

当控制电压的幅值改变时，电动机转速发生变化，此时励磁绕组中的电流随之发生变化，励磁电流的变化引起电容端电压的变化，使控制电压与励磁电压之间的相位角 β 改变。幅值-相位控制的机械特性和调节特性不如幅值控制和相位控制，但线路比较简单，不需要移相器，利用串联电容就能在单相交流电源上获得控制电压

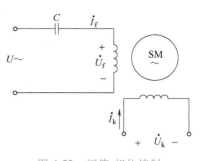

图 4-22　幅值-相位控制

和励磁电压的分相，成本较低，是实际应用中最常见的一种控制方式。

4.4　圆形旋转磁场作用下的运行分析

前面介绍了感应交流伺服电动机的工作原理，分析了圆形旋转磁场的形成及其特性。在此基础上进一步研究电动机内部的电磁关系和运行特性，如转速、转矩、电流和磁通之间的

相互关系，电压平衡，机械特性等，这些对于正确地选用电动机来说都是至关重要的。

4.4.1　电压平衡方程式的建立

1. 转子不动时

当定子绕组通电后在气隙中形成的圆形旋转磁场 B_δ 以同步转速 n_s 在空间旋转，定、转子铁心中各放着一根导体（实际为绕组的一段导体）。于是这个旋转磁场就切割这两根导体，在绕组中产生感应电动势。图4-23为旋转磁场切割定转子导体。根据电磁感应定律，磁场切割导体时在导体中产生的感应电动势为

$$e = B_\delta l v \tag{4-11}$$

式中，v 为旋转磁场切割定、转子导体的线速度；l 为铁心长度。

由于旋转磁场的气隙磁通密度在空间是按正弦规律分布，定、转子绕组所产生的感应电动势 e 随时间也是按正弦规律变化，如图4-24所示。感应电动势交变的频率与旋转磁场的切割速度和极数有关。

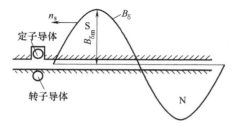

图4-23　旋转磁场切割定转子导体

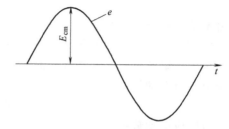

图4-24　感应电动势随时间的变化

当转子不动时，因为旋转磁场切割定、转子导体的速度为同步转速 n_s，所以定、转子绕组中感应电动势的频率与电源的频率相同。即

$$f_s = f_R = f \tag{4-12}$$

旋转磁场极对数 $p = 1$，旋转磁场在空间转360°电角度，定、转子绕组中的感应电动势交变1次；当旋转磁场极对数为 p 时，旋转磁场在空间转360°电角度，定、转子绕组中的感应电动势就交变 p 次。如果旋转磁场转速为 n_s（单位为 r/min），则定、转子绕组中的感应电动势频率为

$$f_s = f_R = f = \frac{p n_s}{60}\ (\text{单位为 Hz}) \tag{4-13}$$

由图4-23可知，当旋转磁场最大值 $B_{\delta m}$ 转到定、转子导体所处的位置时，导体中的感应电动势为最大值。表达式为

$$E_{cm} = B_{\delta m} l v \tag{4-14}$$

由式（4-13）可得线速度与感应电动势频率的关系式为

$$v = \frac{\pi D_s n_s}{60} = \frac{\pi D_s}{60} \cdot \frac{60 f}{p} = \frac{\pi D_s}{p} f \tag{4-15}$$

式中，D_s 为定子铁心内径。旋转磁场每极磁通

$$\Phi = B_p \tau l \tag{4-16}$$

式中，τ 为极距，$\tau = \pi D_s/(2p)$；l 为铁心长度；B_p 为磁通密度的平均值。根据图 4-25 所示气隙磁通密度的平均值，可知

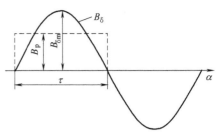

$$B_p = \frac{1}{\pi}\int_0^\pi B_{\delta m}\sin\alpha \, d\alpha = \frac{2}{\pi}B_{\delta m} \tag{4-17}$$

所以，每极磁通为

$$\Phi = \frac{2}{\pi}B_{\delta m}\tau l = \frac{D_s}{p}B_{\delta m}l \tag{4-18}$$

图 4-25 气隙磁通密度的平均值

气隙磁通密度的最大幅值为

$$B_{\delta m} = \frac{p\Phi}{D_s l} \tag{4-19}$$

将式（4-15）及式（4-19）代入式（4-14），可得出每根导体感应电动势的有效值为

$$E_c = \frac{1}{\sqrt{2}}E_{cm} = 2.22f\Phi \tag{4-20}$$

由于定、转子绕组都是由多根导体串联而成，定、转子绕组中的感应电动势等于串联导体数（常用匝数表示，串联导体数等于两倍的串联匝数）乘以每根导体的感应电动势。这样定、转子绕组的感应电动势有效值可分别表示为

励磁绕组感应电动势：

$$E_f = 2W_f E_c = 4.44W_f f\Phi \tag{4-21}$$

控制绕组感应电动势：

$$E_k = 2W_k E_c = 4.44W_k f\Phi \tag{4-22}$$

转子绕组感应电动势：

$$E_R = 2W_R E_c = 4.44W_R f\Phi \tag{4-23}$$

式中，W_f、W_k、W_R 分别为励磁、控制、转子绕组的有效匝数（由电动机原理分析，笼式转子绕组的有效匝数 $W_R = 1/2$）。

旋转磁场所产生的磁通 Φ 既匝链（电源的一根相线进入电动机后由几个绕组元件组成，把这些元件连接叫作匝链）定子绕组，又匝链转子绕组，称为电动机的主磁通。此外，当定、转子绕组中流过电流时，还会产生一些只单独匝链自身绕组的磁通 $\Phi_{\sigma s}$ 和 $\Phi_{\sigma R}$，如图 4-26 所示。这些磁通称为定、转子绕组漏磁通，它们分别按照定、转子电流的频率 f 与 f_R 交变（当转子不动时 $f_R = f$）。这样，在绕组中除了旋转磁场产生的感应电动势 $\dot{E}_f$、$\dot{E}_k$、$\dot{E}_R$ 外，还有漏磁通所感应出的漏磁电动势 $\dot{E}_{\sigma f}$、$\dot{E}_{\sigma k}$、$\dot{E}_{\sigma R}$，通常漏磁电动势用电抗压降表示，即

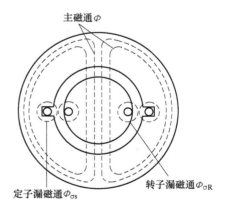

图 4-26 主磁通和漏磁通

励磁绕组漏磁电动势：

$$\dot{E}_{\sigma f} = -j\dot{I}_f X_f \tag{4-24}$$

控制绕组漏磁电动势：

$$\dot{E}_{\sigma k} = -\mathrm{j}\dot{I}_k X_k \qquad (4-25)$$

转子绕组漏磁电动势：

$$\dot{E}_{\sigma R} = -\mathrm{j}\dot{I}_R X_R \qquad (4-26)$$

式中，$\dot{I}_f$、$\dot{I}_k$、$\dot{I}_R$ 分别为励磁、控制、转子电流；X_f、X_k、X_R 分别为励磁、控制、转子绕组的漏电抗。

由于在定、转子绕组中均有电阻，当电流流过时，产生定子和转子电阻压降，它们分别是励磁绕组电阻压降：

$$\dot{U}_{rf} = \dot{I}_f R_f \qquad (4-27)$$

控制绕组电阻压降：

$$\dot{U}_{rk} = \dot{I}_k R_k \qquad (4-28)$$

转子绕组电阻压降：

$$\dot{U}_{rR} = \dot{I}_R R_R \qquad (4-29)$$

式中，R_f、R_k、R_R 分别为励磁、控制、转子绕组电阻。

根据上面分析可以得出转子不动时，交流感应电动机的电压平衡方程式为

$$\dot{U}_f = -\dot{E}_f + \dot{I}_f R_f + \mathrm{j}\dot{I}_f X_f \qquad (4-30)$$

$$\dot{U}_k = -\dot{E}_k + \dot{I}_k R_k + \mathrm{j}\dot{I}_k X_k \qquad (4-31)$$

$$\dot{E}_R = \dot{I}_R R_R + \mathrm{j}\dot{I}_R X_R \qquad (4-32)$$

定子方面可知，外加电压与定子绕组的感应电动势以及电阻、电抗压降相平衡。转子方面可知，转子绕组感应电动势与转子绕组的电阻、电抗压降相平衡。

2. 电动机运行时

假设伺服电动机带负载时转子的转速为 n，从定子方面来说，旋转磁场相对定子绕组的速度为 n_s，定子绕组中的电动势和电流频率为电源频率 f，因此定子绕组感应电动势及电抗、电阻压降表达式与转子不动时相同。从转子方面来说，旋转磁场以转速差（$n_s - n$）的相对速度切割转子导体。此时，转子导体中感应电动势和电流的频率为

$$f_R = \frac{p\Delta n}{60} = \frac{p(n_s - n)}{60}$$

或

$$f_R = \frac{n_s - n}{n_s} \cdot \frac{pn_s}{60} = sf \qquad (4-33)$$

由式（4-33）可知，电动机转动时，转子导体中感应电动势和电流的频率等于电源频率乘以转差率。当转子不动即 $n = 0$、$s = 1$ 时，才有 $f_R = f$，这时转子频率与定子频率相同。

转子转动时，旋转磁场切割转子导体的线速度为

$$v_R = \frac{\pi D_s \Delta n}{60} = \frac{\pi D_s s n_s}{60} = \frac{\pi D_s}{p} sf \qquad (4-34)$$

因而转子转动时转子绕组感应电动势变为

$$E_{Rs} = 4.44 W_R sf \Phi \tag{4-35}$$

与转子不动时的转子绕组感应电动势表达式（4-23）相比，可得

$$E_{Rs} = sE_R \tag{4-36}$$

即转子转动时，转子电动势 E_{Rs} 等于转子不动时的电动势 E_R 与转差率 s 的乘积。转子感应电动势在转子不动时为最大。电动机转动后，转差率 s 减小，转子感应电动势也就减小。理想空载 $n = n_s$、$s = 0$ 时，转子感应电动势 $E_{Rs} = 0$。

转子转动时，转子电流的频率由 $f_R = f$ 变为 $f_R = sf$，故由转子电流所产生的转子漏磁通的交变频率也变为 sf，而漏磁通所感应的漏磁电动势及与它相对应的漏电抗与漏磁通变化的频率成正比，因而转子转动时，转子漏磁电动势及漏电抗可表示为

$$\dot{E}_{\sigma Rs} = s\dot{E}_{\sigma R} \tag{4-37}$$

$$X_{Rs} = sX_R \tag{4-38}$$

式中，$\dot{E}_{\sigma R}$ 和 X_R 为转子不动时的转子漏磁电动势和转子漏电抗。

由式（4-38）可知，转子漏电抗也是一个变数，转子静止时 $X_{Rs} = X_R$，转动时随转差率 s 的减小而减小。这时转子漏磁电动势可表示为

$$\dot{E}_{\sigma Rs} = -j\dot{I}_R X_{Rs} = -j\dot{I}_R sX_R \tag{4-39}$$

根据上面的分析，考虑转子转动时转子方面的变化，又可得出转子旋转时的电压平衡方程式为

$$\dot{U}_f = -\dot{E}_f + \dot{I}_f R_f + j\dot{I}_f X_f \tag{4-40}$$

$$\dot{U}_k = -\dot{E}_k + \dot{I}_k R_k + j\dot{I}_k X_k \tag{4-41}$$

$$s\dot{E}_R = \dot{I}_R R_R + j\dot{I}_R sX_R \tag{4-42}$$

电压平衡是电动机中很重要的规律，利用它可以分析电动机运行中发生的许多物理现象，对交流伺服电动机也是如此。

4.4.2 获得圆形旋转磁场的条件

加在励磁绕组和控制绕组上的电压符合什么条件才能获得圆形旋转磁场，下面分两种情况进行介绍。

1）励磁绕组和控制绕组有效匝数相等时，即 $W_f = W_k$。定子绕组为对称两相绕组，产生圆形磁场的定子电流必须为两相对称电流，即两相电流幅值相等，相位差为 90°，用复数表示为

$$\dot{I}_k = j\dot{I}_f \tag{4-43}$$

由于控制电流 $\dot{I}_k$ 相位超前励磁电流 $\dot{I}_f$ 相位 90°，所以圆形旋转磁场的转向是从控制绕组轴线转到励磁绕组轴线，如图 4-14 所示。显然这时控制绕组感应电动势 $\dot{E}_k$ 在相位上超前励磁绕组感应电动势 $\dot{E}_f$ 90°，其值相等，用复数可表示为

$$\dot{E}_k = j\dot{E}_f \tag{4-44}$$

因为匝数相等，励磁绕组和控制绕组参数相等，即

$$R_k = R_f \tag{4-45}$$

$$X_k = X_f \tag{4-46}$$

将式（4-43）～式（4-46）代入式（4-41）得

$$\dot{U}_k = j(-\dot{E}_f + \dot{I}_f R_f + j\dot{I}_f X_f) = j\dot{U}_f \tag{4-47}$$

由式（4-47）可知，两相绕组匝数相等时，为得到圆形旋转磁场，要求两相电压值相等，相位差90°，相量图如图4-27a所示。这样的两个电压称为两相对称电压。

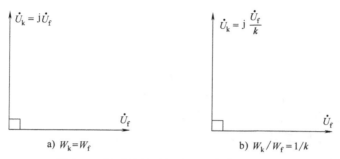

a) $W_k = W_f$　　　　　　　b) $W_k / W_f = 1/k$

图4-27　圆形旋转磁场时的两相电压相量图

2）励磁绕组和控制绕组有效匝数不相等时，设 $W_f / W_k = k$。此时为得到圆形旋转磁场，两相电流幅值不等，相位仍差90°。根据式（4-9），将两相电流用复数形式表示，可得

$$I_k = jk\dot{I}_f \tag{4-48}$$

由式（4-21）和式（4-22）可知定子感应电动势的值与匝数成正比，控制绕组感应电动势 $\dot{E}_k$ 在相位上仍超前励磁绕组感应电动势 $\dot{E}_f$ 相位90°，用公式可表示为

$$\dot{E}_k = j\frac{\dot{E}_f}{k} \tag{4-49}$$

当两相绕组在定子铁心中对称分布时，每相绕组占有相同的槽数，对应的电阻为

$$R = \rho \frac{l}{S} \tag{4-50}$$

式中，ρ 为电阻率；每相绕组导线的长度正比于匝数，即 $l \propto W$；导线截面积反比于匝数，即 $S \propto 1/W$。根据式（4-50）可知，电阻 $R \propto W^2$。由此可得

$$\frac{R_f}{R_k} = \left(\frac{W_f}{W_k}\right)^2 = k^2$$

或

$$R_k = \frac{R_f}{k^2} \tag{4-51}$$

同时定子漏电抗为

$$X = \omega L = \omega \frac{W\Phi}{I} = \omega \frac{W^2 \Phi}{WI} = \omega W^2 G \tag{4-52}$$

式中，G 为定子漏磁导，为常数。那么漏电抗 $X \propto W^2$，由此可得

$$\frac{X_f}{X_k} = \left(\frac{W_f}{W_k}\right)^2 = k^2$$

或

$$X_k = \frac{X_f}{k^2} \tag{4-53}$$

将式 (4-48)、式 (4-49)、式 (4-51) 和式 (4-53) 代入式 (4-41)，整理后可得

$$\dot{U}_k = j\frac{\dot{U}_f}{k} \tag{4-54}$$

两相电压有效值之比

$$\frac{U_k}{U_f} = \frac{1}{k} = \frac{W_k}{W_f} \tag{4-55}$$

由式 (4-55) 可知，当两相绕组匝数不相等时，要得到圆形旋转磁场，两相电压的相位差仍为 90°，其值与匝数成正比，如图 4-27b 所示。

当两相绕组产生圆形旋转磁场时，此时加在定子绕组上的电压分别定义为额定励磁电压 $\dot{U}_{fn}$ 和额定控制电压 $\dot{U}_{kn}$，并称两相交流伺服电动机处于对称状态。由上述分析可知，当 $W_k = W_f$ 时，有

$$U_{fn} = U_{kn} \tag{4-56}$$

若 $W_k/W_f = 1/k$，则

$$\frac{U_{kn}}{U_{fn}} = \frac{1}{k} = \frac{W_k}{W_f} \tag{4-57}$$

两相绕组额定电压值与绕组匝数成正比的关系是非常有用的，在某些场合下，当采用晶体管伺服放大器时，控制电压往往要求比励磁电压低，这时应选用控制绕组的匝数低于励磁绕组的匝数。

4.4.3 电磁转矩及机械特性

1. 电磁转矩

图 4-28 表示旋转磁场的气隙磁通密度 B_δ 以同步转速 n_s、转子以转速 n 从右向左旋转，转子上有 Z_R（$Z_R = 10$）根笼条分布在圆周上，每两根笼条之间夹角为 α。当旋转磁场以相对速度 Δn（$\Delta n = n_s - n$）切割转子导条时，转子导条产生了感应电动势。由于磁通密度 B_δ 在空间为正弦分布，那么对每一根导条来说，它所切割的磁通密度随时间按正弦规律变化。根据感应电动势 $e = B_\delta l v$，转子上每根导条的感应电动势 e 随时间也是按正弦规律变化，并与其所

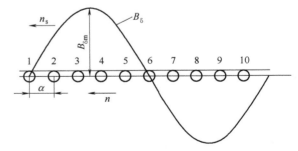

图 4-28 某一时刻 t 笼式转子与旋转磁场的相对位置

切割的气隙磁通密度 B_δ 同相位。若在某一时刻 t，旋转磁场的气隙磁通密度 B_δ 与转子导条的相对位置如图 4-28 所示，那么此时气隙磁通密度 B_δ 沿圆周的分布曲线也可表示为在此时刻转子各导条中的电动势分布曲线。此时转子各导条的电动势为

导条 1 $\qquad\qquad\qquad\qquad e_1 = E_{Rm}\sin 0$

导条 2　　　　　　　　　　　　　　$e_2 = E_{Rm} \sin\alpha$

导条 3　　　　　　　　　　　　　　$e_3 = E_{Rm} \sin 2\alpha$

$\vdots$　　　　　　　　　　　　　　　　　　$\vdots$

导条 10　　　　　　　　　　　　　$e_{10} = E_{Rm} \sin 9\alpha$

各式中的 E_{Rm} 为转子导条的电动势最大值，即当导条切割磁通密度最大值 $B_{\delta m}$ 时所产生的感应电动势。

由于转子是电感性阻抗，其绕组存在漏电抗，转子导条中的电流滞后电动势一个阻抗角 φ_R，这时导条的电流为

导条 1　　　　　　　　　　　　　$i_1 = I_{Rm} \sin(-\varphi_R)$

导条 2　　　　　　　　　　　　　$i_2 = I_{Rm} \sin(\alpha - \varphi_R)$

导条 3　　　　　　　　　　　　　$i_3 = I_{Rm} \sin(2\alpha - \varphi_R)$

$\vdots$　　　　　　　　　　　　　　　　　　$\vdots$

导条 10　　　　　　　　　　　　$i_{10} = I_{Rm} \sin(9\alpha - \varphi_R)$

式中，I_{Rm} 为转子导条的电流最大值。此时各导条所受到的电磁力为

导条 1　　　　　　　　　$F_1 = B_{\delta 1} i_1 l = 0 \times i_1 l = 0$

导条 2　　　　　　　　　$F_2 = B_{\delta 2} i_2 l = B_{\delta m} \sin\alpha I_{Rm} \sin(\alpha - \varphi_R) l$

导条 3　　　　　　　　　$F_3 = B_{\delta 3} i_3 l = B_{\delta m} \sin 2\alpha I_{Rm} \sin(2\alpha - \varphi_R) l$

$\vdots$　　　　　　　　　　　　　　　　　　$\vdots$

导条 10　　　　　　　　$F_{10} = B_{\delta 10} i_{10} l = B_{\delta m} \sin 9\alpha I_{Rm} \sin(9\alpha - \varphi_R) l$

式中，l 为转子导条的长度。根据三角函数积化和差公式，化简上式可得

导条 1　　　　　　　　　　　　　$F_1 = 0$

导条 2　　　　　$F_2 = \dfrac{1}{2} B_{\delta m} I_{Rm} l [\cos\varphi_R - \cos(2\alpha - \varphi_R)]$

导条 3　　　　　$F_3 = \dfrac{1}{2} B_{\delta m} I_{Rm} l [\cos\varphi_R - \cos(4\alpha - \varphi_R)]$

$\vdots$　　　　　　　　　　　　　　　　　　$\vdots$

导条 10　　　　$F_{10} = \dfrac{1}{2} B_{\delta m} I_{Rm} l [\cos\varphi_R - \cos(18\alpha - \varphi_R)]$

将所有 Z_R 根转子导条（$Z_R = 10$）所受到的电磁力求和即可得出整个转子所受到的合电磁力，上面各式括号中的第二项之和为零（因为这实际上是长度为 l、互差 2α 角、在 720° 内均布的 10 根导条电磁力矢量在坐标轴上的投影之和），整个转子受到的合电磁力为

$$F = \sum F_i = \frac{1}{2} B_{\delta m} I_{Rm} l \cos\varphi_R Z_R \tag{4-58}$$

作用在转子上的电磁转矩等于电磁力乘以转子半径，即转矩为

$$T = F \frac{D_R}{2} = \frac{1}{2} B_{\delta m} I_{Rm} l \cos\varphi_R Z_R \frac{D_R}{2} \tag{4-59}$$

式中，D_R 为转子铁心外径。

式（4-58）和式（4-59）的电磁力和电磁转矩表达式可以表示任意时刻转子所受到的电磁力和电磁转矩。

考虑到转子电流最大值 I_{Rm} 与有效值 I_R 的关系为

$$I_{Rm} = \sqrt{2}\, I_R \tag{4-60}$$

考虑到 $D_s \approx D_R$，将式（4-60）和式（4-19）代入转矩公式 [式（4-59）]，可得出作用在转子上的电磁转矩为

$$T = \frac{\sqrt{2}}{4} Z_R p \Phi I_R \cos\varphi_R \tag{4-61}$$

由式（4-61）可知，交流感应伺服电动机电磁转矩表达式与直流电动机电磁转矩公式 $T = K_m \Phi I_a$ 极为相似，它表明交流感应伺服电动机电磁转矩与每极磁通 Φ 及转子电流的有功分量 $I_R \cos\varphi_R$ 成正比。

再由式（4-42）可得转子电流 I_R 为

$$I_R = \frac{s E_R}{\sqrt{(s X_R)^2 + R_R^2}} = \frac{E_R}{\sqrt{X_R^2 + \left(\dfrac{R_R}{s}\right)^2}} \tag{4-62}$$

由式（4-21）和式（4-23）可得转子绕组电动势与励磁绕组电动势的关系为

$$\frac{E_R}{E_f} = \frac{W_R}{W_f}$$

即

$$E_R = \frac{W_R}{W_f} E_f \tag{4-63}$$

将式（4-63）代入式（4-62），可得

$$I_R = \frac{W_R E_f}{W_f \sqrt{X_R^2 + \left(\dfrac{R_R}{s}\right)^2}} \tag{4-64}$$

考虑到励磁绕组的电阻压降 $I_f R_f$ 和电抗压降 $I_f X_f$ 远小于电动势 E_f，可以忽略不计，所以式（4-40）电压平衡方程式可近似地写为

$$\dot{U}_f \approx -\dot{E}_f \tag{4-65}$$

再由式（4-21）可得

$$U_f \approx E_f = 4.44 W_f f \Phi \tag{4-66}$$

这样，转子电流近似地表示为

$$I_R = \frac{W_R U_f}{W_f \sqrt{X_R^2 + \left(\dfrac{R_R}{s}\right)^2}} \tag{4-67}$$

每极磁通可近似地表示为

$$\Phi \approx \frac{U_f}{4.44 W_f f} \tag{4-68}$$

式（4-61）中的 $\cos\varphi_R$ 是转子电路中的功率因数，由式（4-42）可以得出

$$\cos\varphi_R = \frac{R_R}{\sqrt{(sX_R)^2 + R_R^2}} = \frac{\dfrac{R_R}{s}}{\sqrt{X_R^2 + \left(\dfrac{R_R}{s}\right)^2}} \tag{4-69}$$

将式（4-67）~式（4-69）代入式（4-61），经过整理可得电磁转矩为

$$T = \frac{Z_R p W_R U_f^2 R_R}{4\pi W_f^2 f s \left[X_R^2 + \left(\dfrac{R_R}{s}\right)^2\right]} \tag{4-70}$$

式（4-70）表示了交流感应伺服电动机电磁转矩与电压、电动机参数及转差率之间的关系。对现有电动机，电动机参数是定值，频率 f 是常数，因此当电动机转速一定，也就是转差率 s 不变时，电磁转矩与电压二次方成正比，即

$$T \propto U_f^2$$

当励磁绕组两端接在恒定的交流电源上时，励磁电压 U_f 将保持不变，所以对于一定的电动机，电磁转矩随转差率 s 的变化而变化。

2. 机械特性的分析

交流感应伺服电动机的电磁转矩 T 与转差率 s（或转速 n）的关系曲线，即 $T=f(s)$（或 $T=f(n)$）曲线称为机械特性曲线。根据式（4-70），当电压一定时，可以得出不同转子电阻 R_R 的机械特性曲线簇如图 4-29 所示。

由图 4-29 可见（以曲线 1 为例），当理想空载即 $n=n_s$、$s=0$ 时，电磁转矩 $T=0$，随着转差率增加（即转速减小），电磁转矩增加；当转差率 $s=s_m$ 时，转矩达到最大值 T_{max}，之后转矩逐渐减小；当转差率 $s=1$、$n=0$ 即电动机不转时，转矩为 T_d，该值称为交流感应伺服电动机的堵转转矩。

将 $s=1$ 代入式（4-70），便可得到堵转转矩的表达式为

$$T_d = \frac{Z_R p W_R U_f^2 R_R}{4\pi W_f^2 f (X_R^2 + R_R^2)} \tag{4-71}$$

由式（4-71）可知，堵转转矩与电压二次方成正比，堵转转矩大，电动机起动时带负载能力大，电动机加速也较快。对于一定的交流感应伺服电动机，对堵转转矩有一定的要求。

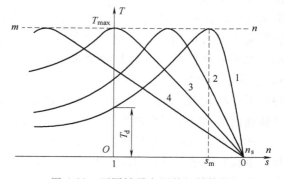

图 4-29　不同转子电阻的机械特性
曲线簇（$R_{R4} > R_{R3} > R_{R2} > R_{R1}$）
1—R_{R1}　2—R_{R2}　3—R_{R3}　4—R_{R4}

将式（4-70）对 s 求导，令其导数等于零，将式（4-72）代入式（4-70）中，即可得出临界转差率 s_m 和最大转矩 T_{max}：

$$s_m = \frac{R_R}{X_R} \tag{4-72}$$

$$T_{max} = \frac{Z_R p W_R U_f^2}{8\pi W_f^2 f X_R} \tag{4-73}$$

由式（4-72）和式（4-73）可知，临界转差率 s_m 与转子电阻 R_R 成正比，但最大转矩却与转子电阻无关。当转子电阻增大时，最大转矩保持不变，而临界转差率随着增大。从图 4-29 可以看出，随着转子电阻的增大，特性曲线的最大值点沿着平行于横轴的直线 mn 向左移动，这样可保持最大转矩不变，而临界转差率成比例地增大。

比较图 4-29 中不同转子电阻时的各种机械特性可以发现，在伺服电动机运行范围内（$0<s<1$），不同转子电阻的机械特性形状有较大差异。当转子电阻较小时，机械特性呈现出凸形，电磁转矩有一峰值（即最大转矩），如曲线 1、2。随着转子电阻的增加，当 $s_m \geq 1$ 时，电磁转矩的这一峰值已经移到第二象限，因此在 $0<s<1$ 的范围内，呈现出向下倾斜的机械特性，如曲线 3、4。为保证整个运行范围内工作的稳定性，对伺服电动机来说，必须具有这种向下倾斜的机械特性，这是自动控制系统对伺服电动机的重要要求。

现在来分析如图 4-30 所示的凸形机械特性。这种机械特性以峰值为界可分为两段，即上升段 ah 和下降段 hf。假定电动机带动一个恒定负载，负载的阻转矩为 T_L（包括电动机本身的阻转矩），这时电动机在下降段 g 点稳定工作。若此时负载的阻转矩 T_L 突然增加到 T'_L，电动机驱动转矩小于负载阻转矩，电动机减速，转差率 s 增大，这时电动机驱动转矩也要随着增大，一直增加到 T'_L，与负载阻转矩相平衡，这样电动机在 g' 点又稳定地工作。由图 4-30 可知，此时转速 n 降低，但转矩增大。如果负载的阻转矩又突然恢复到 T_L，这时电动机驱动转矩大于负载的阻转矩，电动机加速，转差率 s 减小，因而电动机的驱动转矩也随着减小，一直减小到 T_L 为止，又恢复到 g 点稳定工作。由此看来，在

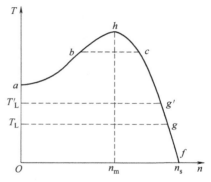

图 4-30 凸形机械特性
（稳定和不稳定运行）

特性下降段 hf 也就是从 n_s 到 n_m 的转速范围内，负载的阻转矩改变时，电动机具有自动调节转速而达到稳定工作的性能，因此从 n_s 到 n_m 的转速范围被称为稳定区。

如果电动机运行在特性上升段 ah 时，假定电动机在 b 点工作，当负载的阻转矩突然增加，电动机转速下降，由图 4-30 可知，在 b 点运行时，若转速下降，则电动机驱动转矩减小，电动机驱动转矩更小于负载的阻转矩，导致电动机转速一直下降，直至停止。如果电动机在 b 点工作，而负载的阻转矩突然下降，电动机转速增加，转速增加后电动机转矩也随之增大，造成电动机转矩更大于负载的阻转矩，导致电动机的转速一直上升，直到在稳定区 hf 运转于 c 点为止。故电动机在上升段 ah，即在从 n_m 到 0 的转速范围工作不稳定，被称为非稳定区。

综上所述，对于一般负载（如恒定负载）只有在机械特性下降段，即导数 $dT/dn<0$ 处才是稳定区，才能稳定运行。所以，为了使伺服电动机在转速从 $0 \sim n_s$ 的整个运行范围内都保证其工作稳定性，它的机械特性就必须在转速从 $0 \sim n_s$ 的整个运行范围内都是向下倾斜的，圆形旋转磁场时的机械特性如图 4-31 所示。显然，要具有这样向下倾斜的机械特性，交流感应伺服电动机要有足够大的转子电阻，使临界转差率 $s_m>1$。

从图 4-29 曲线簇形状的比较还可得知，转子电阻越大，机械特性越接近直线（如图中

特性 3 比特性 2、1 更接近直线）。使用中往往对伺服电
动机的机械特性非线性度有一定限制，为了改善机械特
性线性度，也必须提高转子电阻。所以，具有大的转子
电阻和向下倾斜的机械特性是交流感应伺服电动机的主
要特点。

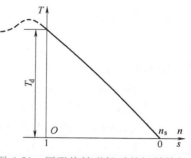

图 4-31　圆形旋转磁场时的机械特性

但是转子电阻也不能过分增加，比较图 4-29 中曲线
3 和 4 可以看出，当 $s_m > 1$ 后，倘若继续增加转子电阻，
堵转转矩 T_d 将随转子电阻增加而减小，这将使时间常数
增大，影响电动机的快速性能。同时，机械特性上
$|dT/dn|$ 值也随着减小，即转矩的变化对转速的影响增
大，电动机运行稳定性变差。而且转子电阻过大，电动机的转矩会显著减小，效率和材料利
用率将大大降低。

为了表示伺服电动机的运行稳定性，常引用阻尼系数的概念。向下倾斜机械特性负的斜
率（即 $dT/dn < 0$）表示伺服电动机具有黏性阻尼的特性，这种阻尼特性通常以阻尼系数 D
来表示，用数学式表示为

$$D = 9.55 \left| \frac{dT}{dn} \right|$$

若把对称状态下的机械特性用直线代替，则与此直线的斜率相对应的阻尼系数称为理论
阻尼系数，其值为

$$D = 9.55 \frac{T_d}{n_0}$$

式中，T_d 为对称状态时的堵转转矩；n_0 为对称状态时的空载转速。

在一定转速范围内，如果将机械特性近似看作直线，则在该范围内的阻尼系数为

$$D = 9.55 \frac{T_2 - T_1}{n_1 - n_2}$$

式中，T_1、T_2 和 n_1、n_2 分别为该范围内机械特性上相应的转矩和转速。

阻尼系数 D 越大，即机械特性上 $|dT/dn|$ 值越大，表示转矩的变化对转速的影响小，电
动机运行比较稳定。反之，阻尼系数 D 越小，表示转矩的变化对转速影响大，电动机运行
不稳定。

4.5　椭圆形旋转磁场及其分析方法

上一节分析了两相交流感应伺服电动机在圆形旋转磁场作用下的运行情况，电动机处于
对称状态，加在定子两相绕组上的电压都是额定值，这是交流伺服电动机运行中的一种特殊
状态，交流伺服电动机在系统中工作时，为了对它的转速进行控制，加在控制绕组上的控制
电压是变化的，经常不等于额定值，电动机处于不对称状态。下面来分析电动机处于这种不
对称状态下的磁场及其特性。

4.5.1 椭圆形旋转磁场的形成

由于交流伺服电动机在运行过程中控制电压经常变化，因此两相绕组产生不相等的磁通势，即 $I_f W_f \neq I_k W_k$。这样表示两个脉振磁场的磁通密度矢量幅值也不相等，即 $B_{fm} \neq B_{km}$，而且通入两个绕组中的电流相位差也不总是 90°。分析此时电动机中产生的磁场。

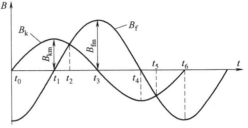

当通入绕组中的两相电流相位差为 90°，两绕组所产生的磁通势幅值不相等时，两绕组产生的磁通密度矢量幅值也不相等，椭圆形磁场时磁通密度矢量随时间变化的关系如图 4-32 所示。根据前述图 4-11 的分析方法，可画出对应于 $t_0 \sim t_6$ 各时刻的磁通密度空间矢量图，椭圆形磁场的形成如图 4-33 所示。

图 4-32 椭圆形磁场时磁通密度矢量随时间变化的关系

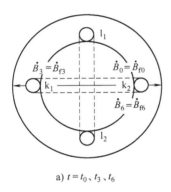

a) $t = t_0 \backslash t_3 \backslash t_6$

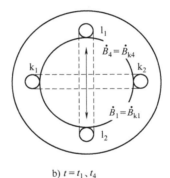

b) $t = t_1 \backslash t_4$

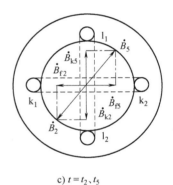

c) $t = t_2 \backslash t_5$

图 4-33 椭圆形磁场的形成

如果把对应于各时刻的合成磁通密度空间矢量 $\dot{B}$ 画在一个图形中，磁通密度 $\dot{B}$ 的矢端轨迹就是一个椭圆，如图 4-34 所示，这样的磁场称为椭圆形磁场。该椭圆中长轴为 B_{fm}，短轴为 B_{km}，令 α 为椭圆的长、短轴之比，则

$$\alpha = \frac{B_{km}}{B_{fm}} \qquad (4-74)$$

α 值决定了磁场椭圆的程度。图 4-35 是 α 取不同值时得到的不同椭圆。由图可知，随着 α 的减小，磁场的椭圆度增大，当 $\alpha = 1$ 时，图形是个圆，这时两个绕组所产生的磁通密度矢量幅值相等，产生圆形磁场；当 $\alpha = 0$ 时，图形是一

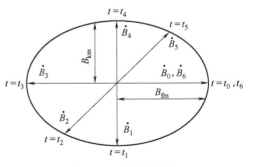

图 4-34 椭圆形磁场

条线，这时控制绕组中的电流为零，电动机单相运行，只有励磁绕组产生磁场，这个磁场是单相脉振磁场，是椭圆磁场的一种极限情况。

上述分析是假定两个绕组的电流相位差 $\beta = 90°$ 的情况。如果 $\beta \neq 90°$，就会像 $\alpha \neq 1$ 一样产生椭圆磁场。这只要看相位差 $\beta = 0°$ 和 $\beta = 90°$，就可推广到一般情况，得出其规律。

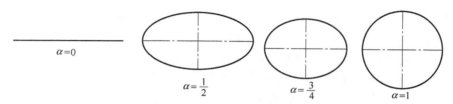

图 4-35　α 取不同值时得到的不同椭圆

两个同相位电流即 $\beta = 0°$ 时，对应的两个脉振磁通密度矢量随时间变化的相位也相同，如图 4-36a 所示（图中磁通密度矢量幅值相等，即 $\alpha = 1$）。图 4-36b 是对应于时间 $t_1 \sim t_6$ 各时刻的磁通密度空间矢量图。由图可见，当 $\beta = 0°$ 时，两个绕组所产生的磁通密度矢量同时变换方向和成比例地变大或变小，因此，不论 α 取何值，合成磁通密度矢量 $\mathbf{B}$ 总是一个脉振磁通密度矢量，产生一个空间位置保持不变，幅值随时间变化的脉振磁场。

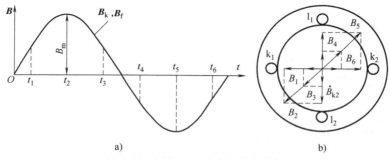

图 4-36　同相电流产生的脉振磁场

两个电流相位差为 90° 即 $\beta = 90°$ 时，$\alpha = 1$ 则产生圆形磁场，$\alpha \neq 1$ 产生椭圆磁场。

两个电流相位差不为 90° 即 $\beta \neq 90°$ 时，产生椭圆磁场。此时将电流 $\dot{i}_k$ 分解为 $I_k \cos\beta$ 与电流 $\dot{i}_f$ 同相，$I_k \sin\beta$ 与电流 $\dot{i}_f$ 成 90° 相位差，如图 4-37 所示。由上所述，$I_k \cos\beta$ 这个同相分量与 $\dot{i}_f$ 一起作用只能产生脉振磁场，只有 $I_k \sin\beta$ 这个正交分量与 $\dot{i}_f$ 一起作用才会产生旋转磁场。而且，相位差 β 越接近 90°，正交分量就越大，磁场就越接近圆形。相反，相位差 β 越偏离 90°，正交分量就越小，磁场椭圆度也就越大。

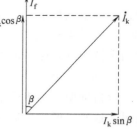

图 4-37　电流相量图

椭圆形旋转磁场不但磁通密度矢量 $\mathbf{B}$ 的幅值在变化而且其转速也是变量。由图 4-32 和图 4-33 可知，从 $t_0 \sim t_1$ 经过 1/4 周期，合成磁通密度矢量 $\mathbf{B}$ 在空间也转过 90°，但从 $t_1 \sim t_2$ 小于 1/8 周期，而合成磁通密度矢量 $\mathbf{B}$ 在空间却转过 45°。磁场旋转速度在不同时刻是不同的。

这种幅值和转速都在变化的椭圆形旋转磁场，对于分析伺服电动机的特性是很不方便的，因此需要用分解法把它分为正向圆形磁场和反向圆形磁场来解决。

4.5.2　椭圆形旋转磁场的分析

1. 脉振磁场

一个脉振磁场可以分解成两个幅值相等、转速相同、转向相反的圆形磁场来等效。图

4-38 表示五个不同时刻励磁绕组所产生的单相脉振磁场，它们分别可用五个 B_f 磁通密度矢量来表示，这些矢量位置均位于绕组 l_1—l_2 的轴线上。图 4-39 是脉振磁场的分解，用两个旋转磁通密度矢量 $B_正$ 和 $B_反$ 来代替脉振磁通密度矢量 B_f，矢量 $B_正$ 和 $B_反$ 转向相反，其幅值等于脉振磁通密度矢量幅值的一半。t_1 时刻，脉振磁通密度矢量最大，两个旋转磁通密度矢量正好转到互相重合的位置，脉振磁通密度矢量为两个旋转磁通密度矢量的代数和。t_2 时刻，脉振磁通密度矢量减小，两个旋转磁通密度矢量互相离开，此时脉振磁通密度矢量为两个旋转磁通密度矢量的合成。

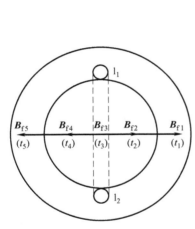

图 4-38 单相脉振磁场

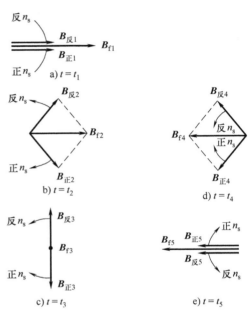

图 4-39 脉振磁场的分解

当脉振磁通密度矢量为零时，两个旋转磁通密度矢量正好转到方向相反的位置，旋转磁通密度矢量互相抵消。当脉振磁通密度矢量为负值时，两个旋转磁通密度矢量的夹角大于 $180°$。从图 4-39 可知，一个脉振磁场可用两个幅值相等、转向相反的圆形旋转磁场来等效，这两个圆形旋转磁场的磁通密度矢量等于脉振磁通密度矢量幅值的一半，转速等于 f/p。

2. 椭圆磁场

分析伺服电动机两个绕组中的电流相位差 $\beta = 90°$，磁通势幅值不相等时产生的椭圆磁场情况。这时，两相磁通密度矢量幅值变化的波形如图 4-32 所示。若两个磁通势幅值之比，也就是磁通密度的幅值之比为 α，则磁通密度可表示为

$$B_f = B_{fm}\sin(\omega t - 90°)$$

$$B_k = \alpha B_{fm}\sin\omega t$$

将磁通密度 B_f 进行如下分解：

$$B_f = B_{fm}\sin(\omega t - 90°) = \alpha B_{fm}\sin(\omega t - 90°) + (1-\alpha)B_{fm}\sin(\omega t - 90°) = B_{f1} + B_{f2}$$

磁通密度 B_f 可看作由 B_{f1} 和 B_{f2} 两个磁通密度矢量的合成。其中 B_{f1} 与 B_k 两个磁通密度矢量脉振幅值相等，相位上 B_{f1} 比 B_k 落后 $90°$，正好形成一个与原来椭圆磁场同方向的圆形旋转磁场，而 B_{f2} 是沿着绕组 l_1—l_2 的轴线进行交变的脉振磁场。于是一个椭圆形旋转磁

场的磁通密度就可看成是一个圆形磁场磁通密度和一个脉振磁场磁通密度的合成, 如图 4-40a 所示。圆形旋转磁场的磁通密度的幅值为

$$B_{圆} = \alpha B_{fm}$$

脉振磁场的磁通密度幅值为

$$B_{脉} = (1-\alpha) B_{fm}$$

脉振磁场的磁通密度 $\boldsymbol{B}_{f2}$ 又可分解为两个转向相反、幅值为最大脉振磁通密度一半的圆形磁场, 所以原来的椭圆磁场就用两个同向圆形磁场和一个反向圆形磁场来等效, 如图 4-40b 所示。两个同向圆形磁场由于转速相同, 而且磁场的轴线一致, 所以可合成一个圆形磁场, 与原来的磁场同方向旋转。它的幅值用 $B_{正}$ 表示, 即

$$B_{正} = \alpha B_{fm} + \frac{1-\alpha}{2} B_{fm} = \frac{1+\alpha}{2} B_{fm}$$

那么, 椭圆形磁场可进一步用一个与之同向的圆形旋转磁场和一个反向的圆形旋转磁场来等效, 如图 4-40c 所示。它们的幅值分别为

$$B_{正} = \frac{1+\alpha}{2} B_{fm} \tag{4-75}$$

$$B_{反} = \frac{1-\alpha}{2} B_{fm} \tag{4-76}$$

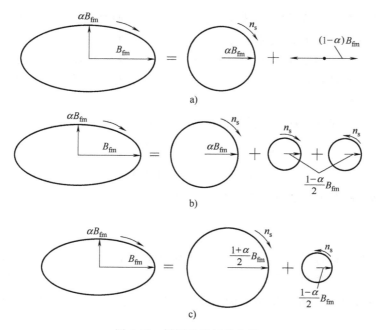

图 4-40 椭圆形磁场的分解

通过上述分析可知, 两相交流感应伺服电动机在一般的运行情况下, 定子绕组产生的是一个椭圆形旋转磁场, 椭圆形磁场可用两个转速相同、转向相反的圆形旋转磁场来等效, 其中一个的转向与原来的椭圆磁场转向相同, 称为正向圆形旋转磁场, 另一个则相反, 称为反向圆形旋转磁场。如果磁场的椭圆度越小 (即 $\alpha \to 1$), 由式 (4-75) 和式 (4-76) 可知, 反向旋转磁场就越小, 而正向旋转磁场就越大。如果磁场的椭圆度越大 (即 $\alpha \to 0$), 则反向旋

转磁场就越大，而正向旋转磁场就越小。但不管 α 多大，反向旋转磁场幅值总是小于正向旋转磁场幅值，只有当控制绕组中的电流 I_k 为零，即 $\alpha = 0$ 为脉振磁场时，正、反向旋转磁场幅值才相等。

4.6 两相感应伺服电动机的静态特性

4.6.1 有效信号系数

幅值控制时励磁绕组直接接在电压为 $\dot{U}_f$ 的交流电源上，控制绕组电压 $\dot{U}_k$ 在相位上滞后励磁绕组电压 $\dot{U}_f 90°$ 的电角度，其大小可调。实际上，控制电压是对伺服电动机所施加的控制电信号，常将控制电压用其相对值来表示，该相对值称为有效信号系数，用 α_e 来表示。即

$$\alpha_e = \frac{U_k}{U_{kn}} \tag{4-77}$$

式中，U_k 为实际控制电压；U_{kn} 为额定控制电压。

当控制电压 U_k 在 $0 \sim U_{kn}$ 变化时，有效信号系数 α_e 在 $0 \sim 1$ 之间变化。

采用有效信号系数 α_e 不但可以表示控制电压的值，而且也可表示电动机不对称运行的程度。当 $\alpha_e = 1$，$U_k = U_{kn}$ 时，气隙中合成磁场是一个圆形旋转磁场，电动机处于对称运行状态。当 $\alpha_e = 0$，$U_k = 0$ 时，对应的是一个脉振磁场，电动机不对称程度最大。$\alpha_e \to 0$，磁场的椭圆度就越大，不对称程度也就越大。从这个意义上看，有效信号系数 α_e 与式（4-74）中的 α 的含义是一致的。

由式（4-40）和式（4-41）可得幅值控制时的电压平衡方程式为

$$\dot{U}_{fn} = -\dot{E}_f + \dot{I}_f R_f + j\dot{I}_f X_f$$

$$\dot{U}_k = -\dot{E}_k + \dot{I}_k R_k + j\dot{I}_k X_k$$

由于定子绕组的电阻和电抗压降相对电动势来说很小，所以

$$\frac{U_k}{U_{fn}} \approx \frac{E_k}{E_f} \tag{4-78}$$

当电动机不对称运行时，气隙中的椭圆形磁场可以看成由两个互相垂直的脉振磁场所合成，其中一个沿着控制绕组轴线脉振，另一个沿着励磁绕组轴线脉振。若它们的磁通最大值分别用 Φ_{km} 和 Φ_{fm} 表示，相应的最大磁通密度分别用 B_{km} 和 B_{fm} 表示时，则

$$\frac{\Phi_{km}}{\Phi_{fm}} = \frac{B_{km}}{B_{fm}} \tag{4-79}$$

这时定子绕组中的电动势分别由这两个脉振磁通感应所产生。由变压器原理，感应电动势之比为

$$\frac{E_k}{E_f} = \frac{W_k \Phi_{km}}{W_f \Phi_{fm}} \tag{4-80}$$

根据式（4-78）~式（4-80）可得

$$\frac{U_k}{U_{fn}} \approx \frac{W_k B_{km}}{W_f B_{fm}} = \frac{1}{k} \frac{B_{km}}{B_{fm}}$$

根据式（4-57），可得

$$\alpha_e = \frac{U_k}{U_{kn}} \approx \frac{B_{km}}{B_{fm}} = \alpha \tag{4-81}$$

由此可得，改变控制电压，即改变 α_e 的大小，也就改变了电动机不对称程度，所以两相交流感应伺服电动机是靠改变电动机运行的不对称程度来达到控制的目的。

4.6.2 不同有效信号系数时的机械特性

由椭圆形旋转磁场的分析，可得出交流感应伺服电动机不同有效信号系数时的机械特性。当 $\alpha_e = 1$ 时，气隙磁场是圆形旋转磁场。当 $\alpha_e \neq 1$ 时，气隙磁场是椭圆形旋转磁场，可用正转和反转两个圆形磁场来等效。可以看作有两对大小不同的磁铁 N-S 和 N'-S' 在空间以相反的方向旋转，其中和转子同向旋转的一对大磁铁 N-S 等效为正向圆形旋转磁场，如图 4-41a 所示；另一对小磁铁 N'-S' 等效为反向圆形旋转磁场，其转速为同步转速 n_s，如图 4-41b 所示。

如果转子转速为 n，转子相对于正向旋转的 N-S 磁铁的转差率为

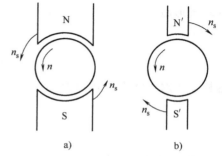

图 4-41　椭圆形磁场等效的两个圆形磁场

$$s_{正} = \frac{n_s - n}{n_s}$$

当 $0 < s_{正} < 1$ 时，N-S 磁铁所产生的转矩 $T_{正}$ 驱使转子转动。但对于反向旋转的小磁铁 N'-S' 来说，与转子转向相反，转子相对于 N'-S' 的转差率为

$$s_{反} = \frac{n_s + n}{n_s} = \frac{2n_s - (n_s - n)}{n_s} = 2 - s_{正}$$

当 $0 < s_{正} < 1$ 时，$1 < s_{反} < 2$。

由交流感应伺服电动机工作原理可知，旋转磁场与转子感应电流相互作用产生的电磁转矩，它的方向总是与旋转磁场的转向相同，即电磁转矩总是力图使转子顺着旋转磁场的转向旋转。反向旋转磁场与转子转向相反，所产生的转矩 $T_{反}$ 是阻碍转子转动。因此，电动机的总转矩为

$$T = T_{正} - T_{反}$$

假设 B_{fm} 表示沿着励磁绕组轴线脉振的磁通密度矢量幅值，B_{km} 表示沿着控制绕组轴线脉振的磁通密度矢量幅值，则：当 $\alpha_e = 1$ 时，气隙磁场是圆形磁场，磁通密度幅值 $B_{\delta m} = B_{km} = B_{fm}$；当 $\alpha_e \neq 1$ 时，气隙磁场是椭圆形磁场，可以用正转和反转两个圆形磁场来等效。由式（4-75）和式（4-76）得磁通密度幅值为

$$B_{正} = \frac{1+\alpha}{2} B_{fm} = \frac{1+\alpha_e}{2} B_{fm} \tag{4-82}$$

$$B_{反} = \frac{1-\alpha}{2} B_{fm} = \frac{1-\alpha_e}{2} B_{fm} \tag{4-83}$$

式中，α 为磁通密度矢量幅值之比，即 $\alpha = B_{km} / B_{fm}$。

圆形磁场作用下，对于一定转差率 s 和电动机参数，由堵转转矩公式［式（4-71）］和式（4-66）可知，转矩 $T \propto \Phi^2$，再根据式（4-19）可得到

$$T \propto B_{\delta m}^2$$

即对于一定的转速，转矩与气隙磁通密度幅值的二次方成正比。假设对称状态时（$\alpha_e = 1$，$B_{\delta m} = B_{fm}$），正向旋转磁场产生的机械特性如图 4-42 中的 T_{10} 曲线，则可作出对称状态时反向旋转磁场（实际上不存在）产生的机械特性 T_{20} 曲线（两曲线对称于纵坐标，图中作出的是 $-T_{20}$ 曲线），当 $\alpha_e \neq 1$ 时，正转圆形磁场所产生的转矩为

$$T_{正} = \left(\frac{B_{正}}{B_{\delta m}} \right)^2 T_{10} = \left(\frac{1 + \alpha_e}{2} \right)^2 T_{10} \tag{4-84}$$

反转圆形磁场所产生的转矩为

$$T_{反} = \left(\frac{B_{反}}{B_{\delta m}} \right)^2 T_{20} = \left(\frac{1 - \alpha_e}{2} \right)^2 T_{20} \tag{4-85}$$

这样，不对称状态的转矩为

$$T = T_{正} - T_{反} = \left(\frac{1 + \alpha_e}{2} \right)^2 T_{10} - \left(\frac{1 - \alpha_e}{2} \right)^2 T_{20} \tag{4-86}$$

图 4-42 表示根据式（4-84）~式（4-86）由 T_{10} 及 $-T_{20}$ 曲线作出的有效信号系数 α_e 的转矩 $T_{正}$、$T_{反}$ 及 T 曲线。当 α_e 变小，由式（4-84）和式（4-85）可知，正转圆形磁场所产生的转矩 $T_{正}$ 减小，反转圆形磁场所产生的转矩 $T_{反}$ 增大，合成转矩 T 曲线必然向下移动。由式（4-86）可作出各种不同有效信号系数 α_e 时的机械特性曲线簇，如图 4-43 所示。从图 4-42 及图 4-43 可以看出，在椭圆形磁场中，由于反向旋转磁场的存在，产生了附加的制动转矩 $T_{反}$，因而使电动机的输出转矩减小，同时在理想空载情况下，转子转速已不能达到同步转速 n_s（即 $s_{正} = 0$），只能达到小于 n_s 的 n_0'，在转子转速 $n = n_0'$ 时，正向转矩与反向转矩正好相等，合成转矩 T 为零，转速 n_0' 为椭圆形磁场的理想空载转速。显然，有效信号系数 α_e 越小，磁场椭圆度越大，反向转矩就越大，理想空载转速就越低，只有在圆形磁场情况下，即 $\alpha_e = 1$ 时，理想空载转速 n_0' 才与同步转速 n_s 相等。

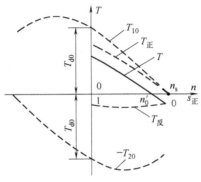

图 4-42　α_e 时的机械特性曲线

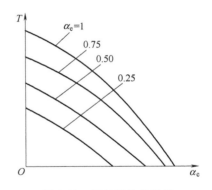

图 4-43　机械特性曲线簇

4.6.3　零信号时的机械特性和无自转现象

对于伺服电动机，还有一条很重要的机械特性，就是零信号时的机械特性。所谓零信号，就是控制电压 $U_k = 0$ 或 $\alpha_e = 0$。当 $\alpha_e = 0$ 时，磁场是脉振磁场，它可以分解为幅值相等、转向相反的两个圆形旋转磁场，其作用可以看作有两对相同大小的磁铁 N-S 和 N′-S′ 在空间以相反方向旋转，等效的脉振磁场如图 4-44 所示。由式（4-82）~式（4-86）可得

$$B_{正} = B_{反} = \frac{1}{2}B_{fm}$$

$$T_{正} = \frac{1}{4}T_{10}$$

$$T_{反} = \frac{1}{4}T_{20}$$

$$T = T_{正} - T_{反} = \frac{1}{4}(T_{10} - T_{20})$$

对应零信号时的机械特性曲线，如图 4-45 所示。

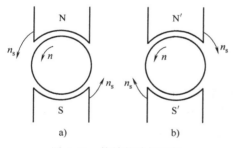

图 4-44　等效的脉振磁场

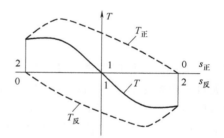

图 4-45　零信号时的机械特性曲线

由于正向和反向圆形旋转磁场所产生的机械特性与转子电阻有关，故零信号合成时的机械特性也必然与转子电阻有关。图 4-46 为自转现象与转子电阻的关系，对应三个不同电阻时控制电压 $U_k = 0$ 时的机械特性。当转子电阻增大时，机械特性 $T_{正} = f(s_{正})$ 和 $T_{反} = f(s_{反})$ 上的最大转矩值都保持不变，而它们各自的临界转差率 $s_{m正}$ 和 $s_{m反}$ 都成比例地增加。

图 4-46a 是对应于转子电阻 $R_R = R_{R1}$ 时的情况。此时转子电阻最小，临界转差率 $s_{m正} = 0.4$。由图可知，在电动机工作的转差率范围内，即 $0 < s_{正} < 1$ 时，合成转矩 T 绝大部分都是正值，因此，如果伺服电动机在控制电压 U_k 作用下工作，当突然切断控制电压信号，即 $U_k = 0$ 时，只要阻转矩小于单相运行时的最大转矩，电动机仍将在转矩 T 作用下继续旋转，产生了自转现象，造成失控。

图 4-46b 对应于转子电阻 $R_R = R_{R2} > R_{R1}$ 时的情况。此时转子电阻增加，临界转差率增加到 $s_{m正} = 0.8$，合成转矩减小，与 $R_R = R_{R1}$ 相似，仍将产生自转现象。

图 4-46c 对应于转子电阻 $R_R = R_{R3} > R_{R2}$ 时的情况。此时转子电阻再增大，使临界转差率 $s_{m正} > 1$。这时合成转矩与横轴仅在 $s = 1$ 处相交，在电动机运行范围内，合成转矩均为负值，即为制动转矩。因而当控制电压 U_k 取消变为单相运行时，电动机就立刻产生制动转矩，与负载转矩一起促使电动机迅速停转，不会产生自转现象。在此情况下，停转时间甚至比两相

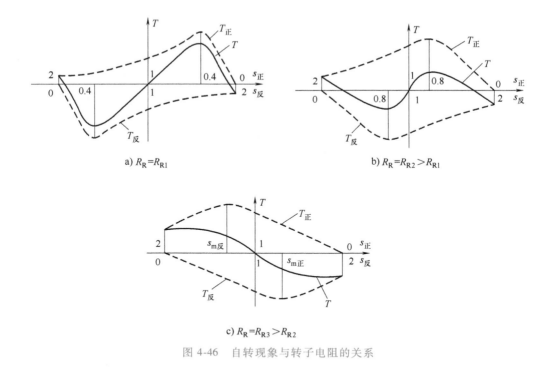

a) $R_R = R_{R1}$

b) $R_R = R_{R2} > R_{R1}$

c) $R_R = R_{R3} > R_{R2}$

图 4-46　自转现象与转子电阻的关系

绕组电压 U_k 和 U_f 同时取消时还要短。

无自转现象是自动控制系统对交流伺服电动机的基本要求之一。所谓无自转现象就是当控制电压一旦取消后（即 $U_k = 0$），伺服电动机应立即停转。所以为了消除自转现象，交流伺服电动机零信号时的机械特性必须工作在如图 4-45 所示的状态，显然这就要求要有相当大的转子电阻。

交流伺服电动机除了由转子电阻导致的自转外，还存在一种工艺性的自转。这种自转是由定子绕组有匝间短路、铁心有片间短路或者各向磁导不均等工艺上的因素所引起。因此当取消电压信号时，本应是脉振磁场，但这时却成了微弱的椭圆形磁场。在椭圆形磁场作用下，转子也会自转起来。工艺性自转多半发生在功率极小（十分之几瓦到几瓦）的伺服电动机中，由于电动机的转子惯性极小，在很小的椭圆形旋转磁场作用下就能转动。

4.6.4　转速的控制与调节特性

分析电动机的转速随控制电压的变化情况。图 4-47 为交流伺服电动机转速的控制，展示了伺服电动机的机械特性。假设电动机带负载时的总阻转矩为 T_L（包括电动机本身的阻转矩），有效信号系数 α_e 为 0.25 时电动机在特性点 a 运行，转速为 n_a，此处电动机驱动转矩与负载阻转矩平衡。当控制电压升高，有效信号系数 α_e 从 0.25 升高到 0.5 时，电动机驱动转矩随之增加，由于电动机转子及其负载存在惯性，转速不能突变，因此电动机就要瞬时地在特性点 c 工作，这时电动机驱动转矩大于负载阻转矩，电动机加速，沿着相应的特性曲线一直增加到 n_b，电动机就在特性点 b 工作。此处电动机驱动转矩又与负载阻转矩平衡，转速不再改变。所以，当有效信号系数 α_e 从 0.25 增大到 0.5 时，电动机转速从 n_a 升高到 n_b，实现了转速的控制。

实际上为了能更清楚表示转速随控制电压信号变化的关系，往往采用所谓的转速"调节特性"。调节特性是表示当输出转矩一定时，转速与有效信号系数 α_e 的变化关系。这种变化关系可以根据图 4-43 的机械特性来得到，如果在图 4-43 上作许多平行于横轴的转矩线，每一转矩线与机械特性相交很多点，将这些交点所对应的转速及有效信号系数画成关系曲线，就得到该输出转矩下的调节特性。不同的转矩线，就可得到不同输出转矩下的调节特性，如图 4-48 所示（图中输出转矩 $T_3 > T_2 > T_1$）。

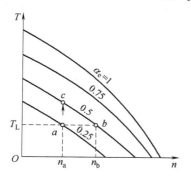

图 4-47　交流伺服电动机转速的控制

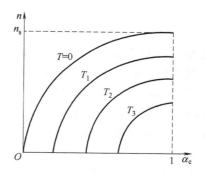

图 4-48　交流伺服电动机调节特性

4.6.5　堵转特性

堵转特性是指伺服电动机堵转转矩与控制电压的关系曲线，即 $T_d = f(\alpha_e)$ 曲线。不同有效信号系数 α_e 时的堵转转矩就是图 4-43 中各条机械特性曲线与纵坐标的交点。堵转转矩与有效信号系数 α_e 的关系可根据式（4-86）得出。

由图 4-42 可知，对称状态时正向和反向圆形磁场所产生的堵转转矩相等，都以 T_{d0} 表示。由式（4-86）得出不对称状态时的堵转转矩为

$$T_d = \left(\frac{1+\alpha_e}{2}\right)^2 T_{d0} - \left(\frac{1-\alpha_e}{2}\right)^2 T_{d0} = \alpha_e T_{d0} \tag{4-87}$$

由于 T_{d0} 恒定不变，所以堵转转矩

$$T_d \propto \alpha_e$$

即交流伺服电动机堵转转矩与有效信号系数 α_e 近似成正比，堵转特性 $T_d = f(\alpha_e)$ 近似是一条直线，如图 4-49 所示。

4.6.6　机械特性实用表达式

实际使用中，经常需要用简明的数学表达式表示系统中各个元件的特性，下面推导交流伺服电动机机械特性的实用表达式。

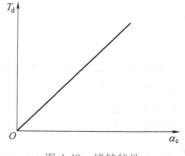

图 4-49　堵转特性

假定对称状态时的机械特性为图 4-50 中的 T_{10} 曲线，用一个转速为 n 的高次多项式来近似拟合。对于一般交流伺服电动机，由于机械特性接近直线，所以机械特性用三项式可表示为

$$T_{10} = T_{d0} + Bn + An^2 \tag{4-88}$$

式中，系数 B 与 A 可由以下两个条件确定：当 $n = \dfrac{n_s}{2}$、$T_{10} = \dfrac{T_{d0}}{2} + H$，以及 $n = n_s$、$T_{10} = 0$ 时，代入式（4-88），可求出

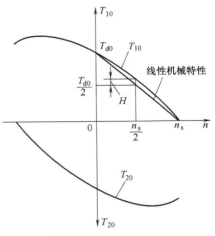

$$A = -\frac{4H}{n_s^2} \qquad (4\text{-}89)$$

$$B = \frac{4H - T_{d0}}{n_s} \qquad (4\text{-}90)$$

如果对称状态下的旋转磁场方向与转子转向相反，其机械特性如图 4-50 中的 T_{20} 曲线。由于 T_{20} 与 T_{10} 对称于坐标原点，所以转速为 n 的 T_{20} 值与转速为 $(-n)$ 的 T_{10} 值相等。那么 T_{20} 曲线可表达为〔将式（4-88）中的 n 用 $(-n)$ 代入〕

$$T_{20} = T_{d0} - Bn + An^2 \qquad (4\text{-}91)$$

图 4-50　机械特性实用表达式图示表示

由式（4-86），可得椭圆形磁场的转矩为

$$
\begin{aligned}
T &= \left(\frac{1+\alpha_e}{2}\right)^2 T_{10} - \left(\frac{1-\alpha_e}{2}\right)^2 T_{20} \\
&= \left(\frac{1+\alpha_e}{2}\right)^2 (T_{d0} + Bn + An^2) - \left(\frac{1-\alpha_e}{2}\right)^2 (T_{d0} - Bn + An^2) \\
&= \alpha_e T_{d0} + \frac{B}{2}(1 + \alpha_e^2)n + \alpha_e An^2
\end{aligned}
\qquad (4\text{-}92)
$$

式（4-92）是不对称状态时的机械特性实用表达式。可以看出，只要已知对称状态时的 T_{d0} 及 $n_s/2$ 时的转矩值，就可求出不对称状态时任意转速 n 下的转矩。

4.7　电容伺服电动机的特性

4.7.1　励磁电压随转速的变化

对电容伺服电动机来说，通常要求在起动时产生圆形磁场，这样没有反向磁场的阻转矩影响，电动机产生的堵转转矩大，能适应起动时快速灵敏的要求。因此，电容伺服电动机通常是根据转速 n 为零时的参数 Z_{f0} 和 φ_{f0} 来确定移相电容值。但是，如果按照这样确定的电容值将电容接入后，当电动机转动时，磁场从圆形磁场改变为椭圆形磁场；转速不同，磁场椭圆度就不同；转速变化时励磁电压 $\dot{U}_f$ 和相位都要随之变化。下面分析它的变化情况。

励磁相的等效电路如图 4-51 所示。当电路上的电压 $\dot{U}$ 通过移相电容 C 加到励磁绕组两端时，励磁绕组可等效为一个变压器的一次绕组和二次绕组（转子绕组）。根据变压器工作原理，励磁绕组中的电流 $\dot{I}_f$ 由产生磁通所需的励磁分量 $\dot{I}_{fr}$（无功分量）和补偿转子电流所需的有功分量 I_{fa}（因伺服电动机的转子电阻很大，转子电流无功分量可忽略）两部分组成。从励磁组两端 l_1-l_2 来看，相当于一个电感和电阻并联的电路，如图 4-51b 所示。若

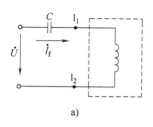
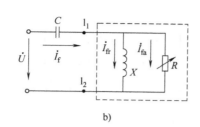
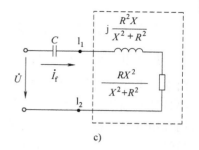

图 4-51 励磁相的等效电路图

把并联电路化成等效的串联形式，如图 4-51c 所示。故励磁绕组两端的输入阻抗为

$$Z_f = \frac{RX^2}{X^2+R^2} + j\frac{XR^2}{X^2+R^2}$$

式中，实部 $RX^2/(X^2+R^2)$ 是等效电阻；虚部 $XR^2/(X^2+R^2)$ 是等效电抗。

当转速升高时，转子电流减小，补偿转子电流的有功分量也减小，图 4-51b 中的等效电阻 R 就相应增大，而等效电抗 X 基本保持不变，于是图 4-51c 中的等效电阻 $RX^2/(X^2+R^2)$ 随转速升高而减小，等效电抗 $R^2X/(X^2+R^2)$ 随转速升高而增大。当励磁绕组与移相电容串联时，从电源两端看，励磁相总阻抗为

$$Z_1 = \frac{RX^2}{X^2+R^2} - j\left(X_C - \frac{XR^2}{X^2+R^2}\right)$$

为了使励磁绕组电流超前于控制绕组电流 $90°$，一般移相电容的容抗 X_C 大于绕组的等效电抗，即 $X_C > R^2X/(X^2+R^2)$，随着转速 n 的增加，$RX^2/(X^2+R^2)$ 和 $X_C - R^2X/(X^2+R^2)$ 都减小，因此总阻抗 Z_1 也随着转速 n 增加而减小。当电源电压 $\dot{U}$ 维持不变时，励磁绕组电流 $\dot{I}_f$ 就随着转速增加而增大，从而使电容器两端的电压 $\dot{U}_C$ 增大

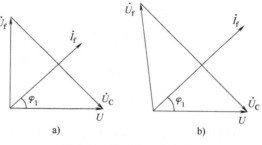

图 4-52 励磁电压的变化

$(U_C = I_f X_C)$。由于总阻抗 Z_1 实部和虚部都减小，所以电流 $\dot{I}_f$ 与电压 $\dot{U}$ 的相位差 φ_1 变化不大。图 4-52 为励磁电压的变化，如果选择电容 C，使转速 n 为零时 $\dot{U}_f$ 与 $\dot{U}$ 之间的相移为 $90°$，这时电压相量图如图 4-52a 所示。由图可知，当转速 n 增加，$\dot{I}_f$、$\dot{U}_C$ 随着增大时，由于 $\dot{U}$、$\dot{U}_C$ 和 $\dot{U}_f$ 三个电压是一个封闭三角形，必然会引起励磁电压 $\dot{U}_f$ 的增大，如图 4-52b 所示。而且励磁电压 $\dot{U}_f$ 的相位也发生变化，它与电源电压 $\dot{U}$ 的相位差 β 已大于 $90°$。随着转速的变化，β 一般能增加十几度。一台电容伺服电动机励磁相电路的电流、电压随转速 n 变化的情况如图 4-53 所示。

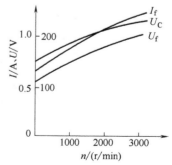

图 4-53 电容伺服电动机励磁相电压和电流的变化

4.7.2　机械特性和调节特性

虽然电容伺服电动机的励磁绕组是通过串联电容接在恒定交流电源上，但由于励磁绕组两端的电压 $\dot{U}_f$ 随转速升高而增大，相应地，磁场椭圆度也发生很大的变化，这就使它的一些特性与幅值控制时的特性有些不同。图 4-54 和图 4-55 分别表示同一台电动机采用幅值控制和串联电容移相时的机械特性。比较两者可知，电容伺服电动机的特性比幅值控制时的特性非线性更为严重，由于励磁绕组端电压随转速增加而升高，磁场的椭圆度也随着增大。因此，正、反旋转磁场产生的转矩随着转速的升高都要比励磁电压恒定时大，反向旋转磁场的阻转矩作用在高速段要比低速段明显。机械特性在低速段随着转速的增加，转矩缓慢下降，而在高速段，转矩快速下降，从而使机械特性在低速段出现鼓包现象（即机械特性负的斜率值降低），这种机械特性对控制系统的工作是很不利的。由于机械特性在低速段出现鼓包现象，就会使电动机在低速段的阻尼系数下降，因而影响电动机运行的稳定性。

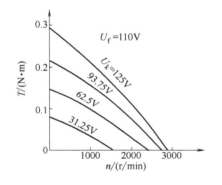

图 4-54　幅值控制伺服电动机的机械特性

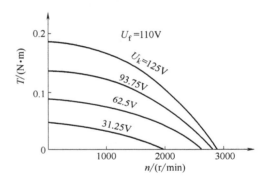

图 4-55　电容伺服电动机的机械特性

虽然电容伺服电动机的移相方法比幅值控制时简单，但特性较差。图 4-56a、b 分别表示同一台电动机采用幅值控制和电容移相时的调节特性。

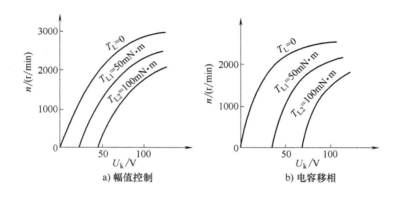

图 4-56　两种控制方式调节特性的比较

4.8　两相感应伺服电动机主要技术数据和性能指标

4.8.1　主要技术数据

1. 电压

励磁电压和控制电压指的都是额定电压。励磁绕组电压的允许变动范围一般为±5%。电压太高，电动机会发热；电压太低，电动机的性能将变坏，如堵转转矩和输出功率会明显下降，加速时间增加等。

当电动机采用幅值-相位控制时，励磁绕组两端电压会高于电源电压，而且随转速升高而增大。

控制绕组的额定电压有时也称为最大控制电压，在幅值控制条件下加上这个电压，电动机就能得到圆形旋转磁场。

2. 频率

控制电动机常用的频率分低频和中频两大类，低频为50Hz（或60Hz），中频为400Hz（或500Hz）。由于频率越高，涡流损耗越大，所以中频电动机的铁心需用更薄的硅钢片，一般低频电动机用0.35~0.5mm的硅钢片，而中频电动机用0.2mm以下的硅钢片。

中频电动机和低频电动机一般不可以互相代替使用，否则电动机性能会变差。

3. 空载转速

定子两相绕组加上额定电压，电动机不带任何负载时的转速称为空载转速n_0。空载转速与电动机的极数有关。由于电动机本身阻转矩的影响，因此空载转速略低于同步转速。

4. 堵转转矩和堵转电流

定子两相绕组加上额定电压，转速为零时的输出转矩称为堵转转矩。这时流过励磁绕组和控制绕组的电流分别称为堵转励磁电流和堵转控制电流。堵转电流通常为电流的最大值，可作为设计电源和放大器的依据。

5. 额定输出功率

当电动机处于对称状态时，输出功率P_2随转速n的变化关系如图4-57所示。当转速接近空载转速n_0的一半时，输出功率最大，通常把这点规定为两相感应伺服电动机的额定状态。电动机可以在这个状态下长期连续运转而不过热。这个最大的输出功率就是电动机的额定功率P_{2N}。对应这个状态下的转矩和转速称为额定转矩T_N和额定转速n_N。

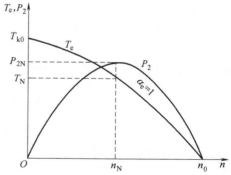

图4-57　两相感应伺服电动机的额定状态

4.8.2　主要性能指标

1. 空载始动电压U_{s0}

在额定励磁电压和空载的情况下，使转子在任意位置开始连续转动所需的最小控制电压称为空载始动电压 U_{s0}，通常以额定控制电压的百分比来表示。U_{s0} 越小，表示伺服电动机的灵敏度越高。一般要求 U_{s0} 不大于额定控制电压的 $3\% \sim 4\%$；用于精密仪器仪表中的两相感应伺服电动机有时要求其不大于额定控制电压的 1%。

2. 机械特性非线性度 k_m

在额定励磁电压下，任意控制电压时的实际机械特性与线性机械特性在转矩 T 为 $T_d/2$ 时的转速差 Δn 与空载转速 n_0（对称状态时）之比的百分数定义为机械特性非线性度（如图 4-58 所示），即

$$k_m = \frac{\Delta n}{n_0} \times 100\%$$

3. 调节特性非线性度 k_v

在额定励磁电压和空载情况下，当 $\alpha_e = 0.7$ 时，实际调节特性与线性调节特性的转速差 Δn 与 $\alpha_e = 1$ 时的空载转速 n_0 之比的百分数定义为调节特性非线性度（如图 4-59 所示），即

$$k_v = \frac{\Delta n}{n_0} \times 100\%$$

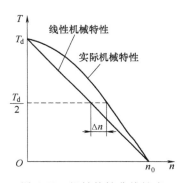

图 4-58　机械特性非线性度

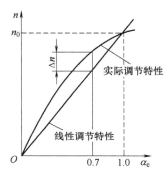

图 4-59　调节特性非线性度

4. 堵转特性非线性度 k_d

在额定励磁电压下，实际堵转特性与线性堵转特性的最大转矩偏差 $(\Delta T_{dn})_{max}$ 与 $\alpha_e = 1$ 时的堵转转矩 T_{d0} 之比的百分数定义为堵转特性非线性度（如图 4-60 所示），即

$$k_d = \frac{(\Delta T_{dn})_{max}}{T_{d0}} \times 100\%$$

以上特性的非线性度越小，特性曲线越接近直线，系统的动态误差就越小，工作就越准确，一般要求 $k_m \leqslant 10\% \sim 20\%$、$k_v \leqslant 20\% \sim 25\%$、$k_d \leqslant \pm 5\%$。

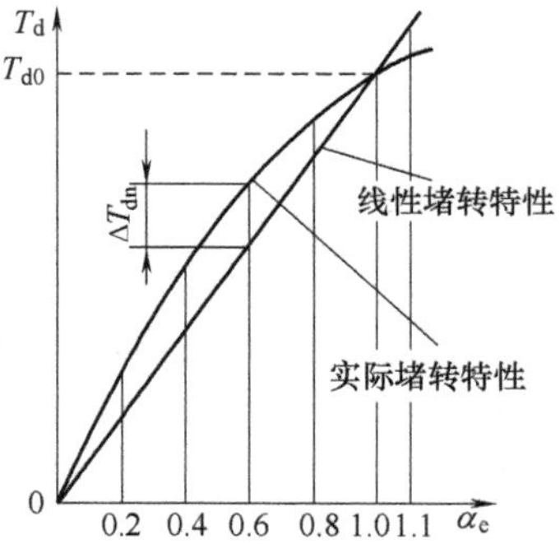

图 4-60　堵转特性非线性度

5. 机电时间常数 τ_j

当转子电阻相当大时，两相感应伺服电动机的机械特性接近于直线。图 4-61 为不同信号系数 α_e 时的机械特性，如果把 $\alpha_e = 1$ 时的机械特性近似地用一条直线来代替，如图 4-61 中虚线所示。那么与这条线性机械特性相对应的机电时间常数就与直流伺服电动机机电时间常数表达式相同，即

$$\tau_j = \frac{J\omega_0}{T_{d0}}s \tag{4-93}$$

式中，J 为转子转动惯量（$kg \cdot m^2$）；ω_0 为对称状态下空载时的角速度（rad/s）；T_{d0} 为对称状态下的堵转转矩（$N \cdot m$）。

由式（4-93）可知，机电时间常数 τ_j 与转子惯量 J 成正比，并与堵转转矩 T_{d0} 成反比。为了减小转子惯量，交流伺服电动机的转子做得细长。在电容伺服电动机中，为了提高堵转转矩，往往选择移相电容值，使电动机在起动时控制电压与励磁电压成 90°的相位差，从而缩短时间常数，以提高电动机的快速性。一般交流伺服电动机的机电时间常数 $\tau_j < 0.03s$。

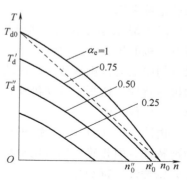

图 4-61　不同信号系数 α_e 时的机械特性

从图 4-61 可知，随着 α_e 的减小，机械特性上的空载转速与堵转转矩的比值随之增大，即

$$\frac{n_0}{T_{d0}} < \frac{n_0'}{T_d'} < \frac{n_0''}{T_d''}$$

因而随着 α_e 的减小，相应的时间常数也随之增大，即

$$\tau_j < \tau_j' < \tau_j''$$

若机械特性可近似地看作直线（即令图 4-50 中的 $H = 0$），由式（4-92）可得有效信号系数为 α_e 时的理论空载转速

$$n_0' = \frac{2\alpha_e}{1+\alpha_e^2} n_s \tag{4-94}$$

堵转转矩

$$T_d = \alpha_e T_{d0} \tag{4-95}$$

将式（4-94）和式（4-95）代入式（4-93），即可得出时间常数与有效信号系数的关系式为

$$\tau_j' = 0.21 \frac{Jn_s}{(1+\alpha_e^2)T_{d0}} \tag{4-96}$$

由式（4-96）可知，随着 α_e 的减小，机电时间常数 τ_j 增大。使用中根据实际情况，考虑 α_e 的大致变化范围来选取机电时间常数值。如果伺服电动机在控制电压接近零附近工作时，根据式（4-96），机电时间常数常选用两倍于给出的技术数据。

4.8.3　两相感应伺服电动机与直流伺服电动机的性能比较

两相感应伺服电动机和直流伺服电动机均在自动控制系统中作为执行元件被广泛使用。下面就这两类电动机性能做简要的比较，说明其优缺点，以便在控制系统设计时选用参考。

1. 机械特性和调节特性

直流伺服电动机的机械特性和调节特性均为线性关系，且在不同的控制电压下，机械特性曲线相互平行，斜率不变。而两相感应伺服电动机的机械特性和调节特性均为非线性关系，且在不同的控制电压下，理想线性机械特性也不是相互平行的。机械特性和调节特性的非线性都将直接影响到系统的动态精度，一般来说，特性的非线性度越大，系统的动态精度越低。此外，当控制电压不同时，电动机的理想线性机械特性的斜率变化也会给系统的稳定和校正带来麻烦。

图 4-62 表示了两相感应伺服电动机和直流伺服电动机的机械特性曲线。其中实线为空心杯转子感应伺服电动机机械特性，虚线为直流伺服电动机的机械特性。这两台电动机在体积、重量和额定转速等方面很相似。

由图 4-62 可知，直流伺服电动机的机械特性为硬特性，两相感应伺服电动机的机械特性与之相比为软特性，特别是当它经常运行在低速时，机械特性就更软，这会使系统的品质降低。

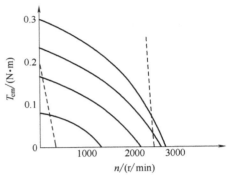

图 4-62　两相感应伺服电动机和直流伺服电动机的机械特性曲线

2. 体积、重量和效率

为了满足控制系统对电动机性能的要求，两相感应伺服电动机的转子电阻就需要很大，而且电动机经常运行在椭圆形旋转磁场下，由于逆序磁场的存在，将产生制动转矩，使电磁转矩减小而且也进一步增大电动机损耗，降低电动机的利用率。因此当输出功率相同时，两相感应伺服电动机要比直流伺服电动机的体积大、重量大、效率低。所以两相感应伺服电动机只适用于功率为 $0.5 \sim 100W$ 的小功率系统，对于功率较大的控制系统，则普遍采用直流伺服电动机。

3. 动态响应

电动机动态响应的快速性常常以机电时间常数来衡量。直流伺服电动机的转子上带有电枢和换向器，它的转动惯量要比两相感应伺服电动机大得多。但由于直流伺服电动机的机械特性比两相感应伺服电动机硬，若两电动机的空载转速相同，直流伺服电动机的堵转转矩要比两相感应伺服电动机大得多。综合比较，它们的机电时间常数较为接近。

4. "自转"现象

对于两相感应伺服电动机，参数选择不合适或制造工艺的缺陷均会使电动机在单相状态下产生"自转"现象，而直流伺服电动机却不存在"自转"现象。

5. 结构复杂性、运行可靠性及对系统的干扰

直流伺服电动机存在电刷和换向器，因而其结构复杂、维护烦琐。又因为电刷和换向器之间存在滑动接触和电刷的接触电阻不稳定等因素，这些都将影响到电动机低速运行的稳定性。此外，直流伺服电动机中存在换向火花问题，会对其他仪器和无线电通信等产生干扰。

两相感应伺服电动机结构简单、运行可靠、维护方便，使用寿命长，特别适用于不易检修的场合。

6. 放大器装置

直流伺服电动机的控制绕组通常由直流放大器供电，而直流放大器有零点漂移现象，这将影响到系统工作的精度和稳定性。直流放大器的体积和重量要比交流放大器大得多，这些都是直流伺服电动机系统的缺点。

4.9 同步电动机

直流和交流伺服电动机的转速是随电动机轴上所带的负载阻转矩或者加在控制绕组上信号电压的变化而变化的。但是在有些机器人控制系统中，往往要求电动机具有恒定不变的转速，即要求电动机的转速不随负载和电压的变化而变化。同步电动机就是具有这种特性的电动机。

同步电动机属于交流电动机，在结构上主要是由定子和转子两部分组成。定子绕组与异步电动机相同，定子铁心通常也是由带有齿和槽的冲片叠成，在槽中嵌入三相或两相绕组，绕组分布如图 4-63 和图 4-1 所示。当三相电流通入三相绕组或两相电流通入两相绕组时，在定子中就会产生旋转磁场。旋转磁场的转速即为同步转速，即

$$n_\mathrm{s} = \frac{60f}{p} \tag{4-97}$$

式中，n_s 的单位为 r/min；f 为定子电流频率；p 为电动机的极对数。

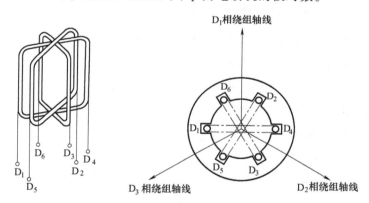

图 4-63 三相对称绕组分布

在一些微小容量的交流电动机中，定子结构采用罩极式，如图 4-64 所示。图中定子铁心采用凸极型式，是由硅钢片叠压而成，可以做成两极或多极，如图 4-64a、b 所示。每个

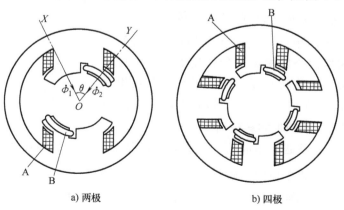

a) 两极   b) 四极

图 4-64 罩极式电动机定子结构

A—励磁绕组 B—短路环

极上绕有励磁绕组 A 并接到单相交流电源上，同时每个极的一部分套有一个短路环 B，称为罩极绕组。依靠这些罩极绕组可以使单相绕组通入单相交流电后产生旋转磁场。

两相绕组通入两相电流之所以会产生旋转磁场，是因为在气隙中存在着在空间上相夹 90°电角度，而在时间上又有一定相角差的两个脉振磁通。这两个脉振磁通的合成，就产生了旋转磁场。

假设励磁绕组 A 通入交流电后所产生的脉振磁通，其中一部分磁通 $\dot{\Phi}_1$ 通过没有罩极绕组包围的极面，另一部分磁通 $\dot{\Phi}'_1$ 通过被罩极绕组包围的极面，磁通 $\dot{\Phi}_1$ 与磁通 $\dot{\Phi}'_1$ 同相位。当脉振磁通 $\dot{\Phi}'_1$ 穿过罩极线圈时，在罩极线圈中就会产生感应电动势 $\dot{E}_k$，因而也就产生了电流 $\dot{I}_k$，$\dot{E}_k$ 在相位上落后于磁通 $\dot{\Phi}'_1$ 90°。由于罩极线圈是一个短路的电感线圈，故电流 $\dot{I}_k$ 落后于电动势 $\dot{E}_k\varphi$ 角。当电流 $\dot{I}_k$ 通过罩极线圈时，罩极线圈包围的极面内又产生了磁通 $\dot{\Phi}_k$。那么通过罩极线圈包围的极面下的总磁通 $\dot{\Phi}_2$ 是磁通 $\dot{\Phi}'_1$ 与磁通 $\dot{\Phi}_k$ 之和，即 $\dot{\Phi}_2 = \dot{\Phi}'_1 + \dot{\Phi}_k$。图 4-65a 是这些磁通的示意图。图 4-65b 表示这些磁通的时间相量关系。由图可知，因为 $\dot{\Phi}_k$ 的作用，极面内的两部分磁通 $\dot{\Phi}_1$ 与 $\dot{\Phi}_2$ 在时间上有了 β 角的相位移。

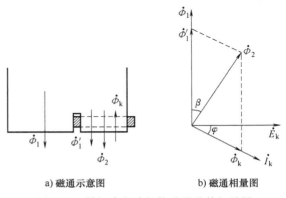

a) 磁通示意图 b) 磁通相量图

图 4-65 罩极式电动机的磁通及其相量图

空间上，磁通 $\dot{\Phi}_1$ 的轴线在气隙中是沿着 OX 轴方向，磁通 $\dot{\Phi}_2$ 的轴线是沿着 OY 轴方向，它们在空间相夹的角度为 θ，如图 4-64a 所示。假设 $\dot{\Phi}_2$ 在空间正弦分布，并用空间向量表示。如果将磁通 $\dot{\Phi}_2$ 分解成两个分量，其中一个分量 $\dot{\Phi}'_2$ 与 $\dot{\Phi}_1$ 垂直，另一个分量 $\dot{\Phi}''_2$ 与 $\dot{\Phi}_1$ 同向，如图 4-66 所示，那么磁通 $\dot{\Phi}_1$ 与磁通 $\dot{\Phi}'_2$ 就是在时间上移相 β 角（因为 $\dot{\Phi}'_2$ 与 $\dot{\Phi}_2$ 在时间上同相），在空间上又是互相垂直的一对脉振磁通。在这样两个脉振磁通的作用下，罩极式定子的电动机中就会产生旋转磁场。但由于空间上互相垂直的这样两个磁通，幅值不相等，且时间上相移 β 角（$\beta<90°$），所以产生了椭圆形旋转磁场。

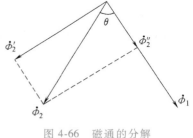

图 4-66 磁通的分解

旋转磁场的转向是从磁通超前的（也就是电流超前）绕组的轴线转到磁通落后的绕组的轴线，对罩极式电动机罩极内的磁通 $\dot{\Phi}_2$ 在时间上的相位总是落后于未罩部分的磁通 $\dot{\Phi}_1$（如图 4-65b 相量图），因而旋转磁场的转向也总是由未罩部分的轴线转到罩极的轴线（即图 4-64a 中是由 OX 轴转到 OY 轴）。由此可见，在罩极式电动机中，当罩极的位置固定时，旋转磁场的转向即电动机的转向总是固定不变地从未罩部分的轴线转向罩极的轴线，所以这种电动机的转向是不可逆的。只有当罩极的位置改变时（定子铁心反向装入），电动机才得以改变转向。

　　单相罩极式的定子由于结构简单、制造方便，因而在微小型电动机中得到了广泛应用。各种小功率同步电动机的定子都是相同的，或者是三相绕组通入三相电流，或者是两相绕组通入两相电流（包括单相电源经过电容分相），或者是单相罩极式的，主要作用都是为了形成旋转磁场。因电动机运行原理的不同，转子的结构型式和所用材料有较大差别。小功率同步电动机根据转子型式的不同主要可分为永磁式电动机、反应式电动机和电磁减速式电动机等类型。

4.9.1　永磁式同步电动机

　　永磁式同步电动机的转子由永久磁钢做成，可以做成两极，也可以做成多极，下面以两极电动机为例进行介绍。

　　图 4-67 所示为两极转子的永磁式同步电动机的工作原理。当电动机的定子对称绕组通入对称的多相交流电后，会在电动机气隙中产生一个由定子电流和转子永磁体合成的旋转磁场，这个旋转磁场在图中以一对旋转磁场 N、S 来等效，其转速取决于电源频率。当定子磁场以同步转速 n_s 逆时针方向旋转时，根据电磁极性异性相吸的原理，定子旋转磁极就吸引转子磁极，带动转子一起旋转。转子的旋转速度与定子旋转磁场的速度（同步转速 n_s）相同。当电动机转子上的负载转矩增大时，定子、转子磁极轴线间的夹角 θ 就相应增大；反之，夹角 θ 则减小。定、转子磁极间的磁感线如同具有弹性的橡皮筋随着负载的增大或减小被拉长或缩短。虽然定、转子磁极轴线间的夹角会随着负载的变化而变化，但只要负载不超过某一极限，转子就始终跟着定子旋转磁场以同步转速 n_s 转动。即转子转速为

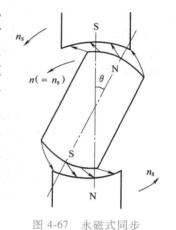

图 4-67　永磁式同步
电动机的工作原理

$$n = n_s = \frac{60f}{p} \quad （单位为 r/min） \tag{4-98}$$

式中，f 为定子电流频率；p 为电动机的极对数。

　　从式（4-98）可知，转子转速只取决于电源频率和电动机的极对数。但是，如果轴上负载转矩超出一定的限度，转子就不会再以同步转速运行，甚至会停转，这就是同步电动机的失步现象。这个最大限度的转矩称为最大同步转矩。因此，当使用同步电动机时，负载阻转矩不能大于最大同步转矩。

　　通常情况下，永磁同步电动机的起动比较困难。其主要原因是刚合上电压起动时，虽然气隙内产生了旋转磁场，但转子还是静止的，转子在惯性的作用下，跟不上旋转磁场的转动。此时，定子和转子两对磁极之间存在着相对运动，转子所受到的平均转矩为零。在图 4-68a 所表示的瞬间，定子、转子磁极间的相互作用倾向于使转子逆时针方向旋转，但由于惯性作用，转子不能马上转动；当转子还来不及转动时，定子旋转磁场已转过 180°，到达了如图 4-68b 所示的位置，这时定子、转子磁极的相互作用又趋向于使转子以顺时针方向旋转。所以转子所受到的转矩方向时正时反，其平均转矩为零。故永磁式同步电动机往往不能

自行起动。从图 4-68 还可以得知，在同步伺服电动机中，如果转子的转速与旋转磁场的转速不相等，那么转子所受到的平均转矩也总是为零。

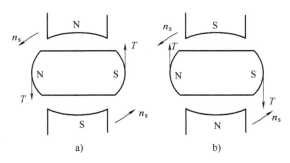

从以上分析可知，转子及其所带负载存在惯性和定子、转子磁场之间转速相差过大是影响永磁式同步电动机不能自行起动的两个主要因素。

为了使永磁式同步电动机能自行起动，在转子上一般都装有起动绕组。图 4-69 为

图 4-68 永磁同步电动机的起动转矩

有起动绕组的永磁式同步电动机转子结构，它们都具有永磁体和笼式起动绕组两部分。起动绕组的结构与笼式伺服电动机转子结构相同。当永磁式同步电动机高频供电起动时，依靠笼式起动绕组，就可使电动机如同异步电动机工作时一样产生起动转矩，因此转子就转动起来；等到转子转速上升到接近同步转速时，气隙旋转磁场就与转子永久磁钢相互吸引把转子拉入同步运行，与旋转磁场一起以同步转速旋转。但如果电动机转子及其所带负载本身惯性不大，或者是多极的低速电动机，气隙旋转磁场转速不是很大，那么永磁式同步电动机不另装起动绕组还是会自行起动。

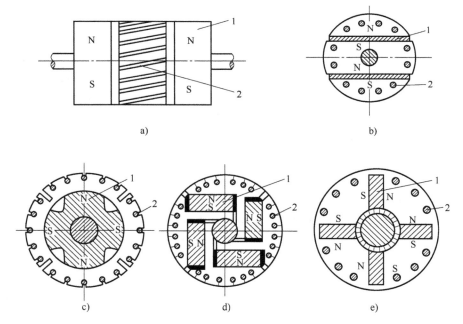

图 4-69 永磁式同步电动机转子结构

1—永久磁钢 2—笼式起动绕组

随着永磁材料性能的不断提高，高性能、低价格永磁材料（如钕铁硼）的出现，使永磁式同步电动机的应用范围更加广泛。与其他型式同步电动机相比，它体积小、耗能少，结构简单、工作可靠、输出力矩大，因而已成为同步电动机中最主要的一种类型。目前功率从

几瓦到几百瓦甚至几千瓦的永磁式同步电动机在包括机器人驱动系统在内的各种自动控制系统中得到了广泛的应用。

4.9.2 反应式同步电动机

1. 工作原理

反应式同步电动机又称为磁阻电动机。这种电动机的转子本身是没有磁性的，只是依靠转子上两个正交方向磁阻的不同而产生转矩，这种转矩称为反应转矩。

从图4-70所示反应式同步电动机的工作原理可知，图中外边的磁极表示定子绕组所产生的旋转磁场，中间是一个凸极式的转子，凸极转子可以看成具有两个方向，一个是顺着凸极的方向，称为纵轴方向；另一个是与凸极轴线垂直的方向，称为横轴方向。显然，当旋转磁场轴线与转子纵轴方向一致时，磁通所通过的路径的磁阻最小；与转子横轴方向一致时，磁阻最大；其他位置的磁阻处于两者之间。

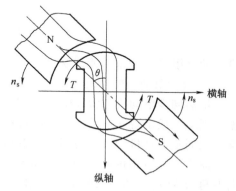

图4-70 反应式同步电动机的工作原理

如果在某一瞬间，旋转磁场的轴线与转子纵轴方向相夹 θ 角，磁通所经过的路径如图4-70所示。由图可见，此时磁通发生了弯曲。由于磁通类似于橡皮筋的弹性物质，有收缩到最短，使磁通所经过的路径的磁阻为最小的性质，故磁通收缩力图使转子纵轴方向与定子磁极的轴线一致，到达磁阻最小的位置。由于磁通的收缩，转子受到了驱动转矩，迫使转子跟随旋转磁场以同步转速转动，所以反应式同步电动机的转速也总是等于同步转速，见式（4-98）。显然，加在转子轴上的负载阻转矩越大，定子旋转磁场的轴线与转子纵轴方向的夹角 θ 也就越大。这样，磁通的弯曲更大，磁通的收缩力也更大，因而可以产生更大的转矩，平衡加在转子轴上的负载阻转矩。

与永磁式同步电动机一样，只要负载阻转矩不超过一定限度，反应式电动机转子始终跟着旋转磁场以同步转速转动。但是如果负载阻转矩超出了这个限度，电动机就会失步，甚至停转，这个最大限度的转矩也称为最大同步转矩。

转子上纵轴和横轴相垂直的两个方向上具有不同的磁阻是产生反应转矩必备的条件。但如果是圆柱形转子，各个方向的磁阻都相同，那么当旋转磁场转动时，磁通不发生弯曲，也不产生收缩，所以也不会产生反应转矩，因此转子不能转动，如图4-71所示。

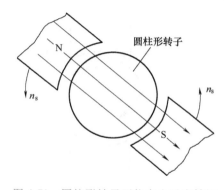

图4-71 圆柱形转子不能产生反应转矩

与永磁式同步电动机一样，反应式同步电动机的起动也比较困难。由于转子具有惯性，起动时转子受到作用力矩后，转子来不及转动，定子旋转磁场转过90°。从图4-72a转到图4-72b，显然这两个位置反应转矩的方向是相反的，所以反应式同步电动机往往也不能自行起动，也需要在转子上另外装

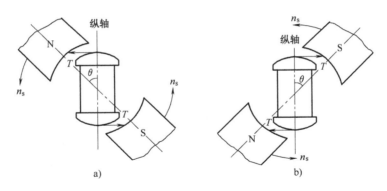

图 4-72　反应式同步电动机的起动

设起动绕组（通常采用笼式绕组）才能起动。

2. 同步电动机的振荡

虽然同步电动机通常以恒定的同步转速转动，但有时会发生所谓"振荡"现象。这种振荡现象一般出现在电动机发出的转矩或者轴上的负载阻转矩突然产生变化的时刻。下面以反应式同步电动机为例，说明同步电动机的振荡现象。

同步电动机振荡现象的原理如图 4-73 所示。假设电动机在定子磁场轴线与转子纵轴方向夹角为 $\theta = \theta_1$（图中未画出）的情况下运转，电动机发出的反应转矩 T_1 与轴上的负载阻转矩 T_{L1} 恰巧平衡。此时若突然发生扰动（如空气、轴上摩擦等阻转矩发生变化），使轴上负载阻转矩突然减小为 T_{L2}，则电动机发出的转矩就大于负载阻转矩，转子加速，定子磁场轴线与转子纵轴方向之间的夹角就会减小，直到夹角为 $\theta = \theta_2$，此时电动机发出的反应转矩 T_2 又与 T_{L2} 相等。但此时转子速度超过同步转速，由于转子惯性，在惯性矩作用下，转子不能停留在这个新的平衡点运转，而要越过平衡点，这样夹角 θ 就会小于 θ_2。此时电动机发出的转矩小于负载阻转矩，转子减速，夹角 θ 又开始增大并趋向于 θ_2。当 $\theta = \theta_2$ 时转子转速已低于同步转速，又因为转子惯性矩作用，转子要越过 θ_2 使夹角 θ 大于 θ_2。然后再重复前述过程。这样，转子要在 $\theta = \theta_2$ 处来回振荡一段时间，由于空气和轴上摩擦或其他阻尼影响，振荡就会逐渐衰减，最后在新的平衡点 $\theta = \theta_2$、$T_2 = T_{L2}$ 下运转。转子在新平衡点附近来回振荡的现象与弹簧振荡现象相似。当弹簧下面挂的重物突然变化时，重物也是在新平衡位置 A 处上下振荡一段时间，然后再停留在位置 A，如图 4-74 所示。

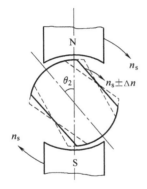

图 4-73　同步电动机振荡现象的原理图

图 4-74　弹簧的振荡

振荡现象在各类同步电动机中都会发生，只是程度上有所不同。由于振荡，同步电动机的瞬时转速产生忽高忽低的不稳定现象，这种情况对于机器人手臂精密操作来说会带来较大的工作误差。所以在选用同步电动机时一般还会提出速度稳定度的要求。减弱同步电动机振荡的方法有很多，其中之一是在转子上装设笼式的短路绕组。当转子振荡时，转子相对于旋转磁场发生相对运动，在笼式导条中产生了切割电流。由楞次定律可知，这个电流与磁场相互作用所产生的转矩阻碍了转子相对于旋转磁场的运动，因而使振荡得到减弱，起到了阻尼作用。

3. 结构型式

反应式电动机的定子与常见同步电动机或异步电动机相同，在定子槽中嵌入三相或两相绕组，也可以是罩极式的单相绕组。转子结构型式是多种多样的，但是不管型式如何，由前所述可知，为了产生反应转矩，转子纵轴和横轴的磁阻是不同的。图4-75为反应式同步电动机转子常见的结构型式，其中图4-75a、b称为凸极笼式转子，这种转子与常见的异步笼式转子的区别在于具有与定子极数相等的凸极（图4-75a为两极，图4-75b为四极），以形成不同的纵轴和横轴磁阻。转子中的笼式导条用铜或铝制成，当转子振荡时它可以作为阻尼绕组削弱电动机的振荡，而在起动时又可作为起动绕组产生异步转矩，使反应式同步电动机异步起动，等到转子转速上升到接近同步转速时，依靠反应转矩将转子拉入同步运行。图4-75c转子结构除了具有凸极外，在转子铁心中还设置隔离槽（内反应槽）并相应增大凸极极弧，增大转子纵轴与横轴之间的磁阻差，提高电动机的输出力矩。

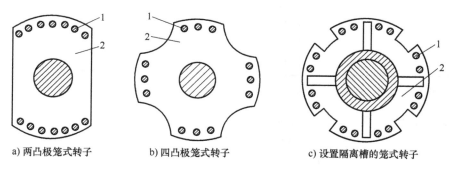

a) 两凸极笼式转子　　　　b) 四凸极笼式转子　　　　c) 设置隔离槽的笼式转子

图4-75　反应式同步电动机转子常见的结构型式

1—笼式导条　2—铁心

4.9.3　电磁减速式同步电动机

在许多工业机器人各关节驱动中，需要低转速大转矩的驱动电动机。但是常见的同步电动机的转速都等于同步转速，由于结构和性能上的限制，电动机的极数不能做得很多（通常都小于10），因此电动机的转速就比较高。为了获得低转速大转矩的工作性能，就要通过齿轮机构进行减速。这样，由于增加了齿轮机构，不但使传动系统变得复杂，工作效率降低，增大了传动装置的体积和重量，而且因为齿轮间不可避免地存在着间隙和磨损，就会产生噪声、振动，甚至使运转不稳定。为了克服齿轮减速机构的缺陷，目前国内外广泛应用各种类型的低速电动机。这类电动机不需用齿轮减速，电动机工频状态下输出轴就可以得到每分钟几十转的低速，因而特别适用于机器人关节低速驱动。

1. 反应式电磁减速同步电动机

反应式电磁减速同步电动机的结构如图 4-76 所示。定、转子铁心都做成开口槽，定子槽中放置两相或三相绕组，转子不放置绕组。

假设一台两极电动机，定子齿数 Z_s 为 16，转子齿数 Z_R 为 18，其工作原理如图 4-77 所示。某一瞬间定子绕组产生的两极旋转磁场轴线（用矢量 **A** 表示）正好和定子齿 1 和齿 9 的中心线重合，由于磁感线总是力图使其经过的磁路的磁阻最小，所以这时转子齿 1 和齿 10 处于定子齿 1 和齿 9 相对齐的位置。当旋转磁场转过一个定子齿距到图中矢量 **B** 所示位置时，由于磁感线要继续保持其磁路的磁阻最小，力图使转子齿 2 和齿 11 转到与定子齿 2 和齿 10 相对齐的位置，即当旋转磁场转过 $2\pi/Z_s$ 角度时，转子只转过 $\alpha = (1/Z_s - 1/Z_R) \cdot 2\pi$ 角度。那么定子旋转磁场转速与转子转速的比（称为电动机的电磁减速系数）为

$$k_R = \frac{n_s}{n} = \frac{\dfrac{1}{Z_s} \cdot 2\pi}{\left(\dfrac{1}{Z_s} - \dfrac{1}{Z_R}\right) \cdot 2\pi} = \frac{Z_R}{Z_R - Z_s} \tag{4-99}$$

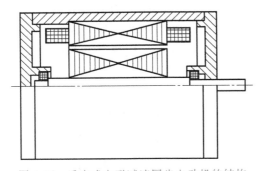

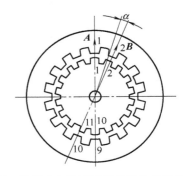

图 4-76　反应式电磁减速同步电动机的结构　　　图 4-77　反应式电磁减速同步电动机的工作原理

根据式（4-97），同步电动机的转速为

$$n = \frac{n_s}{k_R} = \frac{60f(Z_R - Z_s)}{pZ_R} \quad (\text{单位为 r/min}) \tag{4-100}$$

为了使电动机产生较大的反应转矩，每极旋转磁场轴线下的定、转子齿应对齐，这样可使磁通经过气隙的磁阻最小。这时定、转子齿数应满足

$$Z_R - Z_s = 2p \tag{4-101}$$

将式（4-101）代入式（4-100），故转子转速为

$$n = \frac{n_s}{k_R} = \frac{120f}{Z_R} \tag{4-102}$$

式中，f 为电源频率。

由式（4-102）可知，当电源频率一定时，电动机的转速随着转子齿数增加而降低。为了得到低速，这种电动机的齿数应该很多。

反应式电磁减速同步电动机与其他低速电动机相比，结构简单、制造方便、成本较低。它的转速一般在几十转到上百转每分的范围内。

2. 励磁式电磁减速同步电动机

励磁式电磁减速同步电动机分为永磁钢励磁和直流电励磁两种。小容量电动机大多采用永磁钢励磁方式，如图 4-78 所示。图中定子结构与反应式同步电动机定子结构相同，转子中间为轴向磁化的环形永磁钢，磁钢两端各套有一段有开口槽的转子铁心，转子铁心用整块钢铣槽或用硅钢片叠成，两段转子铁心径向相互错开半个转子齿距。

图 4-78 中虚线表示转子永磁钢产生的磁通所经过的路径。在 A—A 截面中，磁通都是从转子铁心出来的经过气隙进入定子，因而 A—A 截面的转子齿都显示出 N 极性；而 B—B 截面处则相反，转子齿都显示出 S 极性。若定子绕组N、S 四个磁极产生旋转磁场，某一瞬间，定子

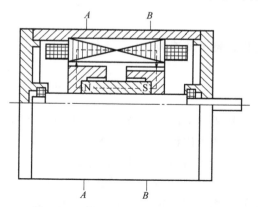

图 4-78　励磁式电磁减速同步电动机

旋转磁场轴线正处在和定子齿 1、5、9、13 相重合的位置，定、转子之间同极性磁场相斥，异极性磁场相吸，转子力图有使 A—A 截面的转子齿 1 和 10 与定子齿 1 和 9（定子 S 极轴线）相对齐的趋势。因此，定子 N 极轴线正好处于转子槽的中心，其工作原理如图 4-79a 所示。当定子旋转磁场顺时针方向转过一个定子齿距时，由于定、转子磁场的相互作用，转子力图转到使转子齿 2 和 11 的中心线与定子齿 2 和 10 的中心线相重叠的位置，即定子旋转磁场转过 $2\pi/Z_s$ 弧度时，转子转过 $\alpha = (1/Z_s - 1/Z_R) \cdot 2\pi$ 弧度。所以定子旋转磁场转速与转子旋转磁场转速之比，即电磁减速系数表达式为

$$k_R = \frac{n_s}{n} = \frac{Z_R}{Z_R - Z_s} \tag{4-103}$$

用同样的方法分析图 4-79b 中 B—B 截面磁场的相互作用，可以得出同样的结果。由此可以得出，因为左右两段转子铁心在径向相互错开了半个转子齿距，所以它们产生的转矩及转速的方向是一致的。

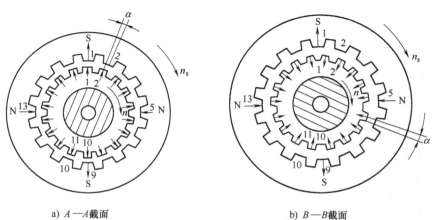

a) A—A 截面　　　　　　　　　　　b) B—B 截面

图 4-79　励磁式电磁减速同步电动机工作原理

由图 4-79a 可见，当定子 S 极的轴线与转子齿中心线对齐时，定子 N 极轴线应对准转子槽中心，所以定、转子齿数应满足

$$Z_\mathrm{R}-Z_\mathrm{s}=p \tag{4-104}$$

这样，转子转速为

$$n=\frac{n_\mathrm{s}}{k_\mathrm{R}}=\frac{60f(Z_\mathrm{R}-Z_\mathrm{s})}{pZ_\mathrm{R}}=\frac{60f}{Z_\mathrm{R}} \tag{4-105}$$

从式（4-105）可知，在同样转子齿数时，励磁式转速为反应式转速的 1/2。

上述永磁钢所产生的磁通也可以改为由放在定子上的轴向励磁绕组通上直流电励磁来产生，这就成为直流电励磁的电磁减速同步电动机，其结构如图 4-80a 所示。

图 4-80 中，定、转子铁心与反应式电磁减速同步电动机完全相同。除了定子上配置常见的两相或三相定子绕组外，在两个端盖上设有两个轴向励磁绕组，当通入恒定不变的直流电后，产生的恒定磁通以图中虚线所示的路径由转子表面经过气隙到达定子。转子整个圆周表面的极性是一致的，即为单极性。从中可以看出，直流电励磁的电磁减速同步电动机的运行原理与永磁钢励磁的电磁减速式同步电动机轴向中的一段运行原理完全相同，如果将定、转子铁心沿轴向都分成两半，轴向励磁绕组放在两段铁心之间，如图 4-80b 所示，那么该情况就与永磁钢励磁的电磁减速式同步电动机完全一样了。

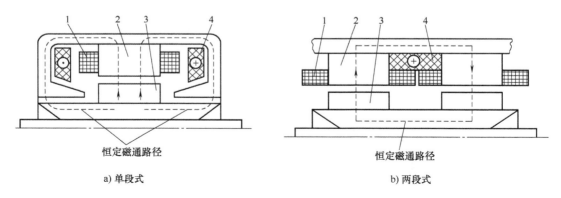

a) 单段式　　　　　　　　　　　　　b) 两段式

图 4-80　直流电励磁的电磁减速同步电动机

1—定子绕组　2—定子铁心　3—转子铁心　4—轴向励磁绕组

励磁式电磁减速同步电动机由于有永磁钢或励磁绕组，结构比较复杂，但在同样体积下，可得到比反应式电磁减速同步电动机大的同步转矩和较低的转速。

电磁减速式同步电动机不需要齿轮减速就可以得到每分钟几十转的低速，转速的稳定度较高，电动机的振动和噪声小，在起动、堵转和整个运行范围内的输入电流变化不大，长期堵转也不会损坏。但其起动转矩较小，当电动机转速较高或转动部分转动惯量较大时，自行起动困难，需在转子上安装附加的起动绕组，与负载轴采用弹性或半弹性连接时，可以改善起动性能。电动机效率一般在 30% 左右，功率一般在几百瓦以下。目前这类电动机已在电动机执行机构、机床自动化、机器人关节驱动机构以及其他要求低速和转速稳定的场合使用。

4.10　交流伺服电动机在焊接机器人中的应用

4.10.1　应用概述

机器人拥有多个自由度，其性能取决于伺服驱动控制系统。机器人多采用总线型伺服控制，由于机器人控制结构的特殊性，驱动及控制需要控制器的计算能力高、控制器与伺服之间的总线通信速度快、伺服精度高，所用的交流伺服电动机属于高精度交流伺服电动机。

机器人采用的伺服系统为专用系统，多轴合一的模块化设计，特殊的散热结构和控制方式，对可靠性要求极高。专用系统在通用伺服电动机和驱动器的基础上，根据机器人的高速、重载和高精度等应用环境，增加驱动器和电动机的瞬时过载能力、动态响应能力，驱动增加相应的自定义算法接口单元，且采用通用的高速通信总线作为通信接口，取代原有的模拟量和脉冲方式，进一步提高控制性能。同时删除冗余的通信接口和功能模块，优化系统，提高系统可靠性，并进一步降低了制造成本。

4.10.2　焊接机器人控制系统

1. 开放式控制的系统结构

开放式控制系统的硬件由工控机（工业 PC）、开放式控制器、交流伺服控制系统及通信模块、CCD 摄像机和图像采集卡及辅助设备组成。其硬件结构如图 4-81 所示。

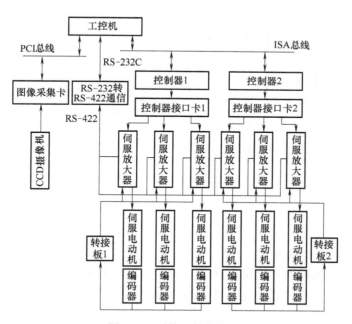

图 4-81　系统硬件结构图

工控机通过控制器发出电动机控制信号，经伺服放大器对指令信号进行放大后驱动机器人各关节电动机的动作，通过通信模块实时接收并存储各电动机编码器的反馈信号，存储的反馈信号数据提供给各控制算法模块，经处理后，再通过控制器产生控制指令输出，形成一个闭环控制系统。而且，此存储的数据还可用于系统三维仿真和各关节电动机状态的实时显示。

2. 开放式控制器的硬件实现

DSP（数字信号处理器）程序主要包括命令中断模块和伺服中断模块两部分。命令中断模块占用一个 DSP 硬件中断，在中断服务程序中，通过查表，找到工业 PC 发送给控制器的命令函数的入口地址。如果是设置命令，程序会读取设置参数并将参数放置到 DSP 数据存储区内，如果是读取命令，程序会自动读取 DSP 数据存储区内相应的数据，返回给 PC。由于控制器的一些命令和参数是双缓存的，只有在参数更新后所设置的这些命令才有效。此时必须使用参数更新机制，它是通过控制器库函数 update( ) 来实现命令的更新。伺服中断模块使用的是一个 DSP 定时中断，在定时中断服务程序中，会自动根据所设定的控制模式实时更新控制参数。通过计算，得到当前伺服周期完成的轨迹，并控制外部执行机构根据规划的参数完成相应的动作。对于闭环系统，在伺服周期内，也会采用累加的方式得到当前准确的位置。如果实际位置和规划的位置出现偏差，将会进行适当的调节，减少位置误差，同时在伺服中断中还会自动检测一些极限开关、位置断点等是否被触发。工业 PC 与控制器通过 PC 总线以 I/O 读写的方式进行数据交换。来自外部的位置反馈信号，经过位置处理单元处理后，进入计数电路，通过 ISP（图像信号处理器）与 DSP 的双向收发接口完成外部位置的反馈。控制器内部流程如图 4-82 所示。

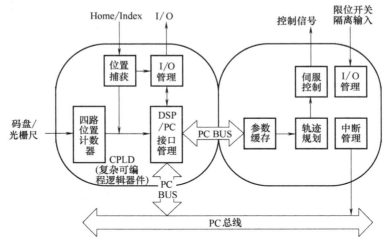

图 4-82　控制器内部流程

3. 开放式控制器的软件实现

所谓开放式是指系统的开发可以在统一的、标准的和通用的软硬件平台上通过改变、增加或裁减结构对象，形成系列化，并可方便地将用户的特殊要求和技术集成到控制系统中。

开放式控制器的软件设计遵循这一开放性原则，分为开发调试环境、驱动开发包以及底层控制程序三个部分。

（1）开发调试环境

开发、调试环境主要是为用户提供一个测试控制器以及开发控制程度的软件平台。

（2）驱动开发包

驱动开发包能够允许控制器在不同的操作环境下正常工作。其主要是针对不同的接口，负责计算机与控制器之间的通信，并将基本的接口函数以动态链接库的形式向用户开放，用户可以在 VC++、VB、CB 和 Delphi 等不同的编程环境下直接调用接口函数，对控制器进行操作、管理，实现预定功能。

（3）底层控制程序

底层控制程序用于实现针对交、直流伺服电动机以及步进电动机的基本运动控制功能，采用 C 语言进行开发，是整个软件系统的基础。

4. 交流伺服控制系统

机器人控制所使用的交流伺服系统，一般是由交流伺服放大器、交流伺服电动机和光电编码器组成的闭环控制系统。伺服放大器接收来自控制器的脉冲信号（脉冲的个数和频率分别对应位置和速度的给定值），并以此为依据控制电动机的转动。伺服放大器从光电编码器获得闭环系统的位置反馈信号，通过通信模块传给工控机。机器人六个关节的电动机选择 HK-KFS 系列的超小型低惯性交流伺服电动机。由于此类电动机惯性矩较大，因此适合机器人负载惯性矩发生变动的场合以及韧性较差的设备（带驱动等）。在电动机中还配置了电磁制动器，以增加安全性。伺服放大器选用与电动机配套的 MELSERVO-12-Super 系列交流伺服放大器。它有位置控制、速度控制和转矩控制三种模式，还可以进行控制模式的切换，具有 RS-232 和 RS-422 串行通信功能。在实际使用中，采用位置控制模式和 RS-422 通信方式。其中，通过 RS-422 转 RS-232 通信，可以将伺服系统的运行状态、报警情况和绝对位置等数据信息传送到工业 PC，并可通过 PC 对伺服放大器进行参数设置、增益调整和试运行。

5. 控制系统通信功能的实现

焊接机器人本体一般具有六个自由度，需要六个伺服电动机和相应的伺服驱动器，由于伺服放大器的 RS-232C 通信功能与 RS-422 通信功能不能同时使用，通过修改伺服放大器的参数，选择使用伺服放大器的 RS-422 通信功能。通信电缆的接线方式如图 4-83 所示。通过转换器与工业 PC 的 RS-232C 相连，在最后一个关节的伺服放大器上，必须将 TRE 与 RDN 相连。伺服放大器（又称从站）接到工业 PC（又称主站）发出的指令后，将发出应答信

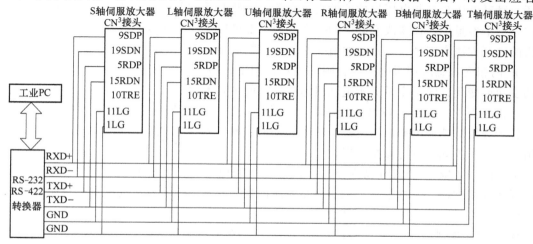

图 4-83　驱动器通信电缆接线方式

息。主站重复不断地发送指令，保证连续读取数据。

　　由于通信总线上接有六个伺服放大器，为了判定和哪一个伺服放大器进行通信，主站在发送指令或数据时必须指明站号。传输的数据只对指定站号的伺服放大器有效。当发送数据时，如果站号为"＊"，那么发送的数据对所有连接在总线上的伺服放大器都有效。

本 章 小 结

　　通过本章的学习，应当了解：

　　★ 传统交流伺服电动机是指两相感应伺服电动机。由于没有换向器，具有结构简单、工作可靠、维护容易、效率较高和价格便宜以及不需整流电源设备等优点，因此在机器人驱动系统中应用非常广泛。与直流伺服电动机一样，交流伺服电动机在驱动系统中也常被用来作为将控制电压信号快速转换为转轴旋转驱动负载的执行元件。

　　★ 两相感应伺服电动机转子结构通常有笼式转子、非磁性空心杯式转子和铁磁性空心杯式转子三种形式。铁磁性空心杯式转子应用较少。圆形旋转磁场与脉振磁场不同，它的幅值不变，磁场轴线在空间旋转。旋转磁场的转速称为同步转速，由电动机的极数和电源频率所决定。

　　★ 若在交流感应伺服电动机两相对称绕组中施加两相对称电压，即励磁绕组和控制绕组电压幅值相等且两者之间的相位差为90°电角度，便可在气隙中得到圆形旋转磁场。若施加两相不对称电压，即两相电压幅值不同，或电压间的相位差不是90°电角度，得到的便是椭圆形旋转磁场。当气隙中的磁场为圆形旋转磁场时，电动机运行在最佳工作状态。

　　★ 两相交流感应伺服电动机运行时，励磁绕组接在电压值恒定的励磁电源，而控制绕组所加的控制电压是变化的，一般来说，得到的是椭圆形旋转磁场，由此产生电磁转矩驱动电动机旋转。若改变控制电压的大小或改变它相对于励磁电压之间的相位差，就能改变气隙中旋转磁场的椭圆度，从而改变电磁转矩。当负载转矩一定时，通过调节控制电压的大小或相位来达到控制电动机转速的目的。

　　★ 两相交流感应伺服电动机的转速和转向不但与励磁电压和控制电压的幅值有关，而且还与励磁电压和控制电压相位差的大小有关，因此在励磁电压、控制电压以及它们之间的相位差三个参量中，任意改变其中的一个或两个都可以实现电动机的控制。两相交流伺服电动机的控制方法有三种，分别是幅值控制、相位控制和幅值-相位控制。

　　★ 两相交流感应伺服电动机在圆形磁场作用下，转速总是低于同步转速，而且随着负载的变化而变化，转差率是分析电动机运行特性的主要参数。转子不动时，两相交流感应伺服电动机相当于一个副边短路的变压器，可建立类似于变压器的电压平衡方程式，推导出定、转子绕组的感应电动势表达式。转子转动时，转子频率、电动势和电抗都将发生变化，各值等于转子不动时的各参量乘以转差率。

　　★ 由建立的转矩公式可以推导出交流感应伺服电动机的机械特性，即 $T = f(s)$ 曲线，该曲线是非线性的，特性较软。为了满足系统的控制要求，交流感应伺服电动机应具有向下倾斜的机械特性，而且要求非线性度小。

　　★ 为便于实现转速控制，伺服电动机的定子绕组做成两相绕组，并加以相位差为90°的两相电压。改变控制电压可实现转速的控制。相位差为90°的两相电压可以采用电源移相或电容移相的方法来获得，后者就是电容伺服电动机。使电压移相90°的电容值是随转速而改变的，通常选择的电容值应在电动机转速为零时能使电压移相90°，其值可根据公式或实验得出。电容伺服电动机移相电路简单，在小功率控制系统中得到广泛的应用。

★ 在运行中，加在伺服电动机上的控制电压是变化的，所以电动机经常处于不对称状态。这时，定子所产生的是椭圆形旋转磁场，它可以分解为一个正向圆形旋转磁场和一个反向圆形旋转磁场。磁场椭圆度越大，反向圆形磁场就越大，正向圆形磁场就越小；当椭圆度大到极限情况，成为脉振磁场时，正、反圆形磁场幅值相等。

★ 从椭圆形旋转磁场的机械特性可知，当电动机处于不对称运行时，由于反向旋转磁场的存在，电动机输出转矩将减少，空载转速降低。为了消除单相自转现象，零信号时的机械特性在运行范围内必须处在第二和第四象限。

★ 电容伺服电动机的励磁电压随着转速而增大，相位也发生变化，因而使它的机械特性非线性度更为严重，在低速段出现鼓包现象。

★ 各种同步电动机只要负载阻转矩不超过最大同步转矩，电动机就始终跟着旋转磁场恒速转动。反之，电动机就会失步，甚至停转。

★ 虽然同步电动机通常以恒定的同步转速转动，但当电动机发出的转矩或轴上负载阻转矩突然变化时，电动机会发生振荡，会使同步电动机的瞬时转速出现不稳定，所以一般在转子上设置短路绕组来减弱电动机的振荡。

★ 电磁减速式同步电动机是一种低转速大转矩的电动机。它不需齿轮减速就可以直接从电动机输出轴上得到每分钟几十转的低转速，并具有转速稳定度高、振动和噪声小和长期堵转不易损坏等特点，因而在要求低速和转速稳定的机器人关节驱动装置中得到广泛的应用。

★ 机器人拥有多个自由度，其性能取决于伺服驱动控制系统。机器人多采用总线型伺服控制，由于机器人控制结构的特殊性，驱动及控制需要控制器的计算能力高、控制器与伺服之间的总线通信速度快、伺服精度高，所用的交流伺服电动机属于高精度交流伺服电动机。

★ 焊接机器人开放式控制系统硬件由工控机、开放式控制器、交流伺服控制系统及通信模块、CCD摄像机和图像采集卡及辅助设备组成。工控机通过控制器发出电动机控制信号，经伺服放大器对指令信号进行放大后驱动机器人各关节电动机的动作，通过通信模块实时接收并存储各电动机编码器的反馈信号，存储的反馈信号数据提供给各控制算法模块，经处理后，再通过控制器产生控制指令输出，形成一个闭环控制系统。

本 章 习 题

1. 交流伺服电动机转子结构常用的有（　　　）式转子和非磁性空心杯式转子。

A. 磁性杯　　　　　　　B. 圆环　　　　　　　C. 笼　　　　　　　D. 圆盘

2. 有一台四极交流伺服电动机，电压频率为400Hz，其同步转速为（　　　）。

A. 12000r/min　　　　　B. 9000r/min　　　　　C. 6000r/min　　　　　D. 3000r/min

3. 伺服电动机的转矩、转速和转向都非常灵敏和准确地跟着（　　　）变化。

4. 单相绕组通入直流电、交流电及两绕组通入两相交流电各形成什么磁场？它们的气隙磁通密度在空间怎么分布，在时间上又怎样变化？

5. 当两相绕组匝数相等和不相等时，加在两相绕组上的电压及电流应符合什么条件才能产生圆形旋转磁场？

6. 什么叫作同步转速？如何确定？假设电源频率为 60Hz，电动机极数为 8，电动机的同步转速为多少？

7. 对称状态和非对称状态怎样界定？两相交流感应伺服电动机通常在什么磁场中运行？两相绕组通上相位相同的交流电流能否形成旋转磁场？

8. 改变两相交流感应伺服电动机转向的方法有哪些？为什么能改变？

9. 当电动机的轴被卡住不动，定子绕组仍加额定电压，为什么转子电流会很大？两相交流感应伺服电动机从起动到运转时，转子绕组的频率、电动势和电抗会有什么变化？为什么会出现这些变化？

10. 当两相交流感应伺服电动机有效信号系数 $0<\alpha_e<1$ 变化时，电动机产生旋转磁场的椭圆度怎样变化？被分解成的正、反向旋转磁场的大小又怎样变化？

11. 什么是自转现象？为了消除自转，两相交流感应伺服电动机零信号时应具有怎样的机械特性？

12. 与幅值控制相比，电容伺服电动机定子绕组的电流和电压随转速的变化情况有哪些不同？为什么它的机械特性在低速段出现鼓包现象？

13. 两相交流感应伺服电动机的额定状态是什么？额定功率是怎么定义的？

14. 一台两极的两相交流感应伺服电动机励磁绕组通以 400Hz 的交流电，当转速 $n=18000\mathrm{r/min}$ 时，使控制电压 $U_k=0$，求此时刻：

（1）正、反旋转磁场切割转子导体的速率（即转差）。

（2）正、反旋转磁场切割转子导体所产生的各相转子电流频率。

（3）正、反旋转磁场作用在转子上的转矩方向和大小是否一致？哪个大？为什么？

15. 简述两相感应伺服电动机主要技术数据和性能指标。

16. 简述两相感应伺服电动机与直流伺服电动机相比的优缺点。

17. 如果永磁式同步电动机轴上负载阻转矩超过最大同步转矩，转子就不再以同步转速运行，甚至会停转，这就是同步电动机的（　　　）。

A. 停车现象　　　　　B. 失步现象　　　　　C. 振荡现象　　　　　D. 自转现象

18. 同步电动机最大的缺点是（　　　）。

19. （多选题）对于同步电动机的转速，以下结论错误的是（　　　）。

A. 转速不随负载变化而变化　　　　　　　B. 与负载大小有关，负载越大，转速越低

C. 与电压频率和电动机磁极对数有关　　　D. 带不同负载输出功率总量恒定

20. 为什么永磁式同步电动机转子上通常装有笼式绕组？

21. 转子上安装笼式绕组的永磁式同步电动机，转速不等于同步转速时，笼式绕组和永磁铁是否都起作用？转速等于同步转速时，笼式绕组和永磁铁是否都起作用？为什么？

22. 同步电动机转子上的笼式绕组能起什么作用？

23. 何为同步电动机的振荡现象？短路绕组为什么能减弱振荡？

24. 反应式同步电动机转子的纵轴和横轴分别与旋转磁场轴线重合时，反应转矩各为多少？

25. 一台反应式电磁减速同步电动机，磁极对数 p 为 2，当电源频率 f 为 50Hz 时，其转子转速 n 为 50r/min。试求：

（1）同步转速 n_s。

（2）电动机定子齿数 Z_s 和转子齿数 Z_R。

26. 励磁式和反应式电磁减速同步电动机的定、转子齿数应符合怎样的关系？为什么？

27. 简述励磁式电磁减速同步电动机转子两端的铁心错开半个转子齿距的原因。

28. 机器人控制所使用的交流伺服系统，一般是由（　　　　　）、（　　　　　）和（　　　　　）组成的闭环控制系统。

第5章

微型机器人压电电动机驱动及控制

本章学习目标

◇ 了解微型压电电动机的发展简史
◇ 了解微型压电电动机的特点及应用
◇ 掌握微型压电电动机的驱动机理
◇ 掌握行波型超声波电动机的工作原理和运行特性
◇ 掌握行波型超声波电动机的驱动控制方法
◇ 了解杆式、旋转尺蠖式等新构型压电电动机的工作原理
◇ 了解压电电动机在关节机器人中的应用

21 世纪以来，机器人逐渐成为各个国家重点研究和发展的目标。在全球人口红利不断减少，自动化需求日益增多的现状下，这种趋势表现得越来越明显，也给机器人产业带来了良好的发展机遇。其中，随着微加工工艺、微传感器、微驱动器及微架构等技术的日渐崛起，微型机器人的发展正在逐渐从幻想变为现实。

在微型机器人的发展中，微驱动技术起着至关重要的作用，是微型机器人发展水平的重要标志。而目前传统电磁电动机由于受工作原理和结构型式的限制已无法满足微型机器人所需驱动器具有的能耗低、结构简单、易于微型化、位移和力输出较大、动作响应快、线性控制性能好等技术要求，因此，多年来国内外专家学者一直致力于研究各种新型微电机。在这其中，利用压电陶瓷逆压电效应使弹性体产生振动的压电电动机因具有设计灵活、结构紧凑、低速大转矩、低噪声和不产生磁场、也不被外界磁场干扰等优点，作为 20 世纪 80 年代发展起来的一种全新运行机理的微电机近年来越来越受到国内外科研工作者的关注和重视，发展非常迅速，应用日益广泛，已成为当前包括微型机器人在内的机电驱动和控制领域的一个研究热点。

5.1 概　述

压电电动机（Piezoelectric Motor）技术是振动学、波动学、摩擦学、动态设计、电力电子、自动控制、新材料和新工艺等学科结合的新技术。压电电动机不像传统电磁电动机利用电磁力来获得其运动和力矩，而是利用压电陶瓷的逆压电效应和振动来获得其运动和力矩，将材料的微观变形通过机械共振放大和摩擦耦合转换成转子（或动子）的旋转（或直线）运动。

5.1.1　压电电动机的发展简史

1880 年法国居里兄弟首次在天然晶体上发现正逆压电效应，自发现压电效应后的几十年中，压电学仅是晶体物理学的一个分支。

在第二次世界大战中的 1942—1945 年间，美国、苏联和日本学者分别发现了钛酸钡（$BaTiO_3$）具有非常高的介电常数，并发现了钛酸钡具有压电性。这是压电材料发展的一个飞跃。

1942 年，美国学者首次申请了压电电动机模型的专利，揭示了压电电动机的基本原理，进入了压电电动机研究的萌芽阶段。

1954 年，美国学者发现了压电 $PbZrO_3$-$PbTiO_3$（PZT）固溶体系统。经研究发现，这一系统材料具有比 $BaTiO_3$ 更优越的性能，在应用领域逐步取代了 $BaTiO_3$ 的地位。所以 PZT 系列压电陶瓷的出现具有划时代的意义，为利用压电陶瓷的逆压电效应来制作压电电动机奠定了良好基础。

20 世纪 60 年代，苏联科学家开始了压电电动机的研究。1965 年，苏联基辅理工学院的 V. Vlavrinenko 设计了第一个依靠压电板的振动来驱动转子转动的超声电动机。

1972 年，德国 Siemens（西门子）和日本 Panasonic（松下电器）公司研制出具有应用前景的压电超声电动机。为此 Panasonic 公司申请了专利，这是第一个有样机专利的压电超声电动机。

1973 年，美国 IBM 公司的 H. V. Barth 首次提出利用具有楔形驱动足的压电组件产生振动的方式来驱动转子的原理性压电超声电动机。

1980 年，日本指田年生在苏联 Vasiliev 等人的研究基础上研制了第一台驻波型兰杰文振子结构的压电超声电动机，该电动机在性能上第一次满足了实际使用要求。

1981 年，苏联 Vasiliev 等成功地构造了一种能够驱动较大负载的压电超声电动机，成为最先被实际利用的压电驱动器。

1982 年，指田年生成功研制了行波型压电超声电动机，大大降低了定转子间接触处的摩擦和磨损。此类型电动机为压电电动机进入实用阶段奠定了基础。

1987 年日本 Canon（佳能）公司将环状行波压电超声电动机应用于 EOS 相机自动调焦系统，标志着压电超声电动机正式走向实际应用阶段。

随着环状行波超声电动机成功应用于商业化后，美、英、法、德、意等国的学术界和产业界不落其后，各种新原理、新结构、新控制、新性能和新应用的压电电动机不断涌现，并取得了丰硕的研究成果。

相比国外，我国压电电动机的研究起步较晚，始于 20 世纪 90 年代，但发展迅速。自从 1990 年清华大学周铁英、董蜀湘等申请了国内首项超声电动机的发明专利以来，国内压电电动机的研究从此进入了快速发展时期。

1995 年，南京航空航天大学赵淳生院士带领的课题组成功研制出首台具有应用前景的环形压电行波超声电动机。

浙江大学、哈尔滨工业大学、吉林大学、东南大学、燕山大学，以及中国科学院长春光学精密机械与物理研究所等高等院校和科研院所对压电电动机的运行机理、机构分析、驱动技术和样机研制及试验等方面均做了深入细致地研究，并取得了一系列突破性的进展。

5.1.2　压电电动机的特点

1. 优点

压电电动机独特的工作机理与传统电磁电动机相比，具有以下优点：

（1）结构紧凑、设计灵活

压电电动机结构简单、小型轻量和结构紧凑，易于微型化和多样化。若选用合适的压电陶瓷材料和摩擦材料，可在低温、高温和真空等苛刻要求的极端条件下工作。

（2）环境适应性强

压电电动机突破了传统电磁电动机的概念，没有磁极和绕组，不用电磁相互作用来转换动力，而是利用压电陶瓷的逆压电效应、超声振动和摩擦耦合来转换动力；工作时不产生磁场，也不受外界磁场影响，因此抗电磁干扰性强，特别适合于在电磁敏感的环境中工作。

（3）定位精度高、响应速度快

压电电动机依靠定子产生微米级的振幅来驱动转子（或动子）旋转（或移动），且转子或动子质量较轻，响应速度快，没有游隙和回程间隙，系统可达到微米级的定位精度，可用于高精度伺服控制电动机位置、速度控制的场合。

（4）低速、大扭矩

压电电动机相对于传统电磁电动机来说，不存在减速机构，避免了使用减速机构而产生的振动、冲击与噪声、低效率、难控制等一系列问题，可实现直接驱动，由此提高了传动效率，降低了能耗和传动误差。因体积较小，单位体积上的输出扭矩较大，一般为传统电磁电动机的 10 倍左右。

2. 缺点

由于压电电动机自身工作机理的原因，存在着以下不足：

（1）输出功率较小

由于压电电动机及其控制系统的输出功率较小，难以制造出输出功率 1kW 以上的压电电动机，目前，旋转行波型压电超声电动机的输出功率小于 50W。

（2）寿命较短

目前大多数的压电电动机通过定、转子间的摩擦传递能量，摩擦界面磨损严重。此外，压电陶瓷在高频振动下会产生疲劳损坏，特别是在电动机的功率较大和温度较高时疲劳损伤更为严重。

（3）价格昂贵

压电陶瓷作为一种智能材料，其工艺精度要求较高，且压电电动机专用的集成控制电路成本较高，使得压电电动机及压电系统在应用中的性价比还不高。只有在一些特殊的场合，压电电动机和压电系统的性价比才得以呈现出来。

5.1.3　压电电动机的分类

压电电动机的分类方法和种类很多。按照所利用的波的传播方式，即按照产生转子转动的机理，压电电动机可分为行波型压电电动机和驻波型压电电动机。行波型是利用定子中产生的行走椭圆运动来推动转子，属于连续驱动方式；驻波型是利用做固定椭圆运动的定子来推动转子，属于间断驱动方式。

按照结构和转子的运动形式分，压电电动机又可分为旋转型压电电动机和直线型压电电动机。按照转子运动的自由度分，压电电动机可以分成单自由度电动机和多自由度电动机。按照弹性体和移动体的接触情况，超声电动机又可以分为接触式和非接触式两类。

5.1.4 压电电动机的应用

压电电动机新颖的工作机理和独有的性能特点，引起了工业界的广泛关注，并显示出了良好的应用前景，其应用领域涉及航空航天、光学调焦、机器人、精密定位装置和随动系统、仪器仪表、生物医疗、汽车制造等领域。

1. 航空航天领域

压电电动机自身不产生磁场，也不受磁场干扰，电磁兼容性好，还具有耐低温、真空等适应太空环境的特点。与传统电磁电动机相比，压电电动机可以轻松胜任太空辐射、太阳磁暴和极端温度变化等恶劣、极端的工作环境，而且单位体积上的输出扭矩远优于相同尺寸的电磁电动机。此外，压电电动机结构紧凑，设计灵活，易于微型化和多样化，可减轻太空探测器的体积和质量，是空间探测器的理想动力驱动器。

美国国家航空航天局（NASA）的火星探测者计划中，把喷气推进实验室和麻省理工学院联合研制的高力矩密度的双面齿结构超声波电动机，应用于火星探测器操作臂关节驱动的微着陆器。该电动机的扭矩达 2.8N·m，使用最低温度达-100℃，比用传统的电动机减轻质量 30%，如图 5-1 所示。

a) 火星探测微着陆器　　　　　　　　　　b) 双面行波超声波电动机

图 5-1　超声波电动机应用于火星探测微着陆器

南京航空航天大学赵淳生院士团队研制的 TRUM-30A 超声电动机安装于"玉兔号"月球车五星红旗的左下端，主要用于红外成像光谱仪的驱动与控制，功能类似光谱仪"舱门的开关"。该电动机重量轻，只有 46g，却能产生 0.12N·m 的扭矩，能产生 100r/min 的慢转速，能在-180~-120℃温度范围内变化，自锁性能好、无须润滑，是同等传统电动机重量的十分之一，如图 5-2 所示。

2. 照相机的调焦系统

超声波电动机因具有结构紧凑、型式多样化、低速大转矩、起动和制动速度快、断电易自锁、控制性能好等优点，1987 年，日本 Canon 公司将超声波电动机成功应用到 EOS 系列照相机镜头中。此外 Nikon（尼康）公司和 Olympus（奥林巴斯）公司均将超声波电动机应

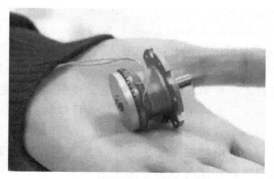

a)"玉兔号"月球车   b) TRUM-30A超声电动机

图 5-2   TRUM-30A 超声电动机应用于"玉兔号"月球车

用到自己的产品中,超声波电动机驱动的照相机调焦镜头如图 5-3 所示。内置超声波电动机的相机具有调焦时间短、噪声低、定位精度高、体积小和重量轻等优点。

图 5-3   超声波电动机驱动的照相机调焦镜头

3. 机器人关节驱动

随着人工智能的发展,机器人的手臂越来越向着轻型化、柔性化、低刚度和定位精确化的方向发展,以实现自如的活动。以往手臂关节的驱动装置多采用电磁电动机或液压装置驱动,相配套的附件较复杂,增加了机器人自身的体积和重量,不利于机器人向微型化方向发展。超声电动机在低速、大转矩和断续的运转中具有无比的优越性,非常适合机器人关节的直接驱动,如图 5-4 所示。

美国国家航空航天局 Goddard Space Flight Center(戈达德太空飞行中心,简称 GSFC)将超声电动机应用于空间机器人技术。其中的微型机械手 Micro Arm Ⅰ 使用了扭矩为 0.05N·m 的超声电动机。火星机械手 Micro Arm Ⅱ 使用了三个扭矩为 0.68N·m 和一个扭矩为 0.11N·m 的超声电动机。它们比使用同等功能的传统电动机轻 40%。图 5-5 为

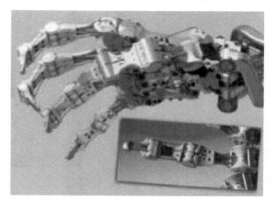

图 5-4   机器人关节驱动

Seiko（精工）公司将两个小型超声电动机应用于昆虫机器人。该机器人在日本精密工程学会（Japan Society for Precision Engineering）举行的微型机器人竞赛中获得了三连胜。

    2001 年，韩国研制出了基于 USM 的旋转关节机器人，该机器人所有关节均采用超声电动机驱动，可完成复杂的动作、满足复杂的应用需求。该机器人可以称得上是基于 USM 机器人的一个成功范例，如图 5-6 所示。2003 年，美国北卡罗纳大学将超声电动机用于驱动小型太空用弹跳机器人，弹跳机器人的弹跳高度与自身重量紧密相关。为了减轻自身重量，在该机器人关节上引入了超声电动机，使其产生足够大的关节驱动力矩满足要求的弹跳高度，如图 5-7 所示。

图 5-5　昆虫机器人

图 5-6　韩国研制的旋转关节机器人

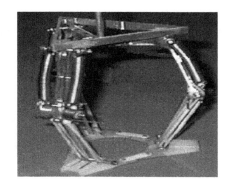

图 5-7　超声电动机驱动的弹跳机器人

    日本东京农业与技术大学在研制的自行式仿人形机器人 ARMAR 上引入了超声电动机，他们在 ARMAR 的两条机械手臂上采用了八台超声电动机进行关节驱动，如图 5-8 所示。多伦多大学在研制太空机器人的过程中，考虑到太空机器人的关节驱动电动机必须在−150℃左右的低温条件下正常工作，将超声电动机用于该机器人各关节的驱动。南京航空航天大学研制的关节机器人，该机器人由腰关节、肩关节和腕关节三个转动关节构成，分别采用两个 TRUM-60 型超声电动机和一个 TRUM-45 型超声电动机驱动，不仅可以获得很高的位置精度，而且能够保证机器人运行的平稳性，如图 5-9 所示。

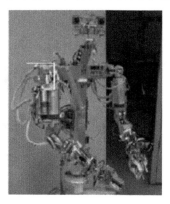

图 5-8　ARMAR 仿人形机器人

超声电动机

笔

编码器

图 5-9　超声电动机驱动的关节机器人

4. 精密定位装置和随动系统

由于超声波电动机具有响应速度快的优点，当位置传感器检测到目标位置信号的瞬间，切断电源，电动机立即停止工作，定位精确，只需开环控制即可实现较高的精密定位。如精密定位平台的驱动源，如图 5-10 所示。超声波电动机用于精密定位装置，其起、停响应速度快的特点很适合随动系统，图 5-11 所示为在导弹导引头装置中的应用。

图 5-10 精密定位平台

图 5-11 导弹导引头装置

5. 扫描电子显微镜试料架的驱动

过去需要人为调整扫描电子显微镜（SEM）真空试料室内的试料架位置，误差较大，容易发生故障，且传动机构较复杂，现采用超声波电动机直接驱动，如图 5-12 所示，省掉了复杂的传动机构，减小了手动误差，使定位更加精确。

6. 生物医疗领域

由于超声电动机与负载直接相连，中间不设置减速机构，整体重量轻，功率密度高，结构紧凑，因此传统电磁电动机在部分生物医疗领域的

图 5-12 扫描电子显微镜试料架

应用逐渐被取代。具有上述特点的高精度超声电动机在生物医疗领域得到了广泛的开发和成功的应用。

磁共振兼容设备基于静态磁场进行工作，这些设备在静态磁场中工作时不应产生电磁干扰，因此不能使用传统电磁电动机进行驱动。超声波电动机因具有不产生磁场、也不受外界磁场所干扰的特性，因此不会对成像过程造成干扰。目前，各种磁共振成像仪器及其兼容设备基本上都是由超声电动机进行驱动，在该领域已成功商业化，如图 5-13 所示。

7. 汽车制造

超声电动机具有体积小、重量轻和低速大转矩的特点，德国 Mercedes-Benz（梅赛德斯-奔驰）公司将超声电动机用于驱动汽车车窗或调整座椅，日本 Toyota（丰田）公司将超声电动机用于该公司某些豪华轿车上操纵后视镜和座椅头靠，如图 5-14 所示。

超声电动机的输出轴无须传动装置过渡，固连在车身支撑上的电动机本体直接与后视镜的镜

图 5-13 超声电动机应用于磁共振成像设备

a) 直线型超声电动机应用于后视镜   b) 旋转型超声电动机应用于汽车座椅头靠

图 5-14   超声电动机用于某些豪华轿车

框相连。巧妙的设计和轻巧的重量，使得超声电动机与后视镜融为一体，美观且实用，方便、快捷地实现后视镜的调节。

驱动座椅头靠的电动机，要求体积小、静音运行且不能占用较大空间，还要有一定的低速扭矩和自锁扭矩，以便调节。传统电动机不是体积较大，就是低速时扭矩不够需要减速机构来提升扭矩，这样会增加调节系统的体积，而超声电动机恰好符合这些应用条件。

5.2   微型压电电动机的驱动机理

5.2.1   压电效应概述

压电效应是皮埃尔·居里（Pierre Curie）和雅克·居里（Jacques Curie）兄弟于1880年发现的。压电顾名思义就是当外力使材料发生形变时随之发生的发电现象。当晶体受到某固定方向外力的作用时，内部就产生电极化现象，同时在某两个表面上产生符号相反的电荷；当外力撤去后，晶体又恢复到不带电的状态；当外力作用方向改变时，电荷的极性也随之改变。这一现象称为压电效应或正压电效应。反之，若在晶体上施加电场，从而使该晶体产生电极化，同时也将产生应变和应力，当电场撤去时，这些变形或应力也随之消失，这就是逆压电效应。压电电动机就是利用逆压电效应进行工作的。

在自然界中大多数晶体具有压电效应，但压电效应十分微弱。通常把明显呈现压电效应的敏感功能材料叫作压电材料。压电材料可以分为压电晶体和压电陶瓷两大类，其中压电陶瓷是制造压电电动机的重要材料。

图 5-15 为压电陶瓷逆压电效应示意图。图中空心箭头方向为压电陶瓷极化方向。当压电材料上下表面施加正向电压，即在材料表面形成上正下负

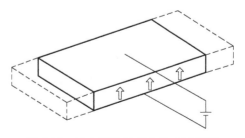

图 5-15   压电陶瓷逆压电效应示意图

的电场，则压电材料在长度方向伸长，高度方向收缩；反之，若在该压电材料上下表面施加

反向电压，则会在长度方向收缩，高度方向伸长。

当在压电体表面施加交变电场时，压电体就会激发出某种模态的弹性振动。当外加电场的交变频率与压电体的机械谐振频率相同时，压电体就进入谐振状态，称为压电振子。当振动频率高于 20kHz 时，就进入超声振动状态。

5.2.2 椭圆运动及其作用

超声振动是超声波电动机工作的基本条件，起驱动源的作用。但是，并不是任意超声波振动都具有驱动作用，必须具备一定的形态，即振动位移的轨迹是一个椭圆时，才具有连续的定向驱动作用。

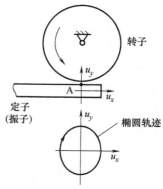

图 5-16 表示质点运动轨迹的示意图。假设定子在静止状态下与转子表面有一微小间隙。当定子产生超声振动时，其上的接触摩擦点（质点）A 做周期性运动，其轨迹为一椭圆。当 A 点运动到椭圆的上半圆周时，将与转子表面接触，并通过摩擦拨动转子旋转；当 A 点运动到椭圆的下半圆周时，将与转子表面脱离，并反向回程。如果这种椭圆运动连续不断地进行下去，则对转子就具有连续定向的拨动，从而使转子连续不断地旋转。因此，超声波电动机定子的作用就是采用合理的结构，通过各种振动的组合来形成椭圆运动。

图 5-16 质点运动轨迹示意图

椭圆运动用数学表达式说明如下。若在空间有两个相互垂直简谐运动形成的振动位移 u_x 和 u_y，振动角频率为 ω，振幅为 ξ_x 和 ξ_y，时间相位差为 φ，则有

$$\begin{cases} u_x = \xi_x \sin(\omega t) \\ u_y = \xi_y \sin(\omega t + \varphi) \end{cases} \tag{5-1}$$

从式（5-1）中消去时间 t，则有

$$\frac{u_x^2}{\xi_x^2} - \frac{2u_x u_y}{\xi_x \xi_y}\cos\varphi + \frac{u_y^2}{\xi_y^2} = \sin^2\varphi \tag{5-2}$$

式（5-2）中，当 $\varphi = n\pi$（$n = 0, \pm 1, \pm 2, \cdots$）时，两个位移为同相运动，合成轨迹为一直线；$\varphi \neq n\pi$ 时，其轨迹为一椭圆，并且 $\varphi = n\pi \pm \pi/2$ 时，轨迹为规则椭圆。不同相位差时的椭圆形态如图 5-17 所示。

因此，相位差 φ 的取值决定了椭圆运动的旋转方向，当 $\varphi > 0$ 时，椭圆运动为顺时针方向；当 $\varphi < 0$ 时，椭圆运动为逆时针方向。其转向的规律与电磁式交流电动机中旋转磁通势的转向规律相同，即由相位超前相转向相位滞后相。由于椭圆运动的旋转方向决定了定子对转子的拨动方向，也就决定了超声波电动机的转向。

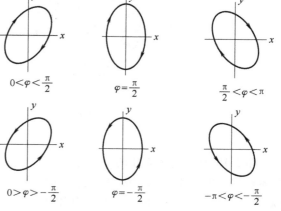

图 5-17 椭圆的形态

5.3 行波型超声波电动机

行波型超声波电动机就结构来看，分为环形行波型超声波电动机和圆盘式超声波电动机两类，其中，环形行波型超声波电动机是目前国内外应用和研究最多的超声波电动机。本节将以该类超声波电动机为例阐述其结构、工作原理和运行特性。

5.3.1 电动机结构

环形行波型超声波电动机的基本结构如图 5-18 所示。该电动机由下端盖、定子、转子、上端盖、轴承、碟簧和输出轴组成。其核心是由压电陶瓷和弹性体组成的定子和与定子接触的接触面粘有摩擦材料的转子，如图 5-18b 所示。定子和转子均为一薄圆环结构，整个电动机呈现扁圆环形结构。压电陶瓷按图 5-19 所示的规律极化，即可产生两个在时间和空间上都相差 90° 的驻波；定子上端面开有一圈梳状齿槽，下端面通过粘接剂粘有环状压电陶瓷片，定、转子之间依靠碟簧形变所产生的轴向压力压紧在一起。

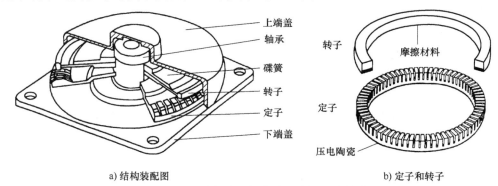

a) 结构装配图　　　　　　　　　　　　　　b) 定子和转子

图 5-18　环形行波型超声波电动机基本结构

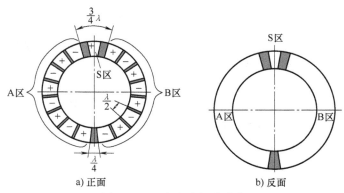

a) 正面　　　　　　　　　　　　　b) 反面

图 5-19　压电陶瓷极化分布

图 5-19 为压电陶瓷片的极化分布图，该图中压电陶瓷环极化为 A、B 两个相区，表示驱动环形超声电动机的两相电极，利用压电陶瓷的逆压电效应产生振动；两个相区之间有 $\lambda/4$（λ 表示波长）的 S 区域未极化，利用压电陶瓷的正压电效应产生可实时反映定子振动状态的反馈电压，其反馈信号可用作控制驱动电源的输出频率。另有 $3\lambda/4$ 的区域作为 A 相区和

B 相区的公共区。极化时，每隔 $\lambda/2$ 反向极化，极化方向为厚度方向。相邻两个压电分区的极化方向相反，分别以"+""−"表示，电压激励下一段收缩，另一段伸长，构成一个波长为 λ 的弹性波。

5.3.2　电动机的工作原理

1. 定子行波的产生

图 5-20 表示定子驻波形成过程。将极化方向相反的压电陶瓷片依次粘贴于弹性体上，当在压电陶瓷上施加交变电压时，压电陶瓷会产生交替伸缩形变，在一定电压和频率作用下，弹性体会产生如图 5-20b 所示的驻波，用方程表示为

$$y = \varepsilon_0 \cos\left(\frac{2\pi}{\lambda}x\right)\cos(\omega_0 t) \tag{5-3}$$

式中，y 为纵向位移；x 为横向位移；λ 为驻波波长；ω_0 为输入电压的角频率；ε_0 为驻波的幅值；t 为时间。

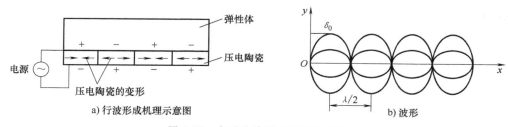

a) 行波形成机理示意图　　　b) 波形

图 5-20　定子驻波形成过程示意图

设 A 区和 B 区的驻波的振幅均为 ε_0，两者在时间和空间上分别相差 90°，方程分别为

$$y_A = \varepsilon_0 \sin\left(\frac{2\pi}{\lambda}x\right)\sin(\omega_0 t) \tag{5-4}$$

$$y_B = \varepsilon_0 \cos\left(\frac{2\pi}{\lambda}x\right)\cos(\omega_0 t) \tag{5-5}$$

在弹性体中，这两列驻波叠加可得

$$y = y_A + y_B = \varepsilon_0 \cos\left(\frac{2\pi}{\lambda}x - \omega_0 t\right) \tag{5-6}$$

2. 定子表面质点的运行轨迹

在定子的 A 区和 B 区施加对称周期性激励电压时，在定子圆环表面的圆周上形成行波，超声波电动机的工作原理如图 5-21 所示。

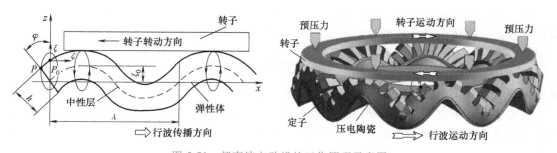

图 5-21　超声波电动机的工作原理示意图

假设弹性体的厚度为 h，取 $h_0 = h/2$。若弹性体表面任一点 P 在弹性体未挠曲时的位置为 P_0，则从 P_0 到 P 在 z 方向的位移为

$$\xi_r = \xi_0 \sin\left(\frac{2\pi}{\lambda}x - \omega_0 t\right) - h_0(1 - \cos\varphi) \tag{5-7}$$

由于行波的振幅比行波的波长小得多，弹性体弯曲的角度 φ 很小，故 z 方向的位移近似为

$$\xi_z \approx \xi_0 \sin\left(\frac{2\pi}{\lambda}x - \omega_0 t\right) \tag{5-8}$$

从 P_0 到 P 在 x 方向的位移为

$$\zeta_x \approx -h_0 \sin\varphi \approx -h_0\varphi \tag{5-9}$$

弯曲角 φ 为

$$\varphi = \frac{\mathrm{d}\xi_z}{\mathrm{d}x} = \xi_0 \frac{2\pi}{\lambda}\cos\left(\frac{2\pi}{\lambda}x - \omega_0 t\right) \tag{5-10}$$

x 方向的位移近似为

$$\zeta_x = -\pi\xi_0 \frac{h}{\lambda}x\cos\left(\frac{2\pi}{\lambda}x - \omega_0 t\right) \tag{5-11}$$

所以

$$\left(\frac{\xi_z}{\xi_0}\right)^2 + \left(\frac{\zeta_x}{\pi\xi_0 h/\lambda}\right)^2 = 1 \tag{5-12}$$

由式（5-12）可知，弹性体表面上任意一点 P 按照椭圆轨迹运动，这种运动使弹性体表面质点对移动体产生一种驱动力，且移动体的运动方向与行波传播方向相反，如图 5-21 所示。

如果把弹性体制成环形结构，当弹性体受到压电陶瓷振动激励产生逆时针方向的弯曲行波时，表面质点呈现顺时针方向的椭圆旋转运动。当把转子压紧在弹性体表面时，在摩擦力的驱动下，转子就会转动起来。定子表面开槽，是为了增大定子与转子接触处的振动速度，提高超声波电动机的转换效率，改善电动机的性能。

5.3.3　电动机转子的运动速度

由式（5-11）可知，弹性体表面质点沿 x 方向的运动速度为

$$v_x = \frac{\mathrm{d}\zeta_x}{\mathrm{d}t} = -\pi\omega_0\xi_0 \frac{h}{\lambda}\sin\left(\frac{2\pi}{\lambda}x - \omega_0 t\right) \tag{5-13}$$

沿 x 方向的运动速度在行波的波峰和波谷处最大。假设弹性体与移动体接触处不存在相对滑动，则移动体的运动速度与波峰处质点 x 方向的运动速度相同。其最大速度为

$$v_{x\max} = -\pi\omega_0\xi_0 \frac{h}{\lambda} \tag{5-14}$$

式中，负号"$-$"表示移动体运动方向与行波行进方向相反。

若定子、转子之间没有滑动，且转子表面与定子振动波形相切，则转子速度等于椭圆最高点的运动速度。实际上，定子与转子表面的滑动总是存在的，因此电动机转子的实际速度总是小于 $v_{x\max}$。

设行波的移动速度 v 为常数，由行波的特点可知 $v=\xi_0\lambda/(2\pi)$，故由式（5-14）得

$$v_{x\max}=-2\pi^2f^2\xi_0\frac{h}{v} \tag{5-15}$$

式中，f 为电动机的激振频率。

从式（5-15）可以看出，调节激振频率可以调节电动机转速，但是有非线性。在保持两相驻波等幅的前提下，若忽略激励电压的非线性对压电陶瓷应变的影响，改变驻波的振幅 ξ_0，即调节压电陶瓷的激励电压，可以做到线性调速，这是调压调速的一大优点。

5.3.4　电动机的运行特性

超声波电动机的运行特性主要是指转速、效率和输出功率等与输出转矩之间的关系。这些特性与电动机的类型和控制方式有关。通常情况下，超声波电动机的机械特性与直流电动机相似，但电动机转速随转矩的增大快速下降，并且明显呈现出非线性的变化趋势；超声波电动机的效率特性与直流电动机明显不同，最大效率出现在低速、大转矩区域，故超声波电动机适合低速运行。总之，超声波电动机的效率较低，目前环形行波型超声波电动机的效率一般不超过45%。超声波电动机典型的转速和效率特性曲线如图5-22所示。

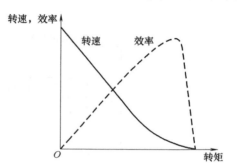

图 5-22　超声波电动机典型的
转速和效率特性曲线

5.4　行波型超声波电动机的驱动与控制

5.4.1　驱动控制方法

超声波电动机利用摩擦传动，定子、转子间的滑动率不能完全确定，共振谐振频率随环境温度变化发生漂移。而且超声波电动机在实际应用中需要对位移、速度进行控制，因此超声波电动机需要采用闭环控制。根据超声波电动机的传动原理，可以采用以下四种速度控制方式。

1. 电压幅值控制

改变电压幅值可以直接改变行波的振幅。但是电压过低，压电元件有可能不起振，电压过高又会接近压电元件的工作极限，所以实际应用中一般不采用调压调速方案。而且在实际应用中也不希望采用高电压，毕竟较低的工作电压是比较容易获得的。

2. 变频控制

通过调节谐振点附近的频率可以调节电动机的转速和转矩，频率控制对超声波电动机最为合适。由于电动机工作点在谐振点附近，故调频具有响应快的特点。但是电动机工作时由于谐振频率的漂移，控制系统要求有自动跟踪频率变化的反馈回路。

3. 相位差控制

改变两相电压的相位差，可以改变定子表面质点的椭圆运动轨迹，从而改变电动机的转

速。但是这种控制方法低速起动困难，驱动电源设计较复杂。

4. 正反脉宽调幅控制

调节电动机正反脉宽比例（占空比）即可实现速度控制。

在以上四种控制方式中，由于变频控制响应快、易于实现低速起动，应用得最多。

5.4.2 驱动控制电路

超声波电动机常用的驱动控制电路框图如图 5-23 所示。其主要由高频信号发生电路、移相电路、功率放大电路和频率自动跟踪电路四部分组成。驱动控制电路为超声波电动机提供一定电压幅值、相位差 90°的高频激励电压信号。

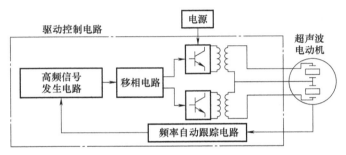

图 5-23 超声波电动机常用的驱动控制电路框图

高频信号发生电路是驱动电路的核心，用于产生超声频率的激励信号。超声频率信号可以由谐振电路、计算机控制的定时计数器和压控振荡电路等多种方法产生。谐振电路的频率调节范围不够宽，而且在实现超声波电动机的闭环控制时，只能将反馈信号通过 A/D（模数）变换后输入计算机，由计算机调节信号的脉冲宽度来控制超声波电动机。采用计算机控制的定时计数器虽然有较宽的频率调节范围，但频率调节的分辨率不很理想。采用压控振荡电路产生的超声频率信号，具有频率调节范围宽、分辨率高等优点。而且压控振荡电路的频率由输入电压控制，不用 A/D 变换和计算机就可以实现闭环控制，比较常用。

为了获得较大的输出转矩，超声波电动机驱动电路需要工作在由超声波电动机定子谐振频率决定的最佳频率上。

无论采用哪一种方法产生超声频率信号，其电路必然包含阻容性元器件，而在谐振电路中，通常阻容性元器件的充放电决定工作频率。因此阻容性元器件的稳定性将对驱动电源的稳定性产生较大影响，从而严重影响超声波电动机转速的稳定性。此外，由于超声波电动机的摩擦传动机理，定、转子间能量损耗严重，伴随着电动机温度的升高以及电动机运行条件的改变，压电陶瓷的介电系数、电容值及漏阻抗等工作参数都会随之改变，进而引起振荡频率发生漂移（1~2kHz），故在超声波电动机驱动电源中一般都设置自动频率跟踪电路，保证电动机始终在最佳的驱动频率下工作。

自动频率跟踪电路主要由电压采样器和积分器两部分组成。反馈电压采样器采集超声波内部传感器（一块被极化的孤立压电元件，图 5-19b 中的 S 区）产生的反馈电压 u_f，并转化为直流电压 U_{fd}。积分器是对给定的电压信号 U_i 与反馈信号 U_{fd} 做出反应，输出信号加到压控振荡器的输入端，从而实现变频和自动频率跟踪的功能。

超声波电动机控制方法、应用场合不同，对驱动控制电路的要求也不同。对驱动控制电路的基本要求是稳定可靠、价格低廉、维护方便和性能满足系统需要。

5.5　其他构型的压电电动机

5.5.1　驻波型超声波电动机

驻波型超声波电动机中定子激励的是单纯驻波振动，质点做往复直线运动，通过转换装置或与其他运动组合，把往复直线运动转换为椭圆运动，最后驱动转子旋转。

1. 楔形超声波电动机

楔形超声波电动机的结构如图 5-24 所示。它主要由兰杰文（Langevin）振子（其结构由两块金属夹持两片压电陶瓷元件，并用螺栓紧固在一起）、振子前端的楔形振动片和转子三部分组成。振子的端面沿长度方向振动，楔形结构振动片的前端面与转子表面稍微倾斜接触，诱发振动片前端向上运动的分量，形成横向共振。纵、横向振动合成的结果使振动片前端质点的运动轨迹近似为椭圆，满足超声波电动机运动的形成机理。因此，楔形超声波电动机以纵振动为驱动力，前端振动片在驱动力作用下横向弯曲振动，从而拨动转子旋转。由于转子转动惯量的作用，旋转速度基本无波动。这种电动机结构简单，在振动片与转子接触处摩擦严重，电动机仅能单方向旋转，且转速调节困难。

2. 纵扭复合型超声波电动机

纵扭复合型超声波电动机结构如图 5-25 所示。其定子由两个独立的振子组成。纵振子控制定子与转子之间的摩擦力，扭振子控制输出转矩。纵向振动和扭转振动在定子弹性体合成为质点的椭圆运动。在定子的一个振动周期中，当定子做伸长的纵向运动时，定子与转子接触，扭转振子的运动通过摩擦力传递给转子，以输出转矩。当定子做缩短的纵向运动时，定子与转子脱离，定子相反方向的扭转运动不传递给转子，保证转子单方向旋转。由于两种复合运动可以独立控制，所以电动机输出转矩大，工作稳定，可双向旋转。

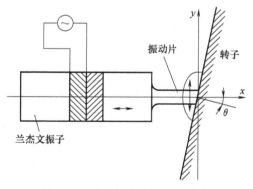

图 5-24　楔形超声波电动机结构

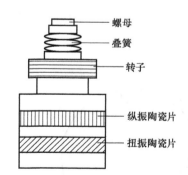

图 5-25　纵扭复合型超声波电动机结构

5.5.2　直线型超声波电动机

直线型超声波电动机有多种结构类型，以直线行波型超声波电动机为例介绍其工作机理，其结构如图 5-26 所示。理论上，只有在无限长的直梁上才能形成纯行波，实际应用于有限长直梁时，可利用两个兰杰文振子作为激振器和吸振器的结构型式。

激振器上外加激励电压产生逆压电效应，使梁振动。此时吸振器受到梁的振动产生正压电效应，所产生的能量消耗在与之相连的负载上。当吸振器能很好地吸收激振器传来的振动波时，有限长直梁就好像变成了半无限长直梁，这时直梁中就形成单向行波。与环形行波型超声波电动机工作原理相同，梁表面的质点做椭圆运动，从而驱动移动体做直线运动。吸振器负载电路的匹配很重要，若匹配不当，则不能完全吸收振动，余下的残留部分会产生反射波，从而影响行波的质量。当激振器和吸收器调换位置时，就形成反向行波，实现反向运动。

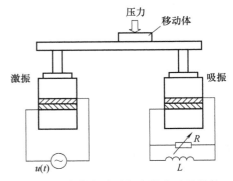

图 5-26　直线行波型超声波电动机结构

5.5.3　多自由度超声波电动机

大多数电动机为旋转运动或直线运动，只有一个自由度。在高性能机器人的柔性关节、人形机器人的髋关节和全方位仿生运动的球形关节等应用场合，都要求输出轴能全方位运动，即要求有多个自由度的电动机驱动。为此，国内外自 20 世纪 90 年代开始开发多自由度超声波电动机。

1. 两自由度球形超声波电动机

两自由度球形超声波电动机结构原理图如图 5-27 所示。它主要由一个球形转子和两个定子组成。定子与行波型超声波电动机定子类似，但端面加工成内凹球面，以便与球形转子保持良好接触。定子位于空间的不同位置，每一个定子可以驱动球形转子绕相应的轴线旋转，故电动机有两个自由度。

2. 三自由度超声波电动机

三自由度圆柱-球体超声波电动机结构如图 5-28 所示。电动机定子为圆柱体，转子为球

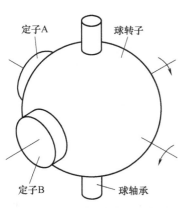

图 5-27　两自由度球形超声波
电动机结构原理图

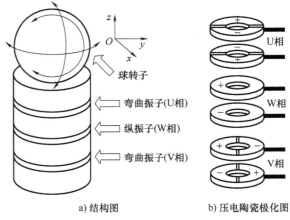

图 5-28　三自由度圆柱-球体超声波电动机结构

体。定子采用螺杆结构,把金属弹性体和三组六片压电陶瓷元件及电极片夹持在一起。这样的设计使压电陶瓷不需要粘结,具有激振效率高、工艺简单等优点,且转子直径越小,弯曲摇摆振幅越大。纵振子的压电陶瓷元件为环状,沿厚度方向极化,激发定子的纵向振动。弯曲振子的压电陶瓷元件分割为两部分,并且相互反向极化。六片压电陶瓷按极性相反的顺序两两叠合为一组。为了激发两个正交的弯曲振动模态,两弯曲振动陶瓷元件在空间相位差90°,即 U、V 两组压电陶瓷元件激发弯曲振动,W 组压电陶瓷元件激发纵向振动。质点的弯曲振动与纵向振动合成为椭圆运动,两个弯曲振动合成行波,因此任意两组压电陶瓷通电都可以驱动球形转子沿相应的轴线转动,电动机的运动为两两正交的三自由度。

5.5.4 杆式压电电动机

为了克服摩擦驱动式压电电动机存在着发热严重、材料磨损难以控制、效率低和寿命短等问题,提出了将压电驱动、谐波传动和活齿传动集成于一体,利用活齿啮合取代定、转子之间的摩擦力来驱动转子旋转,减小摩擦和磨损,提高电动机工作效率和使用寿命的研究思路,研制出了各种不同结构型式的杆式压电电动机。

1. 压电陶瓷片组驱动型

压电陶瓷片组驱动型杆式压电电动机主要由电动机定子(提供动力)和活齿传动系统两部分组成,其结构如图 5-29 所示。

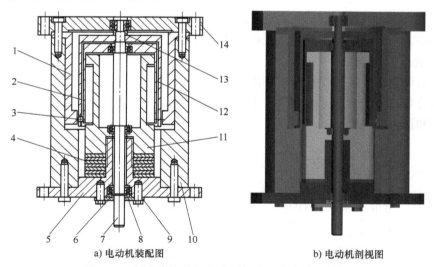

a) 电动机装配图　　　　　　　b) 电动机剖视图

图 5-29　压电陶瓷片组驱动型杆式压电电动机结构

1—中心轮　2—活齿架　3—活齿　4—压电陶瓷组　5—下配重块　6—轴承挡圈　7—输出轴
8—轴承　9—轴承压盖　10—壳体　11—上配重块　12—柔轮　13—薄螺母　14—端盖

定子包括上配重块、下配重块和压电陶瓷片组。陶瓷片组通过定子上、下配重块上的螺纹连接并压紧。活齿传动系统主要由激波器(柔轮)、活齿架、活齿和中心轮组成。

压电陶瓷片组由 5 片压电陶瓷片、3 片接电片和 2 片地极片组成。陶瓷片组中每片陶瓷片表面镀银,上表面分两个区,其中的一个分区进行正向极化,另一个分区进行反向极化,下表面不分区为全电极。压电陶瓷片组的布置如图 5-30 所示。

当极化方向与所加电压的电场方向一致时,此分区产生伸长变形,相反时,此分区产生压缩变形。所以，每片陶瓷片在交变电压产生的交变电场作用下，若其频率接近定子的一阶弯曲共振频率时，将使定子上配重块产生弯曲共振。取 4 片陶瓷片，将其分为 U 相和 V 相两组。当定子中的压电陶瓷片组 U 相和 V 相同时施加同频、同幅的正弦和余弦交变电压（其频率接近定子一阶弯曲共振频率）时，定子将产生左右和前后方向的弯曲共振模态，这两个共振模态的合成，使定子上端圆周面呈现出一阶匀速旋转弯曲共振模态。反馈相是利用压电陶瓷片的正压电效应产生的交变电压，作为反馈电压对电动机定子弯曲状态进行检测和对电动机速度进行控制，从而使电动机转速趋于稳定。定子弯曲经过与之配合的柔轮放大后，柔轮对活齿将产生径向推力，迫使与中心轮啮合的活齿在沿活齿架均布的径向导槽移动的同时，也沿着中心轮工作齿廓滑滚。活齿架的径向导槽推动活齿架以等角速度转动，然后，带动与之固连的输出轴旋转。与此同时与中心轮非啮合的诸活齿，在活齿架均

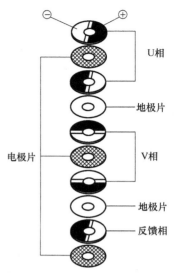

图 5-30　压电陶瓷片组的布置图

布的径向导槽反推作用下，顺序地返回工作起始位置。至此，传动系统完成了由定子弯曲运动到输出轴转动的转换过程。

若用 n_S 表示柔轮旋转速度，n_R 表示活齿架旋转速度，O 表示活齿架旋转中心，O' 表示柔轮几何中心，则压电陶瓷片组驱动型杆式压电电动机运动如图 5-31 所示。

2. 压电叠堆驱动型

压电叠堆驱动型杆式电动机结构如图 5-32 所示。该电动机由驱动部分和传动部分构成，其中驱动部分包括压电叠堆、弹性体、摆动体和调整弹簧，传动部分包括波发生器、中心轮、活齿架和活齿。

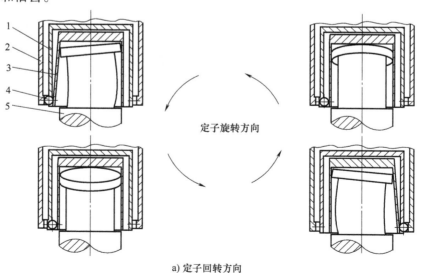

a) 定子回转方向

图 5-31　压电陶瓷片组驱动型杆式压电电动机运动示意图

1—活齿架　2—中心轮　3—柔轮　4—活齿　5—上配重块

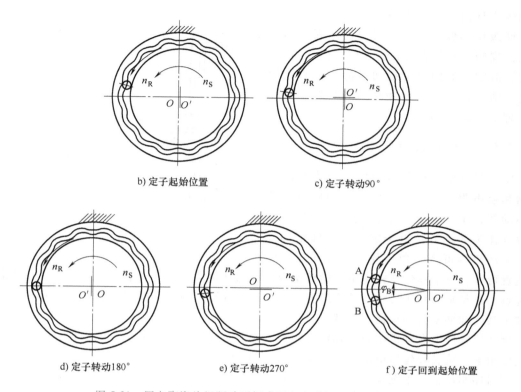

b) 定子起始位置　　　　　　　　　c) 定子转动90°

d) 定子转动180°　　　　e) 定子转动270°　　　　f) 定子回到起始位置

图 5-31　压电陶瓷片组驱动型杆式压电电动机运动示意图（续）

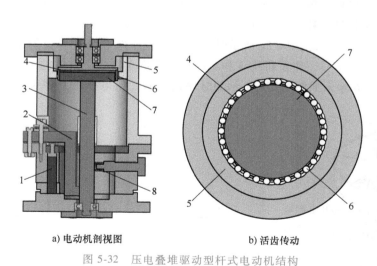

a) 电动机剖视图　　　　　　b) 活齿传动

图 5-32　压电叠堆驱动型杆式电动机结构

1—压电叠堆　2—弹性体　3—摆动体　4—活齿架　5—中心轮　6—活齿　7—波发生器　8—调整弹簧

压电叠堆驱动型杆式电动机由两个压电叠堆提供动力，且两个压电叠堆互为90°布置于下壳体内侧。传动系统未工作时，各零件在调整弹簧弹力的作用下紧密接触，摆动体朝弹性体一侧偏移。系统工作时，两个位置相互垂直的压电叠堆分别被施加正弦信号和余弦信号，压电叠堆在激励电压作用下开始伸缩变形，变形量作用于弹性体然后传递给摆动体，进而使摆动体实现前后和左右摆动，通过弹性体和摆动体两级位移放大作用，与摆动体固连的波发生器圆周侧面上形成具有较大位移的连续行波。最终，波发生器偏移量推动活齿沿中心轮齿廓移动，活齿带动活齿架和转子发生转动。其工作原理如图 5-33 所示。

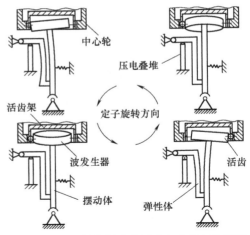

图 5-33　压电叠堆驱动型杆式电动机工作原理

5.5.5　旋转尺蠖压电电动机

驱动器根据驱动信号频率可分为准静态驱动器和超声驱动器。尺蠖压电电动机属于准静态驱动器，驱动信号频率较低。该电动机以压电叠堆作为驱动源，由于定子的特殊结构，工作时驱动机构可产生角位移，并且具有实现钳位装置可调、单个零件结构简单、能够实现压电电动机大行程与高精度、高分辨率很好兼容等优点。近年来，基于尺蠖运动机理的压电电动机逐渐应用于高精密测量、微小机器人、精密加工装配和纳米科学仪器等领域。

旋转尺蠖压电电动机主要由轴承、转子、钳位机构、压电叠堆、底板、驱动机构、基座和底座组成。旋转尺蠖压电电动机结构如图 5-34 所示。

其时序驱动信号如图 5-35 所示，驱动原理如图 5-36 所示。图 5-35 中 A 为驱动电压幅值，T 为电动机工作一个周期的时间。当施加如图 5-35a 所示的时序信号时，图 5-36 中压电叠堆 1 伸长，钳位机构 3 顶住转子。继续输入如图 5-35b 所示时序信号，压电叠堆 5 伸长，由于驱动机构利用杠杆位移放大原理，驱动机构 7 发生弯曲。钳位机构 3 带动转子 9 顺时针转过一定角度 θ。当输入如图 5-35c 所示时序信号时，压电叠堆 2 伸长顶住转子后，撤消压电叠堆 1 和 5 的电压信号，钳位机构 3 和驱动机构 7 恢复原状。钳位机构 4 带动转子转过角度 θ。将压电叠堆 6 输入如图 5-35d 所示的时序信号后，压电叠堆 6 伸长，驱动机构 8 发生

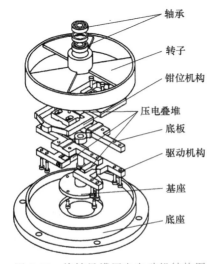

图 5-34　旋转尺蠖压电电动机结构图

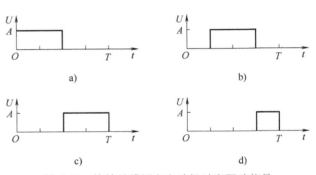

图 5-35　旋转尺蠖压电电动机时序驱动信号

弯曲，钳位机构 4 再带动转子顺时针转过角度 θ。撤消压电叠堆 2 和 6 的电压信号，钳位机构 4 和驱动机构 8 恢复原状。转子共转过角度 3θ，电动机完成一个周期动作，时序信号又回到初始状态，压电叠堆 1 开始伸长，重复上述动作实现连续运动。

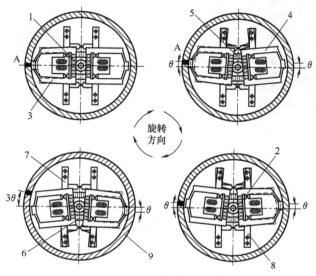

图 5-36 旋转尺蠖压电电动机驱动原理示意图

1、2、5、6—压电叠堆 3、4—钳位机构 7、8—驱动机构 9—转子

5.6 压电电动机在关节机器人中的应用

随着我国航天事业的飞速发展，太空探索永无止境，航天攻关任重道远。太空日夜温差剧烈变化和太空辐射等恶劣环境对太空机器人的驱动提出了严峻挑战；同时降低运载火箭发射成本的需要及太空舱内有限空间的现状，又要求机器人结构紧凑、体积轻巧。传统电磁电动机难以满足太空环境的应用需求，而应用超声电动机可以使机器人结构更加紧凑、体积进一步轻巧，从而可以降低发射成本，同时低速时能提供大的扭矩，有效地解决了低速、小体积和大转矩三者间的矛盾，另外其不受磁场辐射和真空的影响，也不会产生电磁波影响周边的设备；此外，超声电动机可制成中空结构，这对于放置机器人关节驱动与控制系统的导线是非常有利的。以上方面体现了得天独厚的优势，使超声电动机成为一种较为理想的太空用机器人驱动器。

5.6.1 关节机器人结构

关节机器人各关节均采用超声电动机驱动，腰关节和肩关节使用 TRUM-60 型超声电动机，腕关节使用 TRUM-45 型超声电动机。每一个关节配备一台中空型旋转编码器，可以方便地将电动机输出轴和编码器固定在一起，超声电动机带动机械臂运动的同时带动编码器动作，实现位置测量。由于超声电动机可以提供低速大扭矩，各关节与超声电动机直接连接，没有采用减速齿轮，不存在齿轮传动的间隙调整机构，这使得整个机器人的结构紧凑轻巧。关节机器人的结构如图 5-37 所示。

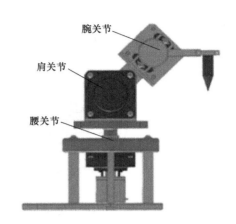

图 5-37　关节机器人的结构

5.6.2　关节机器人控制系统组成及控制方式

1. 控制系统的组成

在机器人中，控制系统是机器人的神经中枢，相当于人类的大脑，它是综合处理、协调各检测和执行部件的物质基础，同时也是实现各种控制算法和控制策略的实际载体。机器人的控制系统与所有机电设备的控制系统是一致的，根据用户指令对机器人结构本体进行运动控制，保证机器人高质量地完成作业任务所规定的各项动作，其工作性能在很大程度上决定了机器人的工作质量。由此可见，在整个控制体系中，控制系统的硬件及软件处于核心地位。一个好的机器人控制系统应有方便灵活的操作方式、多样的运动控制方式以及安全可靠的运行能力。机器人的控制系统主要由计算机硬件系统、软件系统、输入/输出（I/O）设备及装置、关节执行电动机驱动器和传感器系统等各子系统组成，如图5-38 所示。

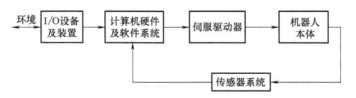

图 5-38　机器人控制系统的组成

2. 控制系统的控制方式

机器人控制系统按其控制方式可分为集中控制方式、主从控制方式和分散控制方式三类。

（1）集中控制方式

用一台计算机实现全部控制功能，这种方式结构简单，成本低，但实时性差，难以扩展。

（2）主从控制方式

采用主、从两级处理器实现系统的全部控制功能。主 CPU 实现管理、坐标变换、轨迹生成和系统自诊断等；从 CPU 实现所有关节的动作控制。主从控制方式系统实时性较好，适于高精度、高速度控制，但其系统扩展性较差，维修困难。

（3）分散控制方式

按系统的性质和方式将系统控制分成几个模块，每一个模块各有不同的控制任务和控制策略，各模块之间可以是主从关系，也可以是平等关系。这种方式实时性好，易于实现高速、高精度控制，易于扩展，可实现智能控制，是目前流行的控制方式。

三自由度机器人系统自由度较少、结构并不复杂、功能相对简单，在控制方式上采取集中控制的方式，在 PC 内嵌入高性能数字控制模块（运动控制卡）。这种硬件结构是机器人硬件系统的一种主要实现方式，其特征为机器人关节的运动控制由专门设计的运动控制器实现，硬件系统是运动控制器以插件的形式插入到 PC 系统中。基于 PC 计算机控制系统的三关节机器人控制结构图如图 5-39 所示。

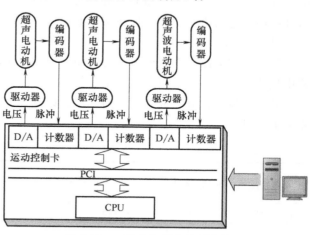

图 5-39 三关节机器人控制结构图

超声电动机的运动控制卡选用 GT-400-SV 运动控制卡，一方面利用其模拟电压量输出来调节电动机转速，另一方面利用该卡提供的功能读出光电编码器的脉冲值。该卡具有四个 I/O（输入/输出）端口，能高精度地同步实现四根轴的运动协调与控制，同时它又具有数字滤波和脉冲 4 倍频电路，因此可以将位置反馈精度提高到 8000 个脉冲/转，完全满足本系统的要求，如图 5-40 所示。

电动机驱动器是控制电动机运转性能的重要装置。当前，超声电动机的驱动电路是在大功率半导体器件、开关逆变电路和高频变压器等现代电源技术基础之上而研发设计的，主要采用隔离型的半桥、全桥或推挽式的两相谐振驱动电路。关节机器人所采用的超声电动机驱动器是 TRUM-45 电动机驱动器，它采用推挽型逆变功率放大电路，电路简单，但难以防止高频变压器的直流饱和，如图 5-41 所示。

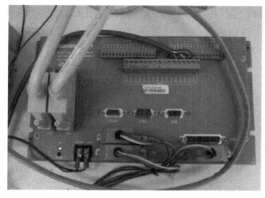

图 5-40 GT-400-SV 运动控制卡

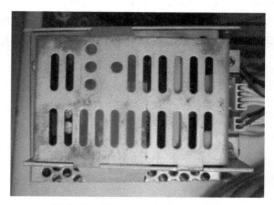

图 5-41 TRUM-45 电动机驱动器

5.6.3　关节机器人的运动控制

虽然利用超声电动机驱动器可以实现单个电动机的控制功能，但是对于机器人系统来说要求三个电动机协调控制显然是不能满足的。而且 GT-400-SV 运动控制卡虽然能够传输从 PC 发出的电动机所需要的控制信号，但它并不能将该信号直接应用于超声电动机的控制电路中。因此，在运动控制卡和电动机驱动器之间必须配置接口电路，利用它将控制器中的控制信号传递给电动机驱动器，进而实现电动机的协调控制。

1. 电源电路

电源是控制电路中首先要解决的问题。因为恒压电源的体积较大，整个机器人系统控制电路中耗能元件较多，所以要根据主要耗能元件的工作电压选择合适的直流电源，其他非主要元件的需求电压由升压或降压电路获得，以减小系统的复杂性。整个系统的耗能元件及其所需的电压见表 5-1。

表 5-1　系统耗能元件及工作电压

耗能元件	运动控制卡	超声电动机			编码器
		工作电压	起停正反转控制	速度控制	
工作电压/V	+12/+24	+15	+9	0～+4	+12/+24

从表 5-1 中可以看出，控制卡和编码器的工作电压可以在一定的范围内选择，为简单起见，可以选择电动机的工作电压+15V 为系统的总电源电压。控制电动机速度的 0～+4V 的电压可以通过控制卡的模拟输出端给出。电动机起停正反转控制的电压通过控制卡 I/O 口输出的 +5V 电压经过变压得到。

2. 起停正反转电路

超声电动机区别于传统电磁电动机的主要特点为响应快（ms 级）、控制性能好。响应快体现在起动和停止过程的时间特别短，即从零突然起动到稳定速度或从某稳定速度突然停止到零所需的时间特别短。电动机正反转转换一般分为常速转动、起动转速、停止 10ms、起动转速（反转）和正常转速五个步骤。在正反转转换或起停时，电动机一般经过起动转速（超声电动机在一定负载下的最小转速）来过渡，否则，定子表面的摩擦材料将会过早磨损。电动机起停转速和正反转转速转换与时间的关系如图 5-42 和图 5-43 所示。

由于控制程序对电动机的控制需要一定的周期，电动机的瞬态变化时间很短，所以在实际控制中不需要考虑电动机的瞬态过程，直接向电动机施加期望转速的控制电压即可。机器人

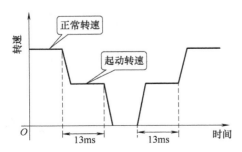

图 5-42　超声电动机起停转速与时间的关系

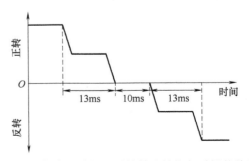

图 5-43　超声电动机正反转转速转换与时间的关系

所选用的 TRUM-60 和 TRUM-45 型超声电动机的起停和正反转的电压控制信号均为 +9V，而运动控制卡的 I/O 口输出的高电平电压为 +5V，所以需要通过高-低电平转换器件来实现电动机的控制。选用 CD40109-CMOS 四通道高-低电平位移器，该芯片引脚及功能表如图 5-44 所示。CD40109 芯片有四路输入输出，可以满足两个电动机（起动、停止、正转和反转）控制的需要，所以在机器人的控制中使用了两个 CD40109 芯片。芯片的输入引脚 A、B、C、D 直接与运动控制卡的 I/O 端口相连，输出引脚 E、F、G、H 接超声电动机驱动电路。

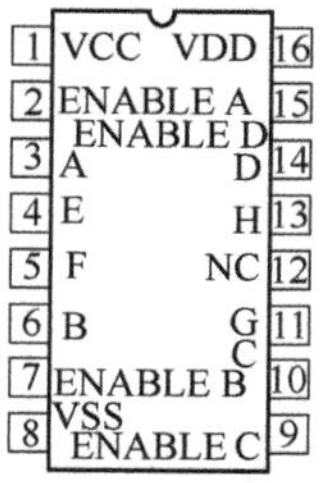

1	VCC	VDD	16
2	ENABLE A	ENABLE D	15
3	A	D	14
4	E	H	13
5	F	NC	12
6	B	G	11
7	ENABLE B	C	10
8	VSS	ENABLE C	9

a) 芯片引脚

输入		输出
A、B、C、D	ENABLE A、B、C、D	E、F、G、H
0	1	0
1	1	1
X	0	Z

b) 功能表

图 5-44　CD40109 芯片

由图 5-44b 可知：

1）当 VDD = +9V，ENABLE　A、B、C、D 逻辑值 = 1 时，就可以通过运动控制卡的 I/O 口输出实现对电动机的控制。

2）当 I/O 口输出为高电平电压（+5V）时，A、B、C、D 的逻辑值 = 1，对应的输出 E、F、G、H 就为高电平电压（+9V）。

3）当 I/O 口输出为低电平电压（0V）时，A、B、C、D 的逻辑值 = 0，对应的输出 E、F、G、H 为低电平电压（0V）。

4）若控制电动机起停信号为高电平电压（+9V），则电动机转动，否则电动机停止；若控制电动机正反转信号为高电平电压，则电动机正转，否则电动机反转。

但是，CD40109 芯片仍然需要一个 +5V 的工作电压，这个电压可以通过三端稳压块 7810 和 7805 经过两次降压得到，CD40109 供电电路图如图 5-45 所示。

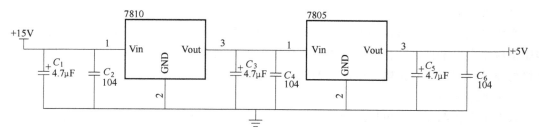

图 5-45　CD40109 供电电路图

图 5-45 中 +15V 为稳压电源的输出电压，两个不同容值的电容用于高低频滤波，以保证输出电压的稳定性。超声电动机起停及正反转控制电路如图 5-46 所示。

3. 速度控制电路

目前，超声电动机的驱动电路是建立在大功率半导体器件、开关逆变电路和高频变压器

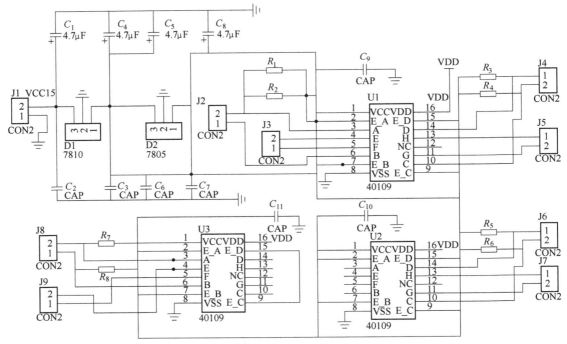

图 5-46　超声电动机的起停及正反转控制电路

等现代电源技术基础之上而设计的，主要采用隔离型的半桥、全桥或推挽式的两相谐振驱动电路。随着 FPGA/CPLD（现场可编程门阵列/复杂可编程逻辑器件）、单片机和 DSP（数字信号处理器）技术的发展，将信号发生、分频移相以及控制等整合到大规模集成芯片中，提高了信号的精度和稳定性。行波型超声电动机驱动控制是通过改变对压电陶瓷的激励参数，从而控制超声电动机定子的振动特性。根据超声电动机的驱动原理，电动机调速有调压调速、调频调速、调相调速和脉宽调制调速四种方法。

（1）调压调速

改变施加在压电陶瓷上的电压幅值，从而调节行波的幅值以改变转速。

（2）调频调速

当驱动频率工作在谐振频率点时，振子的阻抗最小，振幅最大，电动机有很高的转速。当驱动频率向反谐振点变化时，电流逐渐变小，振幅也变小，电动机转速随之下降。改变电动机的驱动频率可以直接影响电动机的转速，这种方法是目前最常用的方法。

（3）调相调速

改变电动机两相工作电压之间的相位差，从而改变定子表面质点的椭圆运动轨迹以改变转速。

（4）脉宽调制调速

通过改变通断电时间比例或正反转时间比例（调节低频占空比）来实现调速。

总之，超声电动机可以选用调压调速、调频调速、调相调速和脉宽调制调速的方法来实现电动机转速的变化，也可使用以上几种方法的综合。这里将各种调速方法的优劣进行对比，其结果见表 5-2。

表 5-2　调速方法的比较结果

调速方法		运动机理	优点	缺点
调压调速		改变定子振动幅度	线性好,响应快	调速范围小,低速时转矩小,有死区
调相调速		改变定子表面质点椭圆运动轨迹	换向运动平滑,可实现柔顺控制	响应较慢,不易实现低速起动
调频调速		改变工作频率与谐振频率的距离	响应快,易于实现低速起动	非线性
脉宽调制调速	正反转脉宽调制调速	调整正反转驱动时间占空比	线性好,运动状态切换方便	精度低,有切换噪声
	断续脉宽调制调速	调整有无驱动信号时间占空比	线性好,运动状态切换方便	有机械振动和切换噪声

考虑上述各种电动机调速的优缺点,三关节机器人采用调频调速的方法调节电动机转速。通过改变加在驱动电路中压控振荡器上的电压来改变其输出的 PWM(脉宽调制)波的频率,进而实现超声电动机驱动频率的改变。虽然在整个频率调节范围内,驱动频率与电动机转速之间具有较强的非线性,但是机器人要求各个关节电动机的运动速度较低、变化范围较小,所以仅需要选择较小的驱动频率范围调节转速即可,并结合所用电动机的转速-驱动频率特性,如图 5-47 所示。

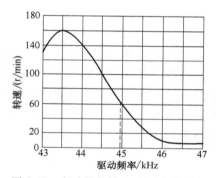

图 5-47　电动机的转速-驱动频率特性

选取频段 44.9~46kHz 作为控制范围,这段频率内电动机的转速变化符合机器人运动的低速要求,并且特性曲线线性度较好,易于实现电动机的转速控制。从选定的调速方法可知,要控制三个电动机的转速,只要给出三个大小可变的模拟电压量即可。然而 GT-400-SV 运动控制卡的端子板 CN5、CN6、CN7、CN8 能够分别输出从 0~+10V 变化的电压模拟量,如图 5-48 所示。这里只要使用其三个端口就可以满足对三个电动机的控制要求。电动机转速控制原理图如图 5-49 所示。

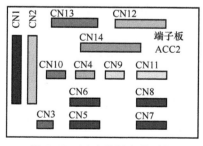

图 5-48　运动控制卡端子板

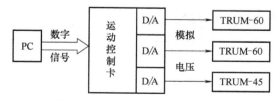

图 5-49　电动机速度控制原理图

4. 编码器反馈电路

编码器是机器人进行位置闭环反馈控制的基本元件。GT-400-SV 运动控制卡提供了单端输入和双端输入两种编码器的输入方式,如图 5-50 所示。三关节机器人系统中所采用的编码器使用 A、B、Z 三相输出，使用控制卡的单端输入方式可以直接将编码器的输出信号传送给运动控制卡，控制卡将如图 5-51 所示的编码器三相输出信号转化成数字信号，最终上传到控制计算机中。

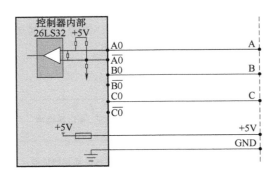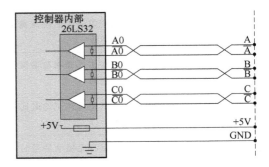

a) 单端输入方式   b) 双端输入方式

图 5-50   编码器的输入方式

    虽然编码器信号可以直接通过控制卡读入，并且利用控制卡提供的四分频电路还可以进一步提高位置反馈精度，但是要保证编码器的正常工作仍然需要对每一个信号输出端外接一个合适的上拉电阻，使得编码器输出端产生幅值至少相差 3V 的电压信号作为 A、B、Z 三相的高低电平信号，编码器外电路如图 5-52 所示。利用实验测得，使得编码器正常工作的上拉电阻约为 $10k\Omega$，编码器电路原理图如图 5-53 所示。

图 5-51   编码器的三相输出   图 5-52   编码器的外电路

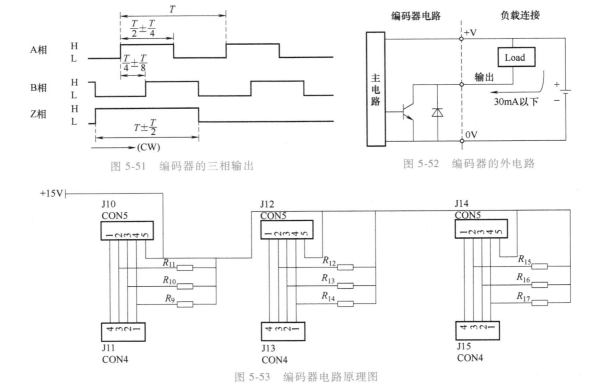

图 5-53   编码器电路原理图

运动控制卡和电动机驱动器的接口电路将电动机起停正反转电路和编码器反馈电路集成于一体，对应的实物图如图 5-54 所示。

5. 运动控制的实现

将上述控制电路与机器人本体结构组合在一起，就构成了完整的机器人及驱动控制系统，其实物图如图 5-55 所示。

图 5-54　运动控制卡和电动机驱动器接口电路实物图　　　图 5-55　机器人及驱动控制系统实物图

工控机将设定的各关节转动目标数据传送给运动控制卡，运动控制卡将这些数字信号转换成模拟信号，借助端子板发送给电动机驱动器来控制电动机的运动。编码器将各个关节的瞬时位置信息通过接口电路反馈到运动控制卡，运动控制卡再将编码器的模拟信号转换为位置的数字信号，并将此位置信息传送到工控机，得到信号瞬时误差。并根据其大小，利用控制算法计算出电动机下一个控制周期的控制量大小，进而实现机器人闭环反馈控制。

本 章 小 结

通过本章的学习，应当了解：

★ 压电电动机利用压电材料（压电陶瓷）的逆压电效应和振动来获得其运动和力矩，将材料的微小变形通过机械共振放大和摩擦耦合转换成转子（或动子）的旋转（或直线）运动。

★ 压电电动机独特的工作原理与传统电磁电动机相比，具有如下优点：结构紧凑，设计灵活，易于微型化和多样化；环境适应性强；定位精度高，响应速度快；低速、大扭矩等。但由于自身工作原理，目前还存在着输出功率较小、寿命较短和价格昂贵等缺点。

★ 由于压电电动机新颖的工作原理和独有的性能特点，已显示出了良好的应用前景。其应用领域涉及航空航天、光学调焦、机器人、精密定位装置和随动系统、仪器仪表、生物医疗、汽车制造等领域。

★ 行波型超声波电动机定子由环形弹性体和环形压电陶瓷组成，压电陶瓷按一定规律极化为两个相区，对压电陶瓷的两个相区通以相位差为 90° 的两相高频电压即可产生两个在时间和空间上都相差 90° 的驻波，在弹性体中，这两个驻波合成为一行波。弹性体表面上任意一点按照椭圆轨迹运动，这种运动使弹性体表面质点对移动体产生一种驱动力，且移动体的运动方向与行波方向相反。当把转子压紧在弹性体表面时，在摩擦力的驱动下，转子就会旋转。

★ 根据超声波电动机的传动原理，可以采用电压幅值控制、变频控制、相位差控制和正反脉宽调幅控制四种速度控制方式。在以上控制方式中，变频控制响应快、易于实现低速起动，应用最多。

★ 驻波型超声波电动机中定子激励的是单纯驻波振动，质点做往复直线运动，通过转换装置或与其他运动组合，将往复直线运动转换为椭圆运动，进而驱动转子旋转。

★ 杆式压电电动机是将压电驱动、谐波传动和活齿传动集成于一体，利用压电陶瓷的逆压电效应来激励定子产生共振使其上端圆周面产生谐波，进而驱动活齿传动系统输出动力的新原理电动机。

★ 压电电动机是压电学、材料学、弹性力学、机械振动学、摩擦学、超精密加工、电力电子和控制理论等多学科交叉发展的结晶。

★ 关节机器人控制系统主要由计算机硬件系统、软件系统、输入/输出设备及装置、关节执行电动机驱动器和传感器系统等各子系统组成。

★ 关节机器人运动控制是工控机将设定的各关节转动目标数据传送给运动控制卡，运动控制卡将这些数字信号转换为模拟信号，借助端子板发送给电动机驱动器来控制电动机的运动。编码器将各个关节的瞬时位置信息通过接口电路反馈到运动控制卡，运动控制卡再将编码器的模拟信号转换为位置的数字信号，并将此位置信息传送到工控机，得到信号瞬时误差。根据其大小，利用控制算法计算出电动机下一个控制周期的控制量大小，进而实现机器人闭环反馈控制。

本 章 习 题

1. 压电电动机是利用压电陶瓷的（　　　　　）和（　　　　　　）来获得其运动和力矩，将材料的（　　　　　）通过（　　　　）和（　　　　　）转换成转子的旋转（或直线）运动。

2. 与传统电磁电动机相比，简述压电电动机的特点。

3. 简述超声波电动机的主要类型。

4. 简述环形行波型超声波电动机的工作机理。

5. 简述行波型超声波电动机的调速方法和各自的特点。

6. 简述杆式压电电动机的工作机理。

7. 简述旋转尺蠖压电电动机的工作机理。

8. 关节机器人控制系统按其控制方式可分为（　　　　）、（　　　　）和（　　　　　）三类。

9. 根据超声电动机的驱动原理，电动机调速有（　　　　）、（　　　　　）、（　　　　　）和（　　　）四种方法。

10. 简述关节机器人运动控制的实现过程。

第6章

液压控制元件基础

本章学习目标

◇ 掌握液压伺服控制系统的工作原理、组成及特点
◇ 了解液压控制阀结构及分类
◇ 掌握滑阀静态特性分析方法
◇ 掌握零开口四边滑阀的静态特性
◇ 掌握正开口四边滑阀的静态特性
◇ 了解滑阀的输出功率及效率
◇ 掌握四边阀控液压缸传递函数的建立和动态特性

机器人的驱动控制领域中，最常见的驱动方式为电力驱动，但由于电力驱动的输出功率较小、电力驱动器与机器人关节连接处的减速齿轮等传动元件易磨损或破坏，因此，在一些大功率的作业场合，机器人一般都采用液压驱动控制的方式。与电力驱动相比，液压驱动具有较高的输出功率、高带宽、快响应以及一定程度上的精确性，能够满足机器人尤其是特种机器人户外或野外作业所需的高负荷及快速运动需求，同时液压驱动系统可以采用内燃机提供能源动力，通过添加燃料进行快速补给，具有长时间的续航能力，比电力驱动机器人更具优势。液压驱动机器人如图 6-1 所示。

a) BigDog机器人　　　　　　b) 排涝机器人　　　　　　c) 林业机器人

图 6-1　液压驱动机器人

6.1　液压伺服控制系统概述

液压伺服控制系统由于具有响应速度快、抗负载刚度大、功率重量比大、体积小和重量轻等优点，在机器人驱动控制领域占据重要位置。相比电力伺服控制系统，其动态调整能力更强。

6.1.1 液压伺服控制系统的工作原理及组成

1. 工作原理

液压伺服控制系统是以液压动力元件作驱动装置所组成的反馈控制系统。在这种系统中，输出量（位移、速度和力）能够自动、快速而准确地复现输入量的变化规律。同时，它还对输入信号进行功率放大，因此也是一个功率放大装置。

以图 6-2 所示机液伺服控制系统为例说明液压伺服控制的工作原理。图中，液压泵是系统压力源，以恒定的压力向系统供油，供油压力由溢流阀调定。液压动力元件由四边滑阀和液压缸组成。滑阀是转换放大元件，它将输入的机械信号（阀芯位移）转换成液压信号（流量、压力）输出，并加以功率放大。液压缸是执行元件，输入压力油的流量，输出运动速度（或位移）。滑阀阀体与液压缸缸体集成于一体，构成反馈回路。此系统为闭环控制系统。

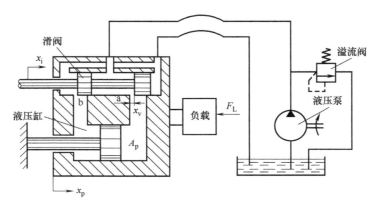

图 6-2　机液伺服控制系统原理图

当滑阀阀芯处于阀套中位（零位）时，阀的四个窗口均关闭（阀芯凸肩宽度与阀套窗口宽度相等），阀没有流量输出，液压缸不动。如果给阀芯输入位移 x_i，则窗口 a、b 便有一个相应的开口量 $x_v = x_i$，压力油经窗口 a 进入液压缸右腔，推动缸体右移，液压缸左腔油液经窗口 b 回油。在缸体右移的同时，带动阀体也右移 x_p，使阀的开口量减小，即 $x_v = x_i - x_p$。当缸体位移等于阀芯位移，即 $x_p = x_i$ 时，阀的开口量 $x_v = 0$，阀的输出流量为零，液压缸停止运动，达到一个新的平衡，从而完成了液压缸输出位移对阀芯输入位移的跟随运动。如果阀芯反向运动，液压缸也反向跟随运动。

在这个系统中，输出位移之所以能自动地、快速而准确地复现输入位移的变化，是因为阀体与液压缸缸体集成于一体，构成了负反馈闭环控制系统。在控制过程中，液压缸的输出位移能够持续不断地反馈到阀体上，与滑阀阀芯的输入位移相比较，得出两者之间的位置偏差，这个位置偏差就是滑阀的开口量。滑阀有开口量就有压力油输出到液压缸，驱动液压缸运动，使阀的开口量（偏差）减小，直至输出位移与输入位移相同。所以，此系统是靠偏差工作，即用偏差来消除偏差，这就是反馈控制的原理。机液位置伺服控制系统的工作原理框图如图 6-3 所示。

在该系统中，移动滑阀阀芯所需的信号功率很小，而系统的输出功率可以达到很大，

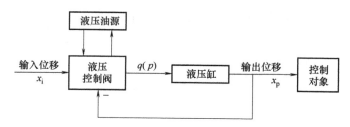

图 6-3 机液位置伺服控制系统工作原理框图

因此这是个功率放大装置。功率放大所需的能量由液压能源提供，根据伺服系统偏差的大小自动进行供给能量的控制。因此，液压伺服系统也是一个控制液压能源输出的装置。

图 6-4 为双电位器电液位置伺服系统的工作原理图。该系统控制工作台（负载）的位置，使之按照指令电位器给定的规律变化。系统由指令电位器、反馈电位器、电子放大器、电液伺服阀、液压缸和工作台组成。因为采用电液伺服阀作为液压控制元件，所以也称为阀控式电液位置伺服系统。

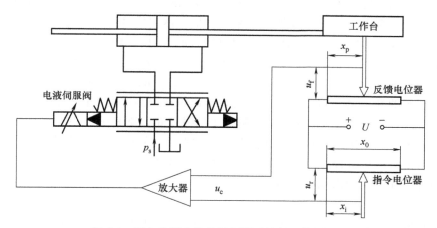

图 6-4 双电位器电液位置伺服系统的工作原理图

指令电位器将动触点的位置指令 x_i 转换成指令电压 u_r，被控制的工作台位置 x_p 由反馈电位器检测并转换为反馈电压 u_f。两个线性电位器接成桥式电路，从而得到偏差电压 $u_e = u_r - u_f = K(x_i - x_p)$，$K = U/x_0$ 为电位器增益。当工作台位置 x_p 与指令位置 x_i 相一致时，电桥输出偏差电压 $u_e = 0$，此时伺服放大器输出电流为零，电液伺服阀处于中位（零位），没有流量输出，工作台静止。当指令电位器动触点位置发生变化时，如向右移动一个位移 Δx_i，在工作台位置发生变化之前，电桥输出偏差电压 $u_e = K\Delta x_i$，偏差电压经伺服放大器放大后变为电流信号去控制电液伺服阀，电液伺服阀输出压力油到液压缸推动工作台右移。随着工作台的移动，电桥输出偏差电压逐渐减小，当工作台位移等于指令电位器位移，即 $\Delta x_p = \Delta x_i$ 时，电桥输出偏差电压为零，工作台停止运动。若指令电位器动触点反向运动，工作台也反向跟随运动。对应电液位置伺服系统工作原理框图如图 6-5 所示。

综合上述机液、电液控制系统的工作原理可知，液压伺服控制系统具有如下特点。

（1）以液压为能源，具有功率放大作用，是一个功率放大装置

功率放大所需的能源是由压力油源提供，供给能量大小则是由转换元件根据系统偏差大

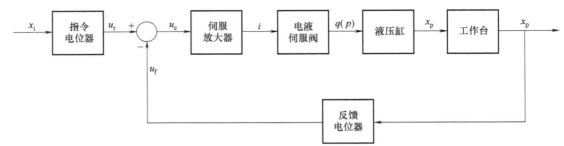

图 6-5　电液位置伺服系统工作原理框图

小调节。图 6-2 所示系统中，移动阀芯所需的功率很小。图 6-4 所示电液位置伺服系统中，驱动电液伺服阀的功率也很小，而系统执行器（液压缸）输出的功率却很大，通常比信号功率大几百倍，甚至上千倍。所以液压伺服控制装置也称液压伺服放大器。

（2）液压控制系统是一个自动跟踪系统（即随动系统）

在机液或电液伺服控制系统中，液压缸的位移都能按输入指令的变化规律变化。即系统的输出量能够自动跟随输入量的变化而变化，所以说液压控制系统也是一个自动跟踪系统。

（3）液压控制系统是一个负反馈控制系统，依靠偏差信号工作

在图 6-2 所示系统中，缸体位移之所以能够自动、准确地跟踪阀芯位移变化，是因为阀体和缸体集成于一体，构成了反馈控制。缸体的输出信号（位移）反馈至阀体，并与阀芯输入信号（位移）进行比较，有偏差（即有开口量），油源的压力油就进入液压缸，缸体就继续移动，使阀的开口量（偏差）减小，直至输出位移与阀芯输入位移相等（即偏差为零）为止。图 6-4 所示系统的伺服缸位移能跟随指令信号变化，则是由于用位移传感器可检测到反馈信号，构成了负反馈闭环控制。在伺服缸达到期望位置后，偏差信号为零，电液伺服阀输出流量也为零，伺服缸停止不动。此类系统都是靠偏差信号进行调节，按照控制理论中负反馈控制原理工作的，即以偏差来消除偏差。

2. 系统组成

根据上述液压伺服控制系统的工作原理分析可知，液压伺服控制系统由以下一些基本元件组成：

（1）输入元件

也称指令元件，它给出输入信号（指令信号）加于系统的输入端。该元件可以是机械的、电气的和气动的等，如靠模、指令电位器或计算机等。

（2）比较元件

也称比较器，它将反馈信号与输入信号进行比较，给出偏差信号。

（3）放大转换元件

将比较元件给出的偏差信号进行放大、并进行能量转换，以液压信号（流量或压力）的形式输入执行机构，控制执行元件运动，如伺服放大器、机液伺服阀和电液伺服阀等。

（4）执行元件

按指令规律动作，驱动被控对象做功，实现调节任务，如液压缸和液压马达等。

（5）反馈测量元件

测量系统的输出并转换为反馈信号，这类元件也有多种形式，位移、速度、压力或拉力等各种类型传感器就是常用的反馈测量元件。

（6）被控对象

它是与执行元件可动部分相连接并一起运动的机构或装置，即系统所要控制的对象，即负载。

此外，为改善系统的控制特性，有时还增加串联校正环节和局部反馈环节，以及不包含在控制回路内的液压能源装置。

6.1.2 液压伺服控制的优缺点

以油液为介质的伺服控制系统属于液压系统范畴，与其他类型的伺服系统相比，具有很多优点，从而使它获得了广泛的应用。但也存在一些缺点，这些缺点也限制了它在某些方面的应用。

1. 液压伺服控制的优点

（1）功率-重量比和力矩-惯量比（或力-质量比）大

其可以组成结构紧凑、体积小、重量轻和加速性能好的伺服系统，对于中、大功率的伺服系统优势更为显著。电气元件与液压元件相比，电气元件的最小尺寸取决于最大的有效磁通密度和功率损耗所产生的发热量（与电流密度有关）。最大有效磁通密度受磁性材料磁饱和限制，散热比较困难。因此，电气元件的结构尺寸比较大，功率-重量比和力矩-惯量比小。液压元件功率损耗所产生的热量可由油液带到散热器去散热，尺寸主要取决于最大工作压力。由于最大工作压力可以很高（可达32MPa），所以液压元件的体积小、重量轻，而输出力或力矩却很大，使功率-重量比和力矩-惯量比（或力-质量比）大。一般液压泵的重量只是同功率电动机重量的10%～20%，尺寸约为电动机结构尺寸的12%～13%。液压马达的功率-重量比一般为相当容量电动机的10倍，而力矩-惯量比为电动机的10～20倍。

（2）快速性好，系统响应快

液压动力元件的力矩-惯量比（或力-质量比）大，加速能力强，能高速起动、制动与反向。例如，加速中等功率的电动机需要一至几秒，而加速同功率的液压马达时间只需电动机的1/10左右。

由于液压系统中油液的体积弹性模量很大，由油液压缩性形成的液压弹簧刚度很大，而液压动力元件的惯量又比较小，所以由液压弹簧刚度和负载惯量耦合成的液压固有频率很高，故系统的响应速度快。在压力和负载相同的情况下，气动系统与液压系统相比其响应速度只有液压系统的1/50。

（3）液压伺服系统抗负载的刚度大

输出位移受负载变化的影响小，定位准确，控制精度高。由于液压固有频率高，允许液压伺服系统特别是电液伺服系统有较大的开环放大系数，因此，可以获得较高的精度和响应速度。而且液压系统中油液的压缩性和泄漏都很小，所以液压动力元件的速度刚度大，组成闭环系统时其位置刚度也大。电动机的开环速度刚度约为液压马达的1/5，电动机的位置刚度接近于零。因此，电动机只能用来组成闭环位置控制系统，而液压马达（或液压缸）却可以用来进行开环位置控制，并且闭环液压位置控制系统的刚度比开环时高很多。气动系统由于气体具有压缩性，其刚度只有液压系统的1/400。

总之，液压伺服系统体积小、重量轻、控制精度高和响应速度快。这些优点对伺服系统来说是极其重要的，而且还具有润滑性好、寿命长；调速范围宽、低速稳定性好；动力通过油管传输较方便；能量借助蓄能器存储较便捷；由于液压执行元件有直线位移式和旋转式两种形式，工作适应性强；过载易保护；系统温升方便解决等优点。

2. 液压伺服控制的缺点

1）液压元件特别是精密的液压控制元件（如电液伺服阀）抗污染能力差，对工作油液清洁度要求高，污染的油液会使阀磨损而降低其性能，甚至被堵塞而不能正常工作。这是液压伺服系统发生故障的主要因素。因此液压伺服系统必须采用精细过滤器。

2）油液的体积弹性模量随油温和混入油中的空气含量而变化。油液的黏度也随油温变化而变化。因此油温变化对系统的性能影响很大。

3）当液压元件的密封设计、制造和维护不当时，容易引起外泄，造成环境污染，目前液压系统仍广泛采用可燃性石油基液压油，油液外泄可能引发火灾，所以有些场合不适用。

4）液压元件制造精度要求高，成本高。

5）液压能源的获得和远距离传输都不如电气系统方便。

6.2　液压控制阀结构及分类

液压控制阀是一种以机械运动来控制液体动力的元件。在液压伺服系统中，它将输入的较小功率的机械信号（位移或转角）转换为较大功率的可连续控制的液压信号（流量或压力）输出，也称为液压放大器。它既是能量转换元件，也是功率放大元件。液压控制阀是液压伺服系统中的一种重要控制元件，它的静态、动态特性对液压伺服系统的性能有很大的影响。液压控制阀具有结构简单、单位体积输出功率大、工作可靠和动态性能好等优点，所以在液压伺服系统中应用非常广泛。

液压控制阀按其结构型式和工作原理不同可分为圆柱滑阀、喷嘴挡板阀和射流管阀三类，如图 6-6 所示。其中滑阀的控制性能好，在液压伺服系统中应用最为广泛。

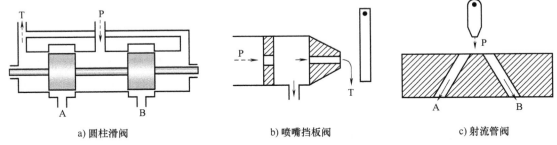

a) 圆柱滑阀　　　　　　　b) 喷嘴挡板阀　　　　　　　c) 射流管阀

图 6-6　液压控制阀的结构分类

6.2.1　圆柱滑阀

圆柱滑阀是节流式元件，借助于阀芯与阀套间的相对运动改变节流口面积的大小，对液体流量或压力进行控制。滑阀结构型式多，控制性能好，在液压伺服系统中应用最为广泛，常见的结构型式如图 6-7 所示。

1. 按进、出阀的通道数划分

圆柱滑阀分为四通阀、三通阀和二通阀。四通阀（图 6-7a ~ d）有两个控制口，可用来控制双作用液压缸或液压马达的往复运动。三通阀（图 6-7e）只有一个控制口，所以只能控制差动液压缸的一个方向移动，为实现液压缸反向运动，须在液压缸有活塞杆侧设置固定

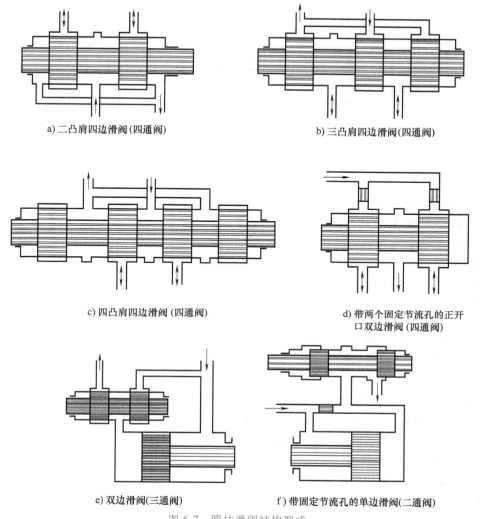

a) 二凸肩四边滑阀(四通阀)

b) 三凸肩四边滑阀(四通阀)

c) 四凸肩四边滑阀（四通阀）

d) 带两个固定节流孔的正开口双边滑阀(四通阀)

e) 双边滑阀(三通阀)

f) 带固定节流孔的单边滑阀(二通阀)

图 6-7　圆柱滑阀结构型式

偏压，可由供油压力、弹簧和重物等产生。二通阀（单向阀）（图 6-7f）只有一个可变节流口，必须和一个固定节流孔配合使用，才能控制一腔的压力，用来控制差动液压缸。

2. 按滑阀的工作边数划分

圆柱滑阀分为四边、双边和单边滑阀。四边滑阀（图 6-7a～c）有四个可控的节流口，控制性能最好；双边滑阀（图 6-7d、e）有两个可控的节流口，控制性能次之；单边滑阀（图 6-7f）只有一个可控的节流口，控制性能最差。为了保证工作边开口的准确性，四边滑阀需保证三个轴向配合尺寸，双边滑阀需保证一个轴向配合尺寸，单边滑阀没有轴向配合尺寸。因此，四边滑阀结构工艺复杂、成本高，单边滑阀比较容易加工、成本低。

3. 按滑阀的预开口形式划分

圆柱滑阀可分为正开口（负重叠）、零开口（零重叠）和负开口（正重叠）三种形式。对于径向间隙为零、节流工作边锐利的理想滑阀，可根据阀芯凸肩与阀套槽宽的几何尺寸关系确定预开口形式，如图 6-8 所示。但实际阀总存在径向间隙和工作边圆角的影响，故依据阀的流量增益曲线来确定阀的预开口形式更为适合，如图 6-9 所示。

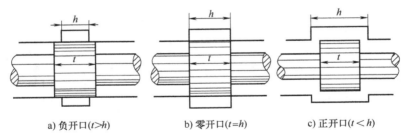

a) 负开口($t>h$)　　　b) 零开口($t=h$)　　　c) 正开口($t<h$)

图 6-8　滑阀的预开口形式

　　阀的预开口形式对其性能特别是中位（零位）附近特性影响较大。零开口滑阀的流量与阀芯位移呈线性。线性的流量增益（流量对阀口压差的比值）对反馈控制非常有利，因而应用最广泛，但加工制造非常困难。负开口滑阀的阀口密封性能好，零位泄漏小，但是流量增益曲线存在死区非线性，对反馈控制非常不利，故很少采用。正开口滑阀在零位时阀口是部分开启的，故零位泄漏较大。一般适用于要求有一个连续的液流以使油液维持合适温度的场合。某些正开口阀也可用于恒流系统。

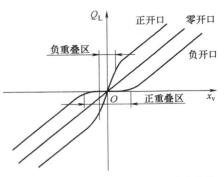

图 6-9　不同预开口形式的流量增益曲线

4. 按阀套窗口的形状划分

　　有矩形、圆形和三角形等多种阀套窗口形状。矩形窗口又可分为全周开口和非全周开口两种。矩形开口阀的开口面积与阀芯位移成比例，可以获得线性的流量增益（零开口阀），用得最多。圆形窗口工艺性好，但流量增益是非线性的，只用于要求不高的场合。

5. 按阀芯的凸肩数划分

　　有两凸肩、三凸肩和四凸肩滑阀，如图 6-7 所示。二通阀一般采用两个凸肩，三通阀和四通阀可由两个或两个以上的阀芯凸肩组成。二凸肩四边阀（图 6-7a）结构简单、阀芯长度短，但阀芯轴向移动时导向性差；阀芯上的凸肩容易被阀套中的槽卡住，更不能做成全周开口的阀，由于阀芯两端回油流道中流动阻力不同，阀芯两端面所受液压力不等，阀芯处于静不平衡状态；采用液压或气动操纵有困难。三凸肩和四凸肩四边阀（图 6-7b、c）导向性和密封性好，是常用的形式。

6.2.2　喷嘴挡板阀

　　喷嘴挡板阀也是节流式元件，由喷嘴、挡板和固定节流口组成。挡板可绕支撑轴摆动，利用挡板位移来调节喷嘴与挡板之间的环状节流面积，从而改变喷嘴腔两边的压力。喷嘴两边的压力差与挡板位移成正比。喷嘴挡板阀有单喷嘴挡板阀和双喷嘴挡板阀两种，如图 6-10 所示。其中双喷嘴挡板阀具有较高的功率放大倍数，应用较多。

　　喷嘴挡板阀与圆柱滑阀相比，结构简单，也不需要有严格的制造公差，挡板一般悬挂在溢流腔内，体积和惯量小，移动过程几乎没有摩擦，所需控制力小、响应快、动作灵敏度高、抗污染能力强，但零位泄漏大、功率小，通常用在小功率液压控制系统中或多级控制阀的前置级。

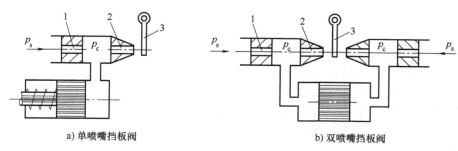

a) 单喷嘴挡板阀　　　　　　　　　b) 双喷嘴挡板阀

图 6-10　喷嘴挡板阀

1—固定节流孔　2—喷嘴　3—挡板

6.2.3　射流管阀

射流管阀是基于动量转换原理的分流式元件，主要由射流管和接收器组成。射流管可绕支撑轴偏转，如图 6-6c 所示。无信号输入时，射流口处于阀的中位，射流被两个接收口均匀接收，则两个接收器内产生液体的压力相等。有输入信号时，射流口偏离中位，从而在两个接收口接收射流情况发生变化，接收射流多的接收口内产生较高压力，接收射流少的接收口内产生较小压力。上述压差可以用于驱动负载液压缸运动。从射流管的喷嘴处高速喷出的液体，形成的液流动能在扩散形的接收器内恢复成压力能。两接收嘴内的压力差与射流管位移成正比。

射流管阀的优点是结构简单、加工精度低、抗污染能力强和对油液清洁度要求不高，缺点是射流管惯量大、响应速度低、零位泄漏流量大、油液黏度变化对特性影响较大和低温特性较差。因此，这种阀适用于低压、小功率的场合，和喷嘴挡板阀一样，通常用在小功率液压控制系统中或多级控制阀的前置级。

6.3　滑阀静态特性分析

滑阀的静态特性即压力-流量特性，是指稳态情况下，阀的负载流量 q_L、负载压力 p_L 和滑阀位移 x_v 三者之间的关系，即 $q_L = f(p_L, x_v)$。它表示滑阀的工作能力和性能，对液压伺服系统的静态、动态特性计算具有重要意义。阀的静态特性可用方程、曲线或特性参数（阀的系数）表示。最常用的是压力-流量曲线图，它能够全面描述控制阀静态特性。控制阀的静态特性曲线和阀的系数可通过实验获取，一些结构的控制阀（如滑阀）也可以用解析法推导出压力-流量方程，进而分析其静态特性。

1. 压力-流量方程表达式

为了推导四边滑阀的压力-流量方程，建立理想四边滑阀的一般模型，四边滑阀及等效桥路如图 6-11 所示。模型中预开口量 U 取值范围是 $0 \leqslant U \leqslant x_{vmax}$，其中 x_{vmax} 是相对于零位的最大阀芯位移。

假设以中位（零位）为基准，阀芯向两侧移动最大位移 $x_{vmax} > 0$。若预开口量 $U = 0$，上述四边滑阀模型为零开口阀；$0 < U < x_{vmax}$ 时，表示为小正开口阀；如果 $U = x_{vmax}$，则说明阀芯在其全部行程内运动时，阀都是正开口的，表示为全程正开口阀。

四边滑阀及其等效的液压桥路如图 6-11 所示。滑阀的四个可变节流口以四个可变的液

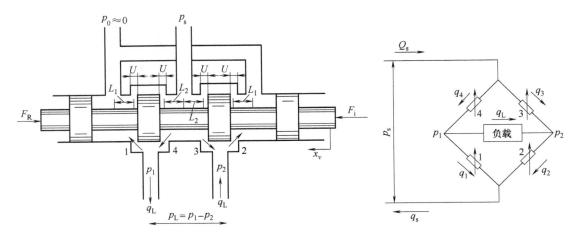

图 6-11　四边滑阀及等效桥路

阻表示，组成一个四臂可变的全桥。通过每一桥臂的流量为 $q_i (i = 1、2、3、4)$，通过每一桥臂的压降为 $p_i (i = 1、2、3、4)$，q_L 表示负载流量，p_L 表示负载压降，p_s 表示供油压力，q_s 表示供油流量，p_0 表示回油压力。

　　在推导压力-流量方程时，为了简化分析做如下假设：

　　1）液压能源是理想的恒压源，供油压力 p_s 为常数。回油压力 p_0 为零，若不为零，可把 p_s 看作供油压力与回油压力之差。

　　2）忽略管道和阀腔内的压力损失。因为管道和阀腔内的压力损失与阀口处的节流损失相比很小，故忽略不计。

　　3）液体是不可压缩的。考虑工作稳态，液体密度变化量很小，故忽略不计。

　　4）各节流阀口流量系数相等，即 $C_{d1} = C_{d2} = C_{d3} = C_{d4} = C_d$。

　　5）各阀口油路是矩形窗口，滑阀结构上各阀口是匹配与对称的。

　　（1）阀芯在其预开口范围内时，四边滑阀的流量公式

　　根据桥路的压力平衡可得

$$\begin{cases} p_1 + p_4 = p_s \\ p_2 + p_3 = p_s \\ p_1 - p_2 = p_L \\ p_3 - p_4 = p_L \end{cases} \tag{6-1}$$

　　对于匹配且对称的阀，在空载（$p_L = 0$）时，与负载相连的两个管道中的压力均为 $p_s/2$。当加上负载后，一个管道中的压力升高恰等于另一个管道中的压力降低值。即通过桥路斜对角线上的两个桥臂的压降也是相等的。即

$$\begin{cases} p_1 = p_3 \\ p_2 = p_4 \end{cases} \tag{6-2}$$

　　将式（6-2）代入式（6-1）可得

$$p_s = p_1 + p_2 \tag{6-3}$$

　　将式（6-3）与式（6-1）联立解得

$$\begin{cases} p_1 = \dfrac{p_s + p_L}{2} \\[3mm] p_2 = \dfrac{p_s - p_L}{2} \end{cases} \tag{6-4}$$

根据桥路的流量平衡可得

$$\begin{cases} q_1 + q_2 = q_s \\ q_3 + q_4 = q_s \\ q_4 - q_1 = q_L \\ q_2 - q_3 = q_L \end{cases} \tag{6-5}$$

各桥臂的流量方程为

$$q_i = C_d A_{vi} \sqrt{\dfrac{2p_i}{\rho}} \quad (i = 1, 2, 3, 4) \tag{6-6}$$

在流量系数 C_d 和液体密度 ρ 一定时，通过阀口的流量 $q_i(i=1，2，3，4)$ 是阀口开口面积 $A_{vi}(x_v)$ 和阀口压降 $p_i(i=1，2，3，4)$ 的函数。而阀口开口面积 $A_{vi}(x_v)$ 是阀芯位移的函数，其变化规律取决于阀套油路窗口的几何形状。由上述假设可知阀套各油路为矩形窗口，面积梯度为 W，滑阀结构上阀口是匹配与对称的，则阀芯位移为 x_v 时，即

$$\begin{cases} A_{v1}(x_v) = A_{v3}(x_v) = W(U - x_v) \\ A_{v2}(x_v) = A_{v4}(x_v) = W(U + x_v) \end{cases} \tag{6-7}$$

$$\begin{cases} A_{v1}(x_v) = A_{v2}(-x_v) \\ A_{v3}(x_v) = A_{v4}(-x_v) \end{cases} \tag{6-8}$$

式（6-7）表示阀是匹配的，式（6-8）表示阀是对称的。式（6-2）和式（6-7）代入式（6-6）可求得

$$\begin{cases} q_1 = q_3 \\ q_2 = q_4 \end{cases} \tag{6-9}$$

因此匹配且对称的阀，通过液压桥路斜对角线上的两个桥臂的流量是相等的。由式（6-5）与式（6-9）可得

$$q_2 - q_1 = q_L \tag{6-10}$$

在恒压源的情况下，阀芯位移为 x_v 时，由式（6-4）、式（6-6）、式（6-7）、式（6-10）可得负载流量为

$$q_L = C_d W(U + x_v) \sqrt{\dfrac{p_s - p_L}{\rho}} - C_d W(U - x_v) \sqrt{\dfrac{p_s + p_L}{\rho}} \tag{6-11}$$

将式（6-11）除以 $C_d W x_{vmax} \sqrt{p_s / \rho}$，归一化处理得

$$\dfrac{q_L}{C_d W x_{vmax} \sqrt{p_s / \rho}} = \left(\dfrac{U + x_v}{x_{vmax}}\right) \sqrt{1 - \dfrac{p_L}{p_s}} - \left(\dfrac{U - x_v}{x_{vmax}}\right) \sqrt{1 + \dfrac{p_L}{p_s}} \tag{6-12}$$

$$\text{令}\quad\begin{cases}\bar{q}_L=\dfrac{q_L}{C_dWx_{v\max}\sqrt{p_s/\rho}}\\[3mm]\bar{p}_L=\dfrac{p_L}{p_s}\\[3mm]\bar{x}_v=\dfrac{x_v}{x_{v\max}}\\[3mm]\bar{U}=\dfrac{U}{x_{v\max}}\end{cases}\qquad(6\text{-}13)$$

式中，$\bar{q}_L$、$\bar{p}_L$、$\bar{x}_v$、$\bar{U}$ 分别表示归一化的负载流量、负载压力、阀芯位移、预开口量，均是无因次量。

那么式（6-12）可以写成如下形式：

$$\bar{q}_L=(\bar{U}+\bar{x}_v)\sqrt{1-\bar{p}_L}-(\bar{U}-\bar{x}_v)\sqrt{1+\bar{p}_L}\qquad(6\text{-}14)$$

式（6-14）的适用范围为阀芯位移为 $-\bar{U}\leqslant\bar{x}_v\leqslant\bar{U}$，即正开口段。它表示四个阀口全部有工作油液流过时的四边滑阀的负载流量方程。

由式（6-4）~ 式（6-7）可得系统供油流量为

$$q_s=C_dW(U+x_v)\sqrt{\frac{p_s-p_L}{\rho}}+C_dW(U-x_v)\sqrt{\frac{p_s+p_L}{\rho}}\qquad(6\text{-}15)$$

滑阀的阀芯工作范围是 $U-x_{v\max}\leqslant x_v\leqslant x_{v\max}-U$，即 $\bar{U}-1\leqslant\bar{x}_v\leqslant1-\bar{U}$。

下面讨论除了正开口段外，阀芯工作范围内四边滑阀负载流量方程。

（2）阀芯在 $\bar{U}-1\leqslant\bar{x}_v<-\bar{U}$ 范围内时，四边滑阀的流量公式

当阀芯在 $\bar{U}-1\leqslant\bar{x}_v<-\bar{U}$ 时，阀口 1、3 关闭，该阀口没有工作油液流过。阀口 2、4 打开，全部负载流量流经这两个阀口，则负载流量为

$$\bar{q}_L=-(\bar{U}-\bar{x}_v)\sqrt{1+\bar{p}_L}\qquad(6\text{-}16)$$

（3）阀芯在 $\bar{U}<\bar{x}_v\leqslant1-\bar{U}$ 范围内时，四边滑阀的流量公式

当阀芯在 $\bar{U}<\bar{x}_v\leqslant1-\bar{U}$ 时，阀口 2、4 关闭，该阀口没有工作油液流过。阀口 1、3 打开，全部负载流量流经这两个阀口，则负载流量为

$$\bar{q}_L=(\bar{U}+\bar{x}_v)\sqrt{1-\bar{p}_L}\qquad(6\text{-}17)$$

（4）阀芯在其全部运动行程内时，四边滑阀的流量公式

当阀芯在其全部运动行程内移动时，由上述描述可知 $\bar{U}-1\leqslant\bar{x}_v\leqslant1-\bar{U}$，也即 $U-x_{v\max}\leqslant x_v\leqslant x_{v\max}-U$ 对应的全程流量为

$$\bar{q}_L=\begin{cases}-(\bar{U}-\bar{x}_v)\sqrt{1+\bar{p}_L} & \bar{U}-1\leqslant\bar{x}_v<-\bar{U}\\(\bar{U}+\bar{x}_v)\sqrt{1-\bar{p}_L}-(\bar{U}-\bar{x}_v)\sqrt{1+\bar{p}_L} & -\bar{U}\leqslant\bar{x}_v\leqslant\bar{U}\\(\bar{U}+\bar{x}_v)\sqrt{1-\bar{p}_L} & \bar{U}<\bar{x}_v\leqslant1-\bar{U}\end{cases}\qquad(6\text{-}18)$$

式（6-18）是理想四边滑阀的数学模型。它描述了各种阀芯直径、各种流量压力形式的零开

口（$\overline{U}=0$）和正开口（$0<\overline{U}\leqslant1$）四边滑阀的负载流量情况。

2. 理想零开口四边滑阀的静态特性

理想零开口四边滑阀没有预开口量，所以令 $\overline{U}=0$，式（6-18）可以简写为式（6-19），它就是理想滑阀的压力-流量方程，描述理想零开口四边滑阀的静态特性。

$$\overline{q}_{L}=\begin{cases}\overline{x}_{v}\sqrt{1+\overline{p}_{L}} & -1\leqslant\overline{x}_{v}<0\\ \overline{x}_{v}\sqrt{1-\overline{p}_{L}} & 0\leqslant\overline{x}_{v}\leqslant1\end{cases} \tag{6-19}$$

理想零开口四边滑阀的静态特性可以采用曲线图加以描述。通常描述四边滑阀静态特性的曲线有流量特性曲线、压力特性曲线和压力-流量曲线三种。

（1）流量特性曲线

滑阀的流量特性是指负载压降等于常数时，负载流量与阀芯位移之间的关系，即 $q_{L}|_{p_{L}=常数}=f(x_{v})$。其图形即为流量特性曲线。负载压降 $p_{L}=0$ 时的流量特性称为空载流量特性，相应的曲线为空载流量特性曲线，取 $\overline{p}_{L}=0$，将其代入式（6-19），可得空载流量特性式（6-20），据此可绘制空载流量特性曲线如图6-12所示。

$$\overline{q}_{L}=\overline{x}_{v} \tag{6-20}$$

（2）压力特性曲线

滑阀的压力特性是指负载流量等于常数时，负载压降与阀芯位移之间的关系，即 $p_{L}|_{q_{L}=常数}=f(x_{v})$。其图形即为压力特性曲线。通常所指的压力特性是指负载流量 $q_{L}=0$ 时的压力特性。可以取 $\overline{q}_{L}=0$，将其代入式（6-19），可得

$$\overline{p}_{L}=\begin{cases}-1 & -1\leqslant\overline{x}_{v}<0\\ 0 & \overline{x}_{v}=0\\ 1 & 0<\overline{x}_{v}\leqslant1\end{cases} \tag{6-21}$$

对应的压力特性曲线如图6-13所示。

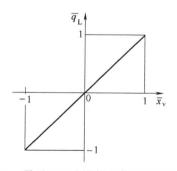

图6-12 零开口四边滑阀空载流量特性曲线

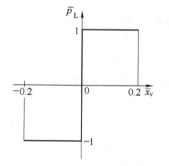

图6-13 零开口四边滑阀压力特性曲线

（3）压力-流量曲线

滑阀的压力-流量曲线是指阀芯位移 $\overline{x}_{v}$ 一定时，负载流量 $\overline{q}_{L}$ 与负载压降 $\overline{p}_{L}$ 之间关系的图形描述。在恒压源情况下，以阀芯位移 $\overline{x}_{v}$ 为阀开口状态条件变量，选定一系列开口量，利用式（6-19）画出在阀芯全部行程范围内压力-流量曲线如图6-14所示。为了描述阀口开度很小时的负载压力与负载流量关系，图6-14中 $\overline{x}_{v}$ 分别取 0.06、0.03、0、−0.03、−0.06

绘制了五条阀芯零位附近（阀的小开口量）的曲线。图 6-14 的中部放大图如图 6-15 所示，它清楚描述了阀芯零位附近（阀口开度较小时）负载流量随负载压力变化的趋势。从图 6-15 可以看出，阀口开度为零（$\overline{x}_v = 0$）时，压力-流量曲线是一条水平线。阀口开度 $|\overline{x}_v|$ 越小，压力-流量曲线越趋近水平线。

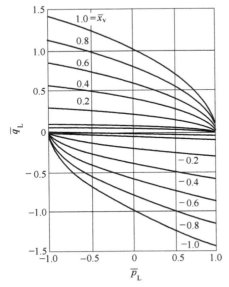

图 6-14　零开口四边滑阀的压力-流量曲线

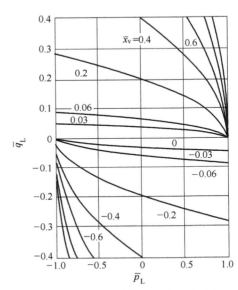

图 6-15　压力-流量曲线（中部放大）

　　理想零开口四边滑阀在阀口开度较小时，负载压力对负载流量影响较小，理想零开口四边滑阀的液压刚度较大。阀芯最大位移（$\overline{x}_v = \pm1$）时的压力-流量曲线（图 6-14 中最外侧曲线）描述了该滑阀能够控制负载的范围，表示该滑阀的工作能力和规格。其含义为：只有当负载所需要的负载压力和负载流量轨迹能够被该曲线所包围时，控制滑阀才能对这个负载进行控制。其他阀口开度的压力-流量曲线描述了该滑阀在某一阀口开度时，该滑阀的负载压力与负载流量变化关系。

　　在上述三种曲线图中，压力-流量曲线簇（如图 6-14 所示）描述了负载压力、负载流量和阀芯位移三个参数的变化关系，它能够更全面地描述滑阀的静态特性。利用压力-流量曲线簇可以推出流量特性曲线和压力特性曲线。

　　例如，当将负载压力 $\overline{p}_L$ 选取为某一恒定值时，可以利用压力-流量曲线簇绘制出该负载压力下流量特性曲线。若 $\overline{p}_L = 0$，则得到空载流量特性曲线，如图 6-12 所示。当将负载流量 $\overline{q}_L$ 选取为某一恒定值时，可以利用压力-流量曲线簇画出该负载流量下压力特性曲线。

3. 实际零开口四边滑阀的静态特性

　　实际能够加工制造出来的滑阀称为实际滑阀。阀芯与阀套间隙为 $1.4 \sim 3\mu m$，以使阀芯能在阀套内运动。实际阀口工作锐边因加工刀具影响存在小圆角，轴向制造误差很难实现阀套与阀芯对应尺寸完全一致，即很难实现完全零重叠，往往阀口会有很小的正或负重叠。

　　实际滑阀与理想滑阀在结构上的主要区别为理想滑阀的阀芯与阀套之间无间隙，阀口锐边无圆角，无泄漏。而实际滑阀的阀芯与阀套之间有间隙，阀口锐边有圆角，有泄漏。

　　阀口锐边圆角、阀芯与阀套间隙等因素会产生阀口泄漏现象。滑阀泄漏流量与阀芯位移关系可以用泄漏流量曲线表示。

（1）泄漏流量曲线

滑阀的泄漏流量曲线可以通过实验测定。保持供油压力 p_s 恒定，改变阀芯位移 $\bar{x}_v$，测出滑阀泄漏流量 $\bar{q}_1$，即可画出泄漏流量曲线，如图 6-16 所示。从图中可以看出，阀芯在中位（零位）时的泄漏流量 q_{10} 最大，随着阀芯位移 $\bar{x}_v$ 增大，泄漏流量急剧下降至很小数值（几乎为零）。这是因为阀芯中位时滑阀的密封长度最短，随着阀芯位移回油密封长度增大，泄漏流量急剧减小。

尽管中位时的泄漏流量 q_{10} 的数值很小，但是阀口开度很小或阀口关闭时，流过阀口负载流量应该很小或者几乎没有油液流出。相比较而言，这时阀口泄漏量对滑阀特性的影响凸显出来。因此与理想零开口滑阀相比，实际零开口滑阀具有不同特性。

当实际滑阀阀芯位移较大时，密封长度增加，泄漏量会减小，同时流过阀口的负载流量较大，与之相比，实际滑阀的泄漏可以忽略不计。这时，实际零开口滑阀特性与理想零开口滑阀特性相一致。而且泄漏流量曲线还可用来度量阀芯在中位时的液压功率损失大小。

（2）压力特性曲线

供油压力 p_s 一定时，改变阀芯位移 $\bar{x}_v$，测出相应的负载压力 $\bar{p}_L$，根据实验结果可作出实际零开口四边滑阀的压力特性曲线，如图 6-17 所示。从图 6-17 可知，原点附近曲线斜率很大，阀芯只要有一个很小的位移 $\bar{x}_v$，负载压力 $\bar{p}_L$ 很快就能上升到供油压力 p_s。

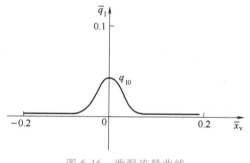

图 6-16　泄漏流量曲线

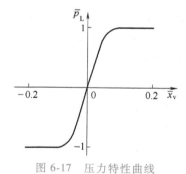

图 6-17　压力特性曲线

4. 理想正开口四边滑阀的静态特性

按照预开口量不同，理想正开口四边滑阀可分为小正开口滑阀和全程正开口滑阀两类。小正开口滑阀（$0 < U \leqslant x_{vmax}$）的预开口量较小，只有阀芯位于中位附近时，这类正开口滑阀在正开口状态（四个阀口同时工作）工作。全程正开口滑阀的预开口量等于阀行程（$U = x_{vmax}$），即 $\bar{U} = 1$，也就是说在阀芯行程范围内这类正开口滑阀始终在正开口状态工作。

两类理想正开口四边滑阀的压力-流量方程都可以用式（6-18）描述。只是预开口量 U 或 $\bar{U}$ 取值不同。

以小正开口滑阀为例，讨论理想正开口四边滑阀的静态特性。采用流量特性曲线、压力特性曲线和压力-流量曲线等可以形象地描述理想正开口四边滑阀的静态特性。

（1）流量特性曲线

取 $\bar{p}_L = 0$，将其代入式（6-19），知 $\bar{q}_L = \bar{x}_v$。画出理想小正开口四边滑阀的空载流量特性曲线如图 6-18 所示。

（2）压力特性曲线

取 $\bar{q}_L = 0$，将其代入式（6-19），画出理想小正开口四边滑阀的压力特性曲线如图 6-19 所示。

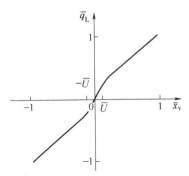
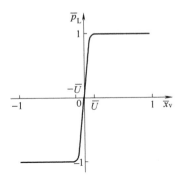

图 6-18　小正开口四边滑阀的空载流量特性曲线　　图 6-19　小正开口四边滑阀的压力特性曲线

（3）小正开口理想四边滑阀的压力-流量曲线

在小正开口条件下，令 $0 < \bar{U} < 1$，以阀口开度为条件变量，利用式（6-18）画出在阀芯全部行程范围内压力-流量曲线，如图 6-20 所示（为了使曲线表达清晰，这里略夸大阀口预开度 $\bar{U}$，选取 $\bar{U} = 0.06$）。

将图 6-20 与图 6-14 相比，可知在预开口范围内，理想正开口四边滑阀与理想零开口四边滑阀的压力-流量特性基本一致。

图 6-20 中零位附近局部放大图见图 6-21。它清楚表示了阀芯零位附近（阀口开度较小）负载流量随负载压力变化的趋势。滑阀预开口范围内（$-\bar{U} < \bar{x}_v < \bar{U}$），压力-流量曲线是一族负斜率曲线。这些曲线的线性度比零开口四边滑阀好得多。这说明在 $-\bar{U} < \bar{x}_v < \bar{U}$ 范围内，负载压力变化对负载流量影响较大，正开口四边滑阀的液压刚度较小。并且阀芯在零位附近，负载压力和负载流量有较好的线性关系。正开口四边滑阀是比较理想的线性元件，这是四个

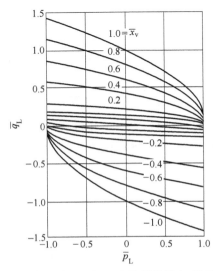
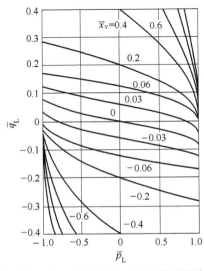

图 6-20　小正开口理想四边滑阀的压力-流量曲线　　图 6-21　压力-流量曲线（零位附近放大）

桥臂高度对称的结果。

（4）全程正开口理想四边滑阀的压力-流量曲线

全程正开口理想四边滑阀的预开口量是滑阀的全部行程，即 $\overline{U}=1$，则负载流量方程可写为

$$\overline{q}_L=(1+\overline{x}_v)\sqrt{1-\overline{p}_L}-(1-\overline{x}_v)\sqrt{1+\overline{p}_L} \qquad (6\text{-}22)$$

式（6-22）描述了四个阀口全部有油液流过时的四边滑阀的负载流量方程，根据此方程可以画出理想正开口滑阀的压力-流量曲线，如图6-22所示。

5. 滑阀线性化分析

由四边滑阀负载流量公式式（6-11）可知，在恒压源供油时，控制滑阀的负载流量 q_L 为负载压力 p_L 和阀芯位移 x_v 的函数，即

$$q_L=f(x_v,p_L) \qquad (6\text{-}23)$$

由于滑阀负载流量和负载压力的关系是非线性的，不便于用线性理论对系统进行动态分析，故必须对式（6-23）进行线性化。

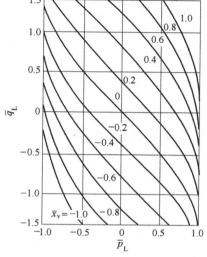

图 6-22　全程正开口理想四边
滑阀的压力-流量曲线

（1）滑阀线性化流量方程与阀系数

假设在某一特定工作点 $A(x_{vA},p_{LA},q_{LA})$ 处，$q_L(x_v,p_L)$ 对变量 x_v 和 p_L 的各阶导数均存在，则可在该工作点附近小范围内，将式（6-23）按泰勒级数展开：

$$q_L=q_{LA}+\frac{\partial q_L}{\partial x_v}\Big|_A\Delta x_v+\frac{\partial q_L}{\partial p_L}\Big|_A\Delta p_L+\cdots \qquad (6\text{-}24)$$

忽略高阶无穷小，式（6-24）可写成

$$q_L-q_{LA}=\Delta q_L=\frac{\partial q_L}{\partial x_v}\Big|_A\Delta x_v+\frac{\partial q_L}{\partial p_L}\Big|_A\Delta p_L \qquad (6\text{-}25)$$

这是压力-流量方程以增量形式表示的线性化表达式。

流量增益定义为

$$K_q=\frac{\partial q_L}{\partial x_v} \qquad (6\text{-}26)$$

它是流量特性曲线上某一工作点处的曲线切线斜率。流量增益表示负载压降一定时，滑阀单位输入位移所引起的负载流量变化的大小。其值越大，阀对负载流量的控制就越灵敏。

流量-压力系数定义为

$$K_c=-\frac{\partial q_L}{\partial p_L} \qquad (6\text{-}27)$$

它是压力-流量曲线的切线斜率的相反数。对任何结构型式的阀来说，$\partial q_L/\partial p_L$ 都是负值，取反使流量-压力系数总为正值。流量-压力系数表示阀开度一定时，负载压降变化所引起的负载流量变化大小。流量-压力系数值小，负载力变化引起的负载流量变化越大，即阀的刚度大。从动态的观点看，K_c 是系统中的一种阻尼，因为系统振动加剧时，负载压力的增大使阀输出给系统的流量减小，这有助于系统振动的衰减。

负载流量增量公式可以简化写成

$$\Delta q_{\mathrm{L}} = K_{\mathrm{q}} \Delta x_{\mathrm{v}} - K_{\mathrm{c}} \Delta p_{\mathrm{L}} \tag{6-28}$$

式（6-28）就是线性化滑阀负载流量方程，适用于负载流量可线性化的各种结构的液压控制阀。在线性液压控制系统模型中，只能用线性的滑阀负载流量方程，故液压控制系统中常用式（6-28）作为控制阀的数学模型。

压力增益（压力灵敏度）定义为

$$K_{\mathrm{p}} = \frac{\partial p_{\mathrm{L}}}{\partial x_{\mathrm{v}}} \tag{6-29}$$

它是压力特性曲线的切线斜率。通常，压力增益是指 $q_{\mathrm{L}} = 0$ 时，单位输入阀芯位移所引起的负载压力变化的大小。K_{p} 值大，阀对负载压力的控制灵敏度高。

因为 $\dfrac{\partial p_{\mathrm{L}}}{\partial x_{\mathrm{v}}} = -\dfrac{\partial q_{\mathrm{L}}/\partial x_{\mathrm{v}}}{\partial q_{\mathrm{L}}/\partial p_{\mathrm{L}}}$，所以流量增益、流量-压力系数和压力增益的关系为

$$K_{\mathrm{p}} = \frac{K_{\mathrm{q}}}{K_{\mathrm{c}}} \tag{6-30}$$

流量增益、流量-压力系数和压力增益是表示阀静态特性的重要参数，它们被称为阀系数。

（2）阀系数和零位阀系数

1）阀系数。在液压反馈控制系统中，流量增益是反馈控制系统开环增益的组成部分。阀的流量增益增大，则系统开环增益也成比例增大，所以流量增益对系统的稳定性、响应特性和稳态误差有直接影响。流量增益稳定是反馈控制系统性能稳定的条件。液压控制系统希望阀的流量增益较大和较稳定，在一定负载压降条件下，阀芯位移对负载流量的控制能力也较强，此时阀有很好的稳定控制能力。

压力增益反映负载压力对阀芯位移变化的敏感状况，表示液压阀控制大负载压力的能力。在液压反馈控制系统中压力增益不直接显现，而是通过流量-压力系数来影响控制系统。压力增益增大，则流量-压力系数减小。

流量-压力系数反映负载压力变化对负载流量的影响程度。流量-压力系数值大，负载压降变化对负载流量有较大影响。在液压反馈控制系统中，干扰力和力矩通过流量-压力系数影响系统。从减小干扰力和力矩对控制系统的影响来说，希望阀的流量-压力系数小，系统容易获得较高的刚度和精度。而且，流量-压力系数也与液压控制系统的阻尼比有关，流量-压力系数大，将会增大系统的阻尼比。因此，从增大系统阻尼方面考虑，设计液压控制时系统希望阀的流量-压力系数比较大，对于欠阻尼系统的液压控制系统来说是十分必要的。

2）零位阀系数。阀系数随阀工作点的变化而变化。反馈控制的滑阀经常在零位附近工作，零位（即 $q_{\mathrm{L}} = p_{\mathrm{L}} = x_{\mathrm{v}} = 0$）附近的滑阀特性对反馈控制系统尤为重要。当工作点在零位处的阀系数称为零位阀系数，分别以 $K_{\mathrm{q}0}$、$K_{\mathrm{p}0}$、$K_{\mathrm{c}0}$ 表示。

零位是空载流量特性曲线、压力特性曲线和压力-流量曲线的原点。在这些曲线图上零位阀系数是相关曲线在原点处的斜率。对矩形阀口伺服阀来说，此处的零位流量增益最大，因而系统的开环增益也最高，但阀的流量-压力系数最小，所以系统的阻尼比也最低。因此压力-流量特性的原点对系统稳定性来说是稳定性最差的点。如果一个系统在零位工作点能稳定工作，那么在其他工作点也能稳定工作。故通常在进行系统分析时以原点处的静态放大

系数作为阀的性能参数。

（3）理想零开口四边滑阀的零位阀系数

理想零开口四边滑阀 $U=0$。在零位（$q_L=p_L=x_v=0$）对式（6-11）求导，可知理想零开口四边滑阀的零位阀系数：

$$K_{q0}=\frac{\partial q_L}{\partial x_v}\bigg|_{x_v=0}=C_dW\sqrt{\frac{(p_s-p_L)}{\rho}}\bigg|_{x_v=0}=C_dW\sqrt{\frac{p_s}{\rho}} \tag{6-31}$$

$$K_{c0}=-\frac{\partial q_L}{\partial p_L}\bigg|_{x_v=0}=\frac{C_dWx_v\sqrt{(p_s-p_L)/\rho}}{2(p_s-p_L)}\bigg|_{x_v=0}=0 \tag{6-32}$$

$$K_{p0}=\frac{\partial p_L}{\partial x_v}\bigg|_{x_v=0}=\frac{2(p_s-p_L)}{x_v}\bigg|_{x_v=0}=\infty \tag{6-33}$$

（4）实际零开口四边滑阀的零位阀系数

如果使阀芯处于阀套的中位（零位）不动，改变供油压力 p_s，测出相应的泄漏流量 q_c，可得中位泄漏流量曲线，如图 6-23 所示。中位泄漏流量曲线除可用来判断阀的加工配合质量外，还可以用来确定阀的零位流量-压力系数。由式（6-11）和式（6-18）可得

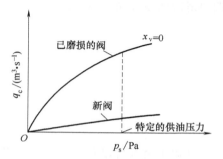

图 6-23　中位泄漏流量曲线

$$\frac{\partial q_s}{\partial p_s}=-\frac{\partial q_L}{\partial p_L}=K_c \tag{6-34}$$

这一结果适用于任一匹配和对称的阀。在去掉负载时，泄漏流量 q_1 就是供油流量 q_s，因为中位泄漏流量曲线是在 $q_L=p_L=x_v=0$ 的情况下测出的，由式（6-34）可知，在特定供油压力下的中位泄漏流量曲线的切线斜率就是阀在该供油压力下的零位流量-压力系数。

上面介绍了用实验方法来测定阀的零位压力增益和零位流量-压力系数。下面利用式（6-34）的关系给出实际零开口四边滑阀 K_{c0} 和 K_{p0} 的近似公式。

层流状态下液体通过锐边小缝隙的流量可写为

$$q=\frac{\pi r_c^2W}{32\mu}\Delta p \tag{6-35}$$

式中，r_c 为阀芯与阀套间的径向间隙（m）；W 为阀的面积梯度；μ 为油液的动力黏度（Pa·s）；Δp 为节流口两边的压力差（Pa）。

阀的零位泄漏流量为两个窗口（图 6-11 中的 3、4 两个窗口）泄漏流量之和。零位时每个窗口的压降为 $p_s/2$，泄漏流量为 $q_c/2$。在层流状态下，零位泄漏流量为

$$q_c=q_s=\frac{\pi r_c^2W}{32\mu}p_s \tag{6-36}$$

由图 6-23 中位泄漏流量曲线知，新阀的中位（零位）泄漏流量小，且流动为层流，已磨损的旧阀（阀口节流边被液流冲蚀）的中位泄漏流量增大，且流动为紊流。阀磨损后在特定供油压力下的中位泄漏流量虽然急剧增加，但曲线斜率增加却不大，即流量-压力系数变化不大（约 2~3 倍）。因此可按新阀状态来计算阀的流量-压力系数。由式（6-34）和式（6-36）可求得实际零开口四边滑阀的零位流量-压力系数为

$$K_{c0} = \frac{q_c}{p_s} = \frac{\pi r_c^2 W}{32\mu} \qquad (6\text{-}37)$$

实际零开口四边滑阀的零位压力增益可由式（6-31）和式（6-37）求得：

$$K_{p0} = \frac{K_{q0}}{K_{c0}} = \frac{32\mu C_d\sqrt{p_s/\rho}}{\pi r_c^2} \qquad (6\text{-}38)$$

式（6-38）表明，实际零开口阀的零位压力增益主要取决于阀的径向间隙值，而与阀的面积梯度无关。因阀芯与阀套的径向间隙很小，实际零开口四边滑阀的零位压力增益可以达到很大的数值。式（6-37）和式（6-38）只是近似的计算公式，但试验研究证明，由此得到的计算值与试验值是比较吻合的。

（5）正开口四边滑阀的零位阀系数

理想正开口四边滑阀 $U>0$。在零位 $q_L = p_L = x_v = 0$ 对式（6-11）微分，即可求得正开口四边滑阀的零位阀系数，即

$$K_{q0} = 2C_d W\sqrt{\frac{p_s}{\rho}} \qquad (6\text{-}39)$$

$$K_{c0} = \frac{C_d WU\sqrt{p_s/\rho}}{p_s} \qquad (6\text{-}40)$$

$$K_{p0} = \frac{2p_s}{U} \qquad (6\text{-}41)$$

从以上公式可以看出，正开口四边滑阀的零位流量增益值 K_{q0} 是理想零开口四边滑阀的两倍，这是因为负载流量同时受两个节流窗口的控制，而且它们是差动变化的。所以正开口四边滑阀可以提高零位流量增益并改善压力-流量曲线的线性度。

6.4　阀控系统的功率及效率

四边阀控系统是最具代表性的阀控液压系统。四边滑阀经常在阀控系统中被用作功率级控制元件。从经济指标出发，研究输出功率及效率是非常必要的，但是在伺服系统中，效率问题相对来说是次要的，特别是在中、小功率的伺服系统中。因为在液压伺服系统中，效率随负载变化而变化，而负载并非恒定，因此系统效率不可能经常保持在最高值。而且作为控制系统，系统的稳定性、响应速度和精度等指标往往比效率更重要。为了保证这些指标，经常不得不牺牲一部分效率指标。

下面以零开口四边滑阀的输出功率和效率问题为例进行分析。假设液压泵的供油压力为 p_s，供油流量为 q_s，阀的负载压力为 p_L，负载流量为 q_L，则阀的输出功率（负载功率）为

$$N_L = p_L q_L = p_L C_d W x_v\sqrt{\frac{p_s-p_L}{\rho}} = C_d W x_v\sqrt{\frac{p_s}{\rho}}\,p_s\frac{p_L}{p_s}\sqrt{1-\frac{p_L}{p_s}} \qquad (6\text{-}42)$$

或

$$\frac{N_L}{C_d W x_v p_s\sqrt{\dfrac{p_s}{\rho}}} = \frac{p_L}{p_s}\sqrt{1-\frac{p_L}{p_s}} \qquad (6\text{-}43)$$

负载功率随负载压力变化的无因次曲线如图 6-24 所示。

由式（6-43）和图 6-24 可知，当 $p_L = 0$ 时，$N_L = 0$；$p_L = p_s$ 时，$N_L = 0$。通过 $\dfrac{\mathrm{d}N_L}{\mathrm{d}p_L} = 0$，可求得输出功率为最大值时的 p_L 值为

$$p_L = \frac{2}{3}p_s \qquad (6\text{-}44)$$

阀在最大开度 x_{vmax} 和负载压力 $p_L = \dfrac{2}{3}p_s$ 时，输出最大功率为

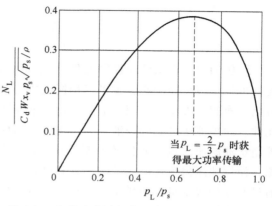

图 6-24　负载功率随负载压力变化的无因次曲线

$$N_{Lm} = \frac{2}{3\sqrt{3}}C_d W x_{vm} \sqrt{\frac{p_s^3}{\rho}} \qquad (6\text{-}45)$$

液压伺服系统的效率和液压能源的形式及管路损失有关。下面分析时忽略管路的压力损失，因此液压泵的供油压力 p_s 也就是阀的供油压力。

在采用变量泵供油时，由于变量泵可自动调节其供油流量 q_s 来满足负载流量 q_L 的要求，因此 $q_s = q_L$，那么阀在最大输出功率时的系统最高效率为

$$\eta = \frac{(p_L q_L)_{\max}}{p_s q_s} = \frac{\dfrac{2}{3}p_s q_s}{p_s q_s} = \frac{2}{3} = 0.667$$

采用变量泵供油时，因为不存在供油流量损失，因此这个效率也是滑阀本身所能达到的最高效率。

当采用定量泵加溢流阀作为液压能源时，定量泵的供油流量应等于或大于阀的最大负载流量 q_{Lmax}（即阀的最大空载流量 q_{0m}）。阀在最大输出功率时的系统最高效率为

$$\eta = \frac{(p_L q_L)_{\max}}{p_s q_s} = \frac{\dfrac{2}{3}p_s C_d W x_{vm} \sqrt{\dfrac{p_s - \dfrac{2}{3}p_s}{\rho}}}{p_s C_d W x_{vm} \sqrt{\dfrac{p_s}{\rho}}} = 0.385$$

在这个效率中，除了滑阀本身的节流损失外，还包括溢流阀的溢流损失，即供油流量损失，因此是整个液压伺服系统的效率。这种系统的效率比较低，但因其结构简单、成本低、维护方便，特别是在中、小功率的系统中，仍然获得了广泛应用。

上述分析结果表明，在 $p_L = 2p_s/3$ 时，整个液压伺服系统的效率最高，阀的输出功率最大，故通常取 $p_L = 2p_s/3$ 作为阀的设计负载压力。限制 p_L 值的另一个原因是在 $p_L \leqslant 2p_s/3$ 的范围内，阀的流量增益和流量-压力系数的变化也不大。流量增益降低和流量-压力系数增大会影响系统的性能，所以一般都是将 p_L 限制在 $2p_s/3$ 的范围内。

6.5 液压动力元件

液压动力元件由液压控制元件（或称液压放大元件）和液压执行元件组成。液压控制元件可以是液压控制阀，也可以是伺服变量泵，液压执行元件是液压缸或液压马达。由它们可以组成阀控液压缸、阀控液压马达、泵控液压缸和泵控液压马达四种基本型式的液压动力元件。阀控液压缸和阀控液压马达构成的阀控系统又称为节流控制系统，是通过液压控制阀控制从油源流入执行元件的流量，从而改变执行元件的输出速度，该系统通常采用恒压油源，使供油压力恒定。泵控液压缸和泵控液压马达构成的泵控系统又称为容积控制系统，是通过改变伺服变量泵的排量改变流入执行元件的流量，进而改变执行元件的输出速度。该系统的压力取决于负载。

液压动力元件是液压伺服系统中重要的组成部分，它的动态特性对大多数液压伺服系统的性能有着决定性的影响，其传递函数是分析整个液压伺服系统的基础。本节以四边阀控液压缸为例讲解传递函数的建立，分析其动态特性和主要性能参数。

1. 四边阀控液压缸基本方程的建立

图 6-25 为阀控系统中最常用的一种液压动力元件原理图，由零开口四边滑阀和对称液压缸组成。这种阀控系统的动态特性取决于控制阀和液压缸的动态特性，并与系统负载有关。假定系统负载由质量、弹簧和黏性阻尼组成，且系统为单自由度系统。

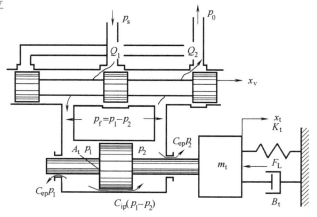

图 6-25 四边阀控液压缸原理图

（1）滑阀流量方程

流入液压缸进油腔的流量和从液压缸回油腔流出的流量分别为

$$q_1 = C_\mathrm{d} W x_\mathrm{v} \sqrt{\frac{2(p_\mathrm{s}-p_1)}{\rho}} \quad (6\text{-}46)$$

$$q_2 = C_\mathrm{d} W x_\mathrm{v} \sqrt{\frac{2p_2}{\rho}} \quad (6\text{-}47)$$

系统处于动态及考虑泄漏的情况，$q_1 \neq q_2$，故定义负载流量为

$$q_\mathrm{L} = \frac{q_1+q_2}{2} = \frac{C_\mathrm{d} W x_\mathrm{v}}{2} \sqrt{\frac{2}{\rho}} \left(\sqrt{p_\mathrm{s}-p_1} + \sqrt{p_2} \right) \quad (6\text{-}48)$$

利用条件 $p_\mathrm{L}=p_1-p_2$、$p_\mathrm{s}=p_1+p_2$ 得 $p_1=\dfrac{p_\mathrm{s}+p_\mathrm{L}}{2}$、$p_2=\dfrac{p_\mathrm{s}-p_\mathrm{L}}{2}$。并对式（6-48）线性化得

$$\Delta q_\mathrm{L} = K_\mathrm{q} \Delta x_\mathrm{v} - K_\mathrm{c} \Delta p_\mathrm{L}$$

式中，$\Delta p_\mathrm{L} = \Delta p_1 - \Delta p_2$；$K_\mathrm{q} = C_\mathrm{d} W \sqrt{\dfrac{p_\mathrm{s}-p_\mathrm{L}}{\rho}}$；$K_\mathrm{c} = \dfrac{C_\mathrm{d} W x_\mathrm{v} \sqrt{(p_\mathrm{s}-p_\mathrm{L})/\rho}}{2(p_\mathrm{s}-p_\mathrm{L})}$。为了简便表示，仍用变量本身表示它们从初始条件下的变化量。则上式可写成

$$q_L = K_q x_v - K_c p_L \tag{6-49}$$

（2）液压缸的流量连续方程

在液压缸连续性方程的分析中，假定阀与液压缸的连接管道对称且所有连接管道短而粗，管道中的压力损失和管道动态可以忽略；液压缸每个工作腔内各处压力均相等，油温和体积弹性模量均为常数；液压缸内、外泄漏均为层流流动。

由图6-25可知，从阀流入液压缸左腔的流量 q_1 除了推动活塞运动外，还要补偿缸内、外泄漏和液体压缩及管道等的膨胀所需的流量。当液体压力增大时，液体本身及液体中所含的气体会受到压缩，储存油液的容器也会发生膨胀。可以用液体的等效容积弹性模量 E_y 来表示容器与液体的容积变化率与压力增长量之间的关系，即

$$\Delta p = E_y \frac{\Delta V}{V} \tag{6-50}$$

如果用流入液压缸的流量来表示这部分的容积变化，则可写为

$$\frac{\mathrm{d}V_1}{\mathrm{d}t} = \frac{V_1}{E_y} \frac{\mathrm{d}p_1}{\mathrm{d}t} \tag{6-51}$$

流入液压缸进油腔的流量 q_1 为

$$q_1 = A_t \frac{\mathrm{d}x_t}{\mathrm{d}t} + \frac{V_1}{E_y} \frac{\mathrm{d}p_1}{\mathrm{d}t} + C_{ip}(p_1 - p_2) + C_{ep}p_1 \tag{6-52}$$

从液压缸回油腔流出的流量 q_2 为

$$q_2 = A_t \frac{\mathrm{d}x_t}{\mathrm{d}t} - \frac{V_2}{E_y} \frac{\mathrm{d}p_2}{\mathrm{d}t} + C_{ip}(p_1 - p_2) - C_{ep}p_2 \tag{6-53}$$

式中，A_t 为液压缸活塞有效面积；x_t 为活塞位移；C_{ip} 为液压缸内泄漏系数；C_{ep} 为液压缸外泄漏系数；E_y 为等效容积弹性模量，一般计算时取 $E_y = 6.9 \times 10^8\,\mathrm{Pa}$；$V_1$ 为液压缸进油腔的容积（包括阀、连接管道和进油腔）；V_2 为液压缸回油腔的容积（包括阀、连接管道和进油腔）；$A_t \dfrac{\mathrm{d}x_t}{\mathrm{d}t}$ 为活塞运动所需的流量；$\dfrac{V_1}{E_y} \dfrac{\mathrm{d}p_1}{\mathrm{d}t}$ 为补偿液体的压缩和管道等的膨胀所需的流量；$\dfrac{V_2}{E_y} \dfrac{\mathrm{d}p_2}{\mathrm{d}t}$ 为补偿由于回油腔压力的降低引起的容积变化所需的流量；$C_{ip}(p_1 - p_2)$ 为补偿液压缸的内泄漏所需的流量；$C_{ep}p_1$ 为补偿液压缸的外泄漏所需的流量；$C_{ep}p_2$ 为补偿液压缸回油腔外泄漏所需的流量。

由式（6-52）、式（6-53）可得负载流量连续方程

$$q_L = \frac{q_1 + q_2}{2} = A_t \frac{\mathrm{d}x_t}{\mathrm{d}t} + \frac{1}{2E_y}\left(V_1 \frac{\mathrm{d}p_1}{\mathrm{d}t} - V_2 \frac{\mathrm{d}p_2}{\mathrm{d}t}\right) + C_{ip}(p_1 - p_2) + \frac{C_{ep}}{2}(p_1 - p_2) \tag{6-54}$$

因为 $p_1 = \dfrac{p_s + p_L}{2}$、$p_2 = \dfrac{p_s - p_L}{2}$，所以 $\dfrac{\mathrm{d}p_1}{\mathrm{d}t} = \dfrac{1}{2} \dfrac{\mathrm{d}p_L}{\mathrm{d}t} = -\dfrac{\mathrm{d}p_2}{\mathrm{d}t}$

故

$$V_1 \frac{\mathrm{d}p_1}{\mathrm{d}t} - V_2 \frac{\mathrm{d}p_2}{\mathrm{d}t} = \frac{(V_1 + V_2)}{2} \frac{\mathrm{d}p_L}{\mathrm{d}t} = \frac{V_t}{2} \frac{\mathrm{d}p_1}{\mathrm{d}t}$$

式中，V_t 为液压缸两腔的总容积，$V_t = V_1 + V_2$ 为常数；并取 C_{sl} 为总泄漏系数 $C_{sl} = C_{ip} + \dfrac{C_{ep}}{2}$，

可把流量连续方程简化为

$$q_L = A_t \frac{\mathrm{d}x_t}{\mathrm{d}t} + \frac{V_t}{4E_y} \frac{\mathrm{d}p_L}{\mathrm{d}t} + C_{sl}p_L \tag{6-55}$$

式（6-55）是四边阀控液压缸流量连续性方程的常用形式。负载流量包含推动液压缸活塞运动所需的流量、总泄漏流量和总压缩流量。

（3）液压缸的负载力平衡方程

液压缸的输出力 $A_t p_L$ 与负载力相平衡。负载力一般包括活塞与负载的惯性力、黏性阻尼力、弹性负载力以及其他外干扰力。

$$A_t p_L = m_t \frac{\mathrm{d}^2 x_t}{\mathrm{d}t^2} + B_t \frac{\mathrm{d}x_t}{\mathrm{d}t} + K_t x_t + F_L \tag{6-56}$$

式中，m_t 为活塞及由负载折算到活塞上的总质量；B_t 为活塞及负载等运动件的黏性阻尼系数；K_t 为负载运动时的弹簧刚度；F_L 为作用在活塞上的外干扰力。

式（6-49）、式（6-55）和式（6-56）称为四边阀控液压动力元件的基本方程，它们确定了系统的动态特性。式中随时间变化的各物理量均表示在初始状态下的增量。在初始状态下，液体压缩性影响最大，液压刚度最小、动力元件固有频率最低、阻尼比最小，系统稳定性最差。所以初始状态点是系统最不利的工作点。

2. 四边阀控液压缸的框图与传递函数

将式（6-49）、式（6-55）和式（6-56）进行拉普拉斯变换得

$$Q_L = K_q X_V - K_c P_L \tag{6-57}$$

$$Q_L = A_t s X_t + \frac{V_t}{4E_y} s P_L + C_{sl} P_L \tag{6-58}$$

$$A_t P_L = m_t s^2 X_t + B_t s X_t + K_t X_t + F_L \tag{6-59}$$

由式（6-57）~式（6-59）消去中间变量 Q_L 和 P_L，可以求得阀芯输入位移 x_v 和外干扰力 F_L 同时作用下液压缸活塞的总输出位移为

$$X_t = \frac{\dfrac{K_q}{A_t} x_v - \dfrac{K_{ce}}{A_t^2}\left(\dfrac{V_t}{4E_y K_{ce}} s + 1\right) F_L}{\dfrac{V_t m_t}{4E_y A_t^2} s^3 + \left(\dfrac{K_{ce} m_t}{A_t^2} + \dfrac{V_t B_t}{4E_y A_t^2}\right) s^2 + \left(1 + \dfrac{B_t K_{ce}}{A_t^2} + \dfrac{K_t V_t}{4E_y A_t^2}\right) s + \dfrac{K_{ce} K_t}{A_t^2}} \tag{6-60}$$

式中，K_{ce} 为总压力流量系数，$K_{ce} = K_c + C_{sl}$。

式（6-60）是流量连续性方程的另一种表达形式。分子的第一项是液压缸活塞的空载速度，第二项是外干扰力作用下引起的速度降低。将分母特征多项式与等号左边的 X_t 相乘后，其第一项 $\dfrac{V_t m_t}{4E_y A_t^2} s^3 X_t$ 是惯性力变化引起的压缩流量所产生的活塞速度；第二项 $\dfrac{K_{ce} m_t}{A_t^2} s^2 X_t$ 是惯性力引起的泄漏流量所产生的活塞速度；第三项 $\dfrac{V_t B_t}{4E_y A_t^2} s^2 X_t$ 是黏性力变化引起的压缩流量所产生的活塞速度；第四项是活塞运动速度；第五项 $\dfrac{B_t K_{ce}}{A_t^2} s X_t$ 是黏性力引起的泄漏流量所产生

的活塞速度；第六项 $\dfrac{K_{t}V_{t}}{4E_{y}A_{t}^{2}}sX_{t}$ 是弹性力变化引起的压缩流量所产生的活塞速度；第七项

$\dfrac{K_{ce}K_{t}}{A_{t}^{2}}X_{t}$ 是弹性力引起的泄漏流量所产生的活塞速度。了解特征方程各项所代表的物理意义，

有利于简化传递函数。阀芯位移 x_{v} 是指令（输入）信号，F_{L} 是外干扰信号，由该式可以求

出液压缸活塞位移对阀芯位移的传递函数 X_{t}/x_{v} 和对外干扰力的传递函数 X_{t}/F_{L}。

　　阀控液压缸的框图可以以流量或以压力为基础作函数框图。可根据式（6-57）~式（6-59）

作出以流量为基础的阀控液压缸框图，如图 6-26a 所示。前向通道为负载流量至液压缸位移，

即位移由流量算出。以压力为基础的阀控液压缸框图可将式（6-57）~式（6-59）作如下

变换：

$$P_{L}=\dfrac{Q_{L}-A_{t}sX_{t}}{C_{sl}+\dfrac{V_{t}}{4E_{y}}s} \qquad (6\text{-}61)$$

$$(m_{t}s+B_{t})sX_{t}=A_{t}P_{L}-K_{t}X_{t}-F_{L} \qquad (6\text{-}62)$$

　　根据式（6-57）、式（6-61）、式（6-62）可得框图如图 6-26b 所示，结构变换后如

图 6-26c 所示。

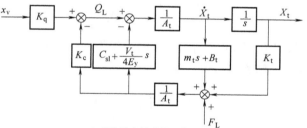

a) 以流量为基础的阀控液压缸框图

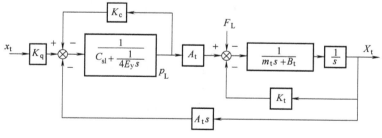

b) 以压力为基础的阀控液压缸框图

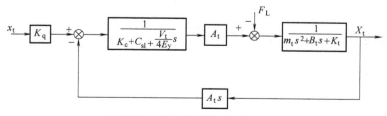

c) 以压力为基础的阀控液压缸框图变换

图 6-26　四边阀控液压缸活塞位移框图

图 6-26 所示的活塞位移框图可用于模拟计算。以负载流量为基础获得的框图适用于负载惯量较小、动态过程较快的场合。以负载压力为基础获得的框图适用于负载惯量和泄漏系数都较大，而动态过程比较缓慢的场合。

式（6-60）传递函数考虑了惯性负载、黏性摩擦负载及弹性负载以及油液的压缩性和液压缸泄漏等各种因素。在实际应用中往往没有这么复杂，在特性条件下可以忽略一些因素，使传递函数进一步简化。

从式（6-60）可知，无论对指令输入 x_v 的传递函数还是对外干扰输入 F_L 的传递函数，其特征方程相同，是一个三阶方程，传递函数的简化实际上就是特征方程的简化。为便于分析，希望将特征方程进行因式分解化为标准形式。

（1）没有弹性负载

伺服系统的负载在多数情况下是以惯性负载为主，而没有弹性负载或弹性负载很小可以忽略，此时 $K_t = 0$。在液压马达作为执行元件的伺服系统中，弹性负载更是少见。所以没有弹性负载的情况是比较普遍也是比较典型的。式（6-60）中 $B_t K_{ce}/A_t^2$ 参数，可以写成如下形式：

$$\frac{B_t K_{ce}}{A_t^2} = \frac{B_t \dfrac{dX_t}{dt}}{p_L A_t} \cdot \frac{K_{ce} p_L}{A_t \dfrac{dX_t}{dt}}$$

由上述可知，阻尼力 $B_t dX_t/dt \ll p_L A_t$，泄漏等损失的流量 $K_{ce} p_L \ll A_t dX_t/dt$。所以 $B_t K_{ce}/A_t^2$ 项与 1 相比可以忽略，则式（6-60）变为

$$X_t = \frac{\dfrac{K_q}{A_t} x_v - \dfrac{K_{ce}}{A_t^2}\left(\dfrac{V_t}{4E_y K_{ce}}s + 1\right)F_L}{s\left[\dfrac{V_t m_t}{4E_y A_t^2}s^2 + \left(\dfrac{K_{ce} m_t}{A_t^2} + \dfrac{V_t B_t}{4E_y A_t^2}\right)s + 1\right]} \tag{6-63}$$

或

$$X_t = \frac{\dfrac{K_q}{A_t} x_v - \dfrac{K_{ce}}{A_t^2}\left(\dfrac{V_t}{4E_y K_{ce}}s + 1\right)F_L}{s\left(\dfrac{s^2}{\omega_h^2} + \dfrac{2\zeta_h}{\omega_h}s + 1\right)} \tag{6-64}$$

式中，ω_h 为液压固有频率，

$$\omega_h = \sqrt{\frac{4E_y A_t^2}{V_t m_t}} \tag{6-64a}$$

ζ_h 为液压相对阻尼系数，

$$\zeta_h = \frac{K_{ce}}{A_t}\sqrt{\frac{E_y m_t}{V_t}} + \frac{B_t}{4A_t}\sqrt{\frac{V_t}{E_y m_t}} \tag{6-64b}$$

当 B_t 较小可以略去时，上式可近似写成

$$\zeta_h = \frac{K_{ce}}{A_t}\sqrt{\frac{E_y m_t}{V_t}} \tag{6-64c}$$

此时

$$\frac{2\zeta_h}{\omega_h} = \frac{K_{ce}m_t}{A_t^2} \tag{6-65}$$

式（6-64）给出了以惯性负载为主时的阀控液压缸的动态特性。分子中的第一项可认为 x_v 输入下引起液压缸的输出速度，而第二项给出了因外干扰造成的速度降低。对指令输入 x_v 的传递函数为

$$\frac{X_t}{x_v} = \frac{\dfrac{K_q}{A_t}}{s\left(\dfrac{s^2}{\omega_h^2} + \dfrac{2\zeta_h}{\omega_h}s + 1\right)} \tag{6-66}$$

对外干扰输入 F_L 的传递函数为

$$\frac{X_t}{F_L} = \frac{-\dfrac{K_{ce}}{A_t^2}\left(\dfrac{V_t}{4E_yK_{ce}}s + 1\right)}{s\left(\dfrac{s^2}{\omega_h^2} + \dfrac{2\zeta_h}{\omega_h}s + 1\right)} \tag{6-67}$$

式（6-66）是阀控液压缸传递函数最常见的形式，在液压伺服系统的分析和设计中经常用到。

（2）有弹性负载

有些两级液压放大元件采用了对中弹簧反馈定位，前置级放大元件控制功率级放大，由于功率级阀芯有对中弹簧，此时的弹性负载较大，不能忽略，所以还有不少应用场合具有弹性负载，即 $K_t \neq 0$。同样活塞及负载等运动件的黏性阻尼系数 B_t 一般较小，$\dfrac{V_tB_t}{4E_yA_t^2}s^2$、$\dfrac{B_tK_{ce}}{A_t^2}s$ 项也可以忽略。此时式（6-60）变为

$$X_t = \frac{\dfrac{K_q}{A_t}x_v - \dfrac{K_{ce}}{A_t^2}\left(\dfrac{V_t}{4E_yK_{ce}}s + 1\right)F_L}{\dfrac{V_tm_t}{4E_yA_t^2}s^3 + \dfrac{K_{ce}m_t}{A_t^2}s^2 + \left(1 + \dfrac{K_t}{K_h}\right)s + \dfrac{K_{ce}K_t}{A_t^2}} \tag{6-68}$$

式中，K_h 为液压弹簧刚度。

$$K_h = 4E_yA_t^2/V_t \tag{6-68a}$$

它是液压缸两腔完全封闭，由于液体的压缩性所形成的液压弹簧的刚度，往往比弹性负载刚度 K_t 大得多，即 $K_h \gg K_t$，也即 $K_t/K_h \approx 0$，则式（6-68）的特征方程式为

$$\Delta = \frac{s^3}{\omega_h^2} + \frac{2\zeta_h}{\omega_h}s^2 + s + \frac{K_{ce}K_t}{A_t^2} \tag{6-69}$$

式（6-69）因式分解为

$$\Delta = \left(s + \frac{K_{ce}K_t}{A_t^2}\right)\left(\frac{s^2}{\omega_h^2} + \frac{2\zeta_h}{\omega_h}s + 1\right) \tag{6-70}$$

展开，得

$$\Delta = \frac{s^3}{\omega_h^2} + \left(\frac{2\zeta_h}{\omega_h} + \frac{K_{ce}K_t}{A_t^2\omega_h^2}\right)s^2 + \left(\frac{2\zeta_hK_{ce}K_t}{A_t^2\omega_h} + 1\right)s + \frac{K_{ce}K_t}{A_t^2} \tag{6-71}$$

比较式（6-69）与式（6-71）可知，如果式（6-69）能够写成式（6-70）因式分解的形式需保证以下两个条件：

1）
$$\frac{2\zeta_h}{\omega_h}=\frac{2\zeta_h}{\omega_h}+\frac{K_{ce}K_t}{A_t^2\omega_h^2}$$

右端：
$$\frac{2\zeta_h}{\omega_h}+\frac{K_{ce}K_t}{A_t^2\omega_h^2}=\frac{2\zeta_h}{\omega_h}+\frac{K_{ce}K_t}{A_t^2\dfrac{4E_yA_t^2}{m_tV_t}}=\frac{2\zeta_h}{\omega_h}+\frac{K_{ce}m_t}{A_t^2}\frac{K_t}{K_h}$$

引入式（6-65）：
$$\frac{2\zeta_h}{\omega_h}+\frac{K_{ce}K_t}{A_t^2\omega_h^2}=\frac{2\zeta_h}{\omega_h}+\frac{K_{ce}K_t}{A_t^2\dfrac{4E_yA_t^2}{m_tV_t}}=\frac{2\zeta_h}{\omega_h}+\frac{K_{ce}m_t}{A_t^2}\frac{K_t}{K_h}=\frac{2\zeta_h}{\omega_h}\left(1+\frac{K_t}{K_h}\right)$$

因 $K_t\ll K_h$，故上述条件是容易满足的。

2）
$$\frac{2\zeta_hK_{ce}K_t}{A_t^2\omega_h}\ll1$$

引入式（6-64a）、式（6-64c）及式（6-68a），上式左边可写为

$$\frac{2\zeta_hK_{ce}K_t}{A_t^2}\sqrt{\frac{m_tV_t}{4E_yA_t^2}}\cdot\frac{V_t}{4E_yA_t^2}\cdot\frac{4E_yA_t^2}{V_t}=4\zeta_h^2\frac{K_t}{K_h}\ll1$$

同样需保证 $K_t\ll K_h$ 且一般 ζ_h 很小（0.2 左右），故条件2）也容易满足，因此式（6-68）可以写成

$$X_t=\frac{\dfrac{K_q}{A_t}x_v-\dfrac{K_{ce}}{A_t^2}\left(\dfrac{V_t}{4E_yK_{ce}}s+1\right)F_L}{\left(s+\dfrac{K_{ce}K_t}{A_t^2}\right)\left(\dfrac{s^2}{\omega_h^2}+\dfrac{2\zeta_h}{\omega_h}s+1\right)}\qquad(6\text{-}72)$$

该式与无弹性负载时的式（6-64）相比，把式（6-64）的积分环节改成惯性环节（$s+K_{ce}K_t/A_t^2$）即是有弹性负载的传递函数。K_t 趋于零时此惯性环节也就变成积分环节。令惯性环节的转折频率为

$$\omega_K=K_{ce}K_t/A_t^2$$

则式（6-72）的特征式为

$$\Delta=\omega_K\left(\frac{s}{\omega_K}+1\right)\left(\frac{s^2}{\omega_h^2}+\frac{2\zeta_h}{\omega_h}s+1\right)$$

考虑弹性负载时对指令输入 x_v 及干扰输入 F_L 的传递函数分别为

$$\frac{X_t}{x_v}=\frac{K_q/A_t}{\omega_K\left(\dfrac{s}{\omega_K}+1\right)\left(\dfrac{s^2}{\omega_h^2}+\dfrac{2\zeta_h}{\omega_h}s+1\right)}\qquad(6\text{-}73)$$

$$\frac{X_{t}}{F_{L}}=\frac{-\dfrac{k_{ce}}{A_{t}^{2}}\left(\dfrac{V_{t}}{4E_{y}K_{ce}}s+1\right)}{\omega_{K}\left(\dfrac{s}{\omega_{K}}+1\right)\left(\dfrac{s^{2}}{\omega_{h}^{2}}+\dfrac{2\zeta_{h}}{\omega_{h}}s+1\right)} \tag{6-74}$$

图 6-27 为无、有弹性负载时指令输入 x_{v} 传递函数对应的伯德图，表示式（6-66）及式（6-73）的频率特性。

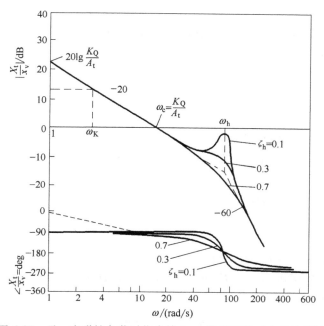

图 6-27　无、有弹性负载时指令输入 x_{v} 传递函数对应的伯德图

式（6-66）在图中低频段是积分环节，式（6-73）在图中低频段（虚线表示）是具有拐点频率 ω_{K} 的惯性环节，图 6-27 可看出 $\omega>\omega_{K}$ 后，有弹性负载与无弹性负载的幅频特性相同。所以弹性负载对中频段无影响，即对系统的稳定性、截止频率没什么影响。以上可看出本简化适于 $K_{t}\ll K_{h}$ 的情况，非此情况下应该仍用式（6-68）进行因式分解。

（3）其他简化形式

根据实际应用的负载条件和忽略的因素不同，传递函数还有如下简化形式。

1）考虑负载质量 m_{t}，$K_{t}=0$，$E_{y}=\infty$，$B_{t}=0$ 的情况。此时，对指令输入 x_{v} 的传递函数可由式（6-68）求得

$$\frac{X_{t}}{x_{v}}=\frac{\dfrac{K_{q}}{A_{t}}}{s\left(\dfrac{K_{ce}m_{t}}{A_{t}^{2}}s+1\right)}=\frac{\dfrac{K_{q}}{A_{t}}}{s(T_{h}s+1)} \tag{6-75}$$

式中，$T_{h}=\dfrac{K_{ce}m_{t}}{A_{t}^{2}}$。

2）考虑负载刚度 K_{t} 及 E_{y}，以及 $m_{t}=0$，$B_{t}=0$ 的情况。此时，对指令输入 x_{v} 的传递函

数可由式（6-68）求得

$$\frac{X_t}{x_v} = \frac{\dfrac{K_q}{A_t} \cdot \dfrac{K_{ce} K_t}{A_t^2}}{\left(1 + \dfrac{K_t}{K_h}\right)s + \dfrac{K_{ce} K_t}{A_t^2}} = \frac{\dfrac{K_q}{A_t}}{T_h s + 1} \qquad (6\text{-}76)$$

式中，$T_h = \left(1 + \dfrac{K_t}{K_h}\right) \bigg/ \dfrac{K_{ce} K_t}{A_t^2}$。

3）考虑空载 $K_t = 0$，$m_t = 0$，$B_t = 0$ 的情况。此时，对指令输入 x_v 的传递函数可由式（6-68）求得

$$\frac{X_t}{x_v} = \frac{\dfrac{K_q}{A_t}}{s} \qquad (6\text{-}77)$$

液压伺服系统常常是整个控制回路中的一个部件。其传递函数常常简化为以上三种形式即积分环节［式（6-77）］、惯性环节［式（6-76）］或积分加惯性环节［式（6-75）］。

3. 阀控液压缸主要性能参数

上述传递函数中，决定阀控液压缸的主要性能参数有速度放大系数、液压固有频率、液压相对阻尼系数以及刚度。

（1）速度放大系数

在传递函数式中令 $K_v = K_q / A_t$，当有一定的阀芯位移 x_v 输入即有一定流量输出给液压缸，活塞即以一定的速度运动。故 K_v 具有速度量纲，称为速度放大系数。在 A_t 一定时 K_v 取决于 K_q，由式（6-31）可知

$$K_q = \frac{\partial q_L}{\partial x_v} = C_d W \sqrt{\frac{(p_s - p_L)}{\rho}}$$

可看出在原点即 $p_L = 0$ 时 K_q 最大，此时 $K_{q0} = C_d W \sqrt{\dfrac{p_s}{\rho}}$。

随着 p_L 的增加 K_q 将减小，在进行稳定性分析时通常取 $K_q = K_{q0}$，在进行静态精度计算时一般采用最小的流量放大系数，此时 $p_L = 2p_s / 3$。

$$K_{qmin} = 57.7\% K_{q0}$$

（2）液压固有频率

由式（6-64a）并引入式（6-68a）得液压固有频率为

$$\omega_h = \sqrt{\frac{4 E_y A_t^2}{V_t m_t}} = \sqrt{\frac{K_h}{m_t}} \qquad (6\text{-}78)$$

式（6-78）同弹簧与质量组成的机械振动系数相当，称为液压弹簧-质量系统，这就是式（6-68a）称 K_h 为液压弹簧刚度的原因。ω_h 是系统一个非常重要的参数，它往往是整个系统的最低频率。从式（6-78）可知，增大 A_t 与减小 V_t 可有效地提高 ω_h，对于总质量 m_t 小的负载与选择容积弹性模量 E_y 大的油液均可使 ω_h 增加。此外液压弹簧刚度还与活塞位置有关，如果令液压缸的左右腔液压弹簧刚度与容积分别为 K_{h1}、V_{t1} 与 K_{h2}、V_{t2}，则动力元件的固有频率为

$$\omega_{\mathrm{h}} = \sqrt{\frac{K_{\mathrm{h1}} + K_{\mathrm{h2}}}{m_{\mathrm{t}}}} = \sqrt{\frac{E_{\mathrm{y}} A_{\mathrm{t}}^2}{m_{\mathrm{t}}}\left(\frac{1}{V_{\mathrm{t1}}} + \frac{1}{V_{\mathrm{t2}}}\right)} \tag{6-79}$$

很容易求得 ω_{h} 的极小值发生在 $V_{\mathrm{t1}} = V_{\mathrm{t2}} = V_{\mathrm{t}}/2$ 处即活塞处于中间位置时，此时

$$\frac{1}{V_{\mathrm{t1}}} + \frac{1}{V_{\mathrm{t2}}} = \frac{4}{V_{\mathrm{t}}} \tag{6-80}$$

而当 V_{t1} 或 V_{t2} 为零时即活塞处于液压缸的某一端时，ω_{h} 将出现最大值。

　　液压弹簧刚度是由于液压缸油压腔存在着压缩性，将这种压缩性比作机械弹簧，其刚度称为液压刚度。K_{h} 是当液压缸完全封闭时得出的。当液压缸存在输入、输出管路及泄漏情况时就不能将液压缸的两个工作腔完全封闭，故稳态时液压弹簧并不存在，因此动力元件的液压弹簧只有在动态分析时才有意义，引入液压弹簧的概念便于计算液压固有频率及理解液压缸质量系统的动态概念。

　　（3）液压相对阻尼系数

　　式（6-64b）给出了液压相对阻尼系数 ζ_{h} 表示式，可知 ζ_{h} 包括两项，前项是因总压力流量系数 K_{ce} 引起的泄漏阻尼，后项为 B_{t} 引起的负载黏性阻尼。对一般液压伺服系统 B_{t} 较 K_{ce} 小得多，故常把后项忽略，而前项中的 $K_{\mathrm{ce}} = K_{\mathrm{c}} + C_{\mathrm{sl}}$，$K_{\mathrm{c}}$ 较 C_{sl} 大得多，所以 K_{ce} 主要取决于 K_{c}，从式（6-32）可知 K_{c} 与滑阀的位置及负载压力大小都有关系，而且变化范围很大，使得 ζ_{h} 的变化范围也很大，比如零位附近 $\zeta_{\mathrm{h}} = 0.1 \sim 0.2$，当滑阀位移与负载较大时可使 $\zeta_{\mathrm{h}} > 1$。所以进行系统稳定性分析时一般取滑阀处于零位（中位）时的 K_{c} 值。

　　（4）刚度

　　外干扰力 F_{L} 的存在对输出量 X_{t} 有影响。单位负载干扰力所引起的输出位移量称为位置柔度，位置柔度的倒数称为位置刚度，位置刚度又分为动态位置刚度和静态位置刚度。动态位置刚度是动态过程中的刚度，与负载干扰力 F_{L} 的变化频率有关。静态位置刚度是 $\omega = 0$ 情况下的刚度。根据定义动态位置刚度表达式可由式（6-67）得出

$$\frac{F_{\mathrm{L}}}{X_{\mathrm{t}}} = \frac{-\dfrac{A_{\mathrm{t}}^2}{K_{\mathrm{ce}}}s\left(\dfrac{s^2}{\omega_{\mathrm{h}}^2} + \dfrac{2\zeta_{\mathrm{h}}}{\omega_{\mathrm{h}}}s + 1\right)}{\dfrac{V_{\mathrm{t}}}{4E_{\mathrm{y}}K_{\mathrm{ce}}}s + 1} \tag{6-81}$$

由式（6-64a）与式（6-64c）可得

$$2\zeta_{\mathrm{h}}\omega_{\mathrm{h}} = \frac{4E_{\mathrm{y}}K_{\mathrm{ce}}}{V_{\mathrm{t}}} \tag{6-82}$$

将式（6-82）代入式（6-81）可得

$$\frac{F_{\mathrm{L}}}{X_{\mathrm{t}}} = -\frac{\dfrac{A_{\mathrm{t}}^2}{K_{\mathrm{ce}}}s\left(\dfrac{s^2}{\omega_{\mathrm{h}}^2} + \dfrac{2\zeta_{\mathrm{h}}}{\omega_{\mathrm{h}}}s + 1\right)}{\dfrac{s}{2\zeta_{\mathrm{h}}\omega_{\mathrm{h}}} + 1} \tag{6-83}$$

　　因此，动态位置刚度特性是由拐点频率为 $2\zeta_{\mathrm{h}}\omega_{\mathrm{h}}$ 的惯性环节，理想微分环节和一个固有频率为 ω_{h}、相对阻尼系数为 ζ_{h} 的二阶微分环节组成。负号表示负载干扰力的影响使输出减小，按式（6-83）绘制的负载刚度频率特性如图 6-28 所示。由于 $\zeta_{\mathrm{h}} < 0.5$，故惯性环节的拐

点频率 $2\zeta_h\omega_h < \omega_h$。

当 $\omega < 2\zeta_h\omega_h$ 时，二阶微分及惯性环节不起作用，式（6-83）化简为

$$F_L = -\frac{A_t^2}{K_{ce}}sX_t \qquad (6-84)$$

即相当一个黏性阻尼力，此时阀控缸好像一个阻尼系数为 A_t^2/K_{ce} 的黏性阻尼器。在 $\omega < 2\zeta_h\omega_h$ 的频段上，随着频率的降低，泄漏影响越来越显著，动态位置刚度随频率比例下降，直到降为零。$\omega = 1$ 时动态位置刚度为 A_t^2/K_{ce}。

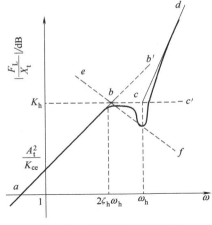

图 6-28　负载刚度频率特性

从图 6-28 可以看出，ab' 和 ef 的合成（微分与惯性二环节的合成）为 bc 线，平行于横坐标轴，这说明频率在 $2\zeta_h\omega_h$ 与 ω_h 之间变化时，F_L 的变化对输出量 X_t 没有影响，系统在这段的动态位置刚度不变，可按式（6-82）、式（6-84）整理为

$$\left|\frac{F_L}{X_t}\right|_{\omega = 2\zeta_h\omega_h} = \frac{4E_yA_t^2}{V_t} \qquad (6-85)$$

此动态位置刚度正是式（6-68a）的液压弹簧刚度。在 $2\zeta_h\omega_h$ 至 ω_h 的频率范围内，由于 F_L 的频率较高，没有足够的时间让泄漏流量通过，阀控缸可以近似地看成一个简单的被关闭的液压缸，其刚度即为液压弹簧刚度 K_h。

当 $\omega > \omega_h$ 时，高频下惯性负载力很大，阻碍了活塞的运动，动态位置刚度随频率成二次方增加。但实际上一般很少在此频率范围工作。

由式（6-83）可看出当 $\omega = 0$ 时静态位置刚度为零，即 $F_L/X_t = 0$。这是因为静态负载干扰力 F_L 将引起连续泄漏量使活塞一直运动。

负载干扰力 F_L 与输出速度 $\dot{X}_t$ 之比称为速度刚度。同样 $F_L/\dot{X}_t$ 随 ω 的变化称为动态速度刚度，$\omega = 0$ 时称静态速度刚度。从式（6-84）看出在 $\omega < 2\zeta_h\omega_h$ 范围内动态速度刚度与静态速度刚度相等其值为 A_t^2/K_{ce}。

本 章 小 结

通过本章的学习，应当了解：

★ 液压伺服控制系统是以液压动力元件作驱动装置所组成的反馈控制系统。在这种系统中，输出量（位移、速度和力等）能够自动地、快速而准确地复现输入量的变化规律。同时，还对输入信号进行功率放大，因此也是一个功率放大装置。

★ 液压伺服控制系统主要由输入元件、比较元件、放大转换元件、执行元件、反馈测量元件和被控对象等基本元件组成。

★ 液压控制阀是一种以机械运动来控制液体动力的元件。在液压伺服系统中，它将输入的较小功率的机械信号（位移或转角）转换为较大功率的可连续控制的液压信号（流量或压力）输出，也称为液压放大器。它既是能量转换元件，也是功率放大元件。

★ 液压控制阀具有结构简单、单位体积输出功率大、工作可靠和动态性能好等优点，所以在液压伺服系统中应用非常广泛。液压控制阀按其结构型式和工作原理不同可分为圆柱滑阀、喷嘴挡板阀和射流管阀三类。

★ 滑阀的静态特性即压力-流量特性，是指稳态情况下，阀的负载流量、负载压力和滑阀位移三者之间的关系。它表示滑阀的工作能力和性能，对液压伺服系统的静态、动态特性计算具有重要意义。

★ 表征滑阀静态特性的三个性能参数有流量增益、流量-压力系数和压力增益（压力灵敏度）。其中流量增益表示负载压降一定时，滑阀单位输入位移所引起的负载流量变化的大小，其值越大，滑阀对负载流量的控制就越灵敏。流量-压力系数表示阀开度一定时，负载压降变化所引起的负载流量变化大小，其值越小，阀抵抗负载变化的能力越大，即滑阀的刚度越大。压力增益是指负载流量为零时滑阀单位输入位移所引起的负载压力变化的大小，其值越大，滑阀对负载压力的控制灵敏度越高。这些系数在确定系统的稳定性、响应特性和稳态误差时是非常重要的。

★ 液压动力元件由液压控制元件（或称液压放大元件）和液压执行元件组成。液压控制元件可以是液压控制阀，也可以是伺服变量泵，液压执行元件是液压缸或液压马达。由它们可以组成阀控液压缸、阀控液压马达、泵控液压缸和泵控液压马达四种基本型式的液压动力元件。前两种动力元件可以构成阀控（节流控制）系统，后两种动力元件可以构成泵控（容积控制）系统。

本 章 习 题

1. 液压伺服控制系统是以（　　　　　　）作驱动装置所组成的反馈控制系统。

2. 液压伺服控制系统由哪些基本元件组成？

3. 简述液压伺服控制系统的优缺点。

4. 为什么把液压控制阀称为液压放大元件？

5. 液压控制阀按其结构型式和工作原理不同可分为（　　　　　）、（　　　　　）和（　　　　　）三类。其中（　　　　）的控制性能良好，在液压伺服系统中应用最为广泛。

6. 简述喷嘴挡板阀和射流管阀组成、工作原理及其优缺点。

7. 滑阀的静态特性即压力-流量特性，是指稳态情况下，阀的（　　　　）、（　　　　）和（　　　　）三者之间的关系。

8. 写出表征滑阀静态特性的三个性能参数并简述其物理意义。

9. 什么是理想滑阀？什么是实际滑阀？

10. 液压控制阀流量方程为 $q_L = C_d W x_v \sqrt{(p_s - p_L)/\rho}$，为什么要对其进行线性化，变为 $q_L = K_q x_v - K_c p_L$ 来应用？

11. 写出理想和实际滑阀零位阀系数的表达式。

12. 什么叫作滑阀的工作点？零位工作点的条件是什么？

13. 有一零开口全周通油的四边滑阀，其直径 $d = 8 \times 10^{-3} \text{m}$，径向间隙 $r_c = 5 \times 10^{-6} \text{m}$，供油压力 $p_s = 70 \times 10^5 \text{Pa}$，采用 10 号航空液压油在 40℃ 工作（油液密度 $\rho = 900 \text{kg/m}^3$），流量系数 $C_d = 0.62$，油液的动力黏度 $\mu = 1.4 \times 10^{-2} \text{Pa} \cdot \text{S}$，求四边滑阀的三个零位阀系数。

14. 已知一正开口量 $U = 5 \times 10^{-5} \text{m}$ 的四边滑阀，在供油压力 $p_s = 70 \times 10^5 \text{Pa}$ 下测得零位泄漏流量 $q_c = 5 \text{L}/$

min，求四边滑阀的三个零位阀系数。

15. 某全周开口的零开口四边滑阀，已知：供油压力 $p_s = 21 \times 10^6 \text{Pa}$，阀芯直径 $d = 10 \times 10^{-3} \text{m}$，最大行程 $x_v = 9 \times 10^{-4} \text{m}$，半径间隙 $\delta = 6 \times 10^{-6} \text{m}$，油的动力黏度 $\mu = 1.74 \times 10^{-2} \text{Pa} \cdot \text{s}$，油的密度 $\rho \approx 870 \text{kg/m}^3$，流量系数 $C_d \approx 0.61$，计算空载流量 q_{L0} 及零位阀系数 K_{q0}、K_{c0}、K_{p0}。

16. 有一正开口量 $U = 0.015 \text{mm}$ 的四边滑阀，非全周开口，$W = 10 \text{mm}$，油的密度 $\rho \approx 870 \text{kg/m}^3$，流量系数 $C_d \approx 0.61$，供油压力 $p_s = 21 \times 10^6 \text{Pa}$，求零位工作点处的线性化流量方程。

17. 全周开口的零开口四边滑阀的最大空载流量为 $2.5 \times 10^{-4} \text{m}^3/\text{s}$，供油压力 $p_s = 1.4 \times 10^7 \text{Pa}$，阀的流量增益为 $K_q = 2 \text{m}^2/\text{s}$，流量系数 $C_d \approx 0.62$，油的密度 $\rho \approx 900 \text{kg/m}^3$，试求阀芯直径及最大开口量。

18. 全周开口的零开口四边滑阀供油压力 $p_s = 1.4 \times 10^7 \text{Pa}$，阀的流量增益为 $K_q = 2 \text{m}^2/\text{s}$，流量系数 $C_d \approx 0.62$，油的密度 $\rho \approx 900 \text{kg/m}^3$，阀芯与阀套的径向间隙为 $r_c = 0.05 \text{mm}$，油液的运动黏度为 $\gamma = 3 \times 10^{-5} \text{m}^2/\text{s}$，写出该四边滑阀在零位工作点处的线性化流量方程。

19. 什么叫液压动力元件？有哪些控制方式？有几种基本组成类型？

20. 已知某阀控液压缸系统，液压缸面积 $A_t = 1.5 \times 10^{-2} \text{m}^2$，活塞行程 $L = 0.6 \text{m}$，控制阀至液压缸的连接管路长度 $l = 1 \text{m}$，管路截面积 $A = 1.77 \times 10^{-4} \text{m}^2$，负载质量 $m_t = 2000 \text{kg}$，液压油密度 $\rho = 870 \text{kg/m}^3$，容积弹性模量 $E_y = 6.9 \times 10^8 \text{Pa}$，阀的流量-压力系数 $K_c = 5.2 \times 10^{-12} \text{m}^3/\text{s} \cdot \text{Pa}$。求液压固有频率 ω_h 和液压阻尼比 ζ_h。

第7章

机器人电液伺服驱动及控制

本章学习目标

◇ 了解电液伺服阀组成及分类
◇ 掌握力反馈两级电液伺服阀（双喷嘴挡板伺服阀）工作原理
◇ 了解电液伺服阀的特性和主要性能指标
◇ 掌握电液伺服驱动控制系统工作原理
◇ 掌握电液位置伺服系统特性分析与系统校正
◇ 了解电液速度或力伺服系统特性分析与系统校正
◇ 了解电液驱动在 BigDog 四足仿生机器人中的应用

电液伺服驱动控制系统在自动化领域是一类重要的控制设备，由于其控制精度高、响应速度快、运行平稳和功率密度大等特点，被广泛应用于航空、航天、舰船和特种机器人等领域的伺服控制系统中。电液伺服阀是电液伺服系统驱动控制的核心，可以将电信号转换成调制的液压信号（流量、压力）输出，是连接电气系统和液压系统的中间桥梁。

7.1 电液伺服阀的组成及分类

7.1.1 电液伺服阀的组成

电液伺服阀既是电液转换元件，也是功率放大元件，它在电液伺服驱动控制系统中的位置如图 7-1 所示，在电液伺服驱动控制系统中将电气部分与液压部分连接起来，使输入的微小电信号转换为大功率的液压信号，精确控制着流量或压力的输出，实现电液信号的转换、

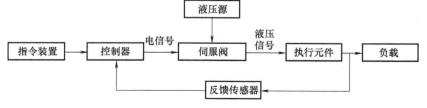

图 7-1　伺服阀在电液伺服驱动控制系统中的位置

液压放大和对液压执行元件的精准控制。

电液伺服阀通常由电气-机械转换器、液压放大器（先导级阀和功率级主阀）和反馈机构三部分组成。电液伺服阀的组成原理框图如图 7-2 所示。

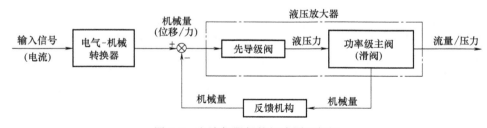

图 7-2　电液伺服阀的组成原理框图

电气-机械转换器是把输入电信号的电能转换为机械运动的机械能，进而驱动液压放大器的控制元件，使之转换为液体压力能。典型的电气-机械转换器为力矩马达或力马达，它输出力矩或力很小，在阀的流量较大时无法直接驱动功率级阀芯运动，需要增加一级液压先导级，将电气-机械转换器（力矩马达或力马达）输出能量放大后，再去推动功率级阀，这就构成了液压放大器，它由先导级阀和功率级主阀级联而成。

液压放大器输出级所采用的反馈机构是为了使伺服阀的输出流量或输出压力获得与输入电气控制信号成比例的特性。反馈机构的存在，使伺服阀本身成为一个闭环控制系统，提高了伺服阀的控制性能。

7.1.2　电液伺服阀的分类

1. 级数分类

按照液压放大器级数来分，可分为单级电液伺服阀、两级电液伺服阀和三级电液伺服阀。

单级伺服阀结构简单、价格低廉，但由于力矩马达或力马达输出力矩或力小，定位刚度低，阀的输出流量有限，对负载动态变化较敏感，容易产生不稳定状态，所以单级伺服阀只适用于低压、小流量和负载动态变化不大的场合。

两级伺服阀克服了单级伺服阀流量小、不稳定等缺点，具有液压前置放大级，可以将力矩马达的输出放大，能克服功率级滑阀运动时产生的较大液动力、黏性力和惯性力，是最常用的型式。

三级伺服阀是由一个两级伺服阀作先导级控制第三级功率滑阀，功率级滑阀阀芯位移通过电气反馈形成闭环控制，实现功率级滑阀阀芯的定位，适用于大流量（200L/min）的应用场合。

2. 结构型式分类

按照先导级阀的结构型式来分，常用的两级或三级伺服阀分为双喷嘴挡板伺服阀和射流管伺服阀。它们都是力反馈型伺服阀。工作原理如图 7-3 所示。双喷嘴挡板阀结构对称，双输入差动工作，动态响应快，特性线性度好，压力灵敏度高，零漂小，挡板受力小，所需输入功率小；但挡板与喷嘴间隙小，易被污染物堵塞，抗污染能力差，要求油液清洁度高。射流管阀最小流通面积较喷嘴挡板阀大，不易堵塞，抗污染能力强。若射流管阀喷嘴被油液污染物堵塞，滑阀也能自动处于中位，具有"失效对中"能力。但射流管阀动态响应较慢，性能不易预估，而且受油温变化影响较大。

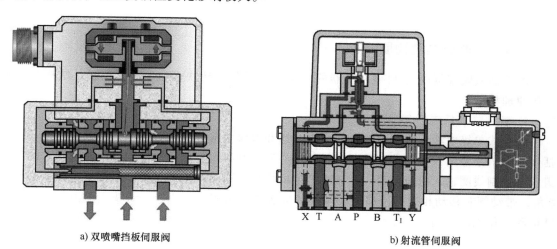

a) 双喷嘴挡板伺服阀   X T A P B T₁ Y   b) 射流管伺服阀

图 7-3 双喷嘴挡板伺服阀和射流管伺服阀工作原理

3. 反馈形式分类

按照反馈形式的不同来分，两级或三级伺服阀可以分为位置反馈、负载压力反馈和负载流量反馈三种形式。位置反馈伺服阀最为常用，输入电流用来控制伺服阀功率级阀芯位移，在反馈作用下阀芯位移与输入电流成比例，位置反馈伺服阀的负载流量受负载压力影响较大。负载压力反馈伺服阀输入电流用来控制伺服阀的输出压力，反馈是使伺服阀在外界干扰下能给出与输入电流成比例的负载压力。负载流量反馈伺服阀是控制阀的输出流量在外界干扰下保持恒定，理想状态下其负载流量不随负载压力的变化而变化。它们的稳态压力-流量特性曲线如图 7-4 所示，从中可知，负载流量 q_L 随负载压力 p_L 的增大而非线性减小。

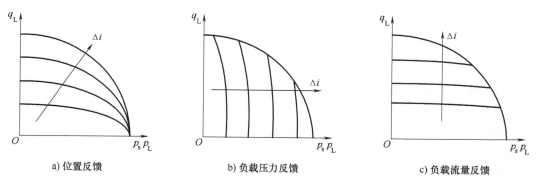

a) 位置反馈   b) 负载压力反馈   c) 负载流量反馈

图 7-4 不同反馈形式电液伺服阀的稳态压力-流量特性曲线

4. 力矩马达是否浸油分类

按照力矩马达是否浸泡在油中来分，可分为湿式和干式两种。湿式的可使力矩马达受到油液的冷却，但油液中存在的铁污物使力矩马达特性变坏。干式的则可使力矩马达不受油液污染的影响，目前常采用干式的电液伺服阀。

7.2 电液伺服阀结构和工作原理

7.2.1 单级电液伺服阀

电液伺服阀根据电气-机械转换器的结构型式可分为动铁式和动圈式两种。结构型式和工作原理如下。

1. 动铁式单级电液伺服阀

动铁式单级电液伺服阀由动铁式力矩马达和滑阀两部分组成。其中，动铁式力矩马达包括永磁体、导磁体、带扭簧的铁心转轴、铁心和控制线圈五部分，滑阀由阀体和阀芯两部分组成。控制线圈输入电流信号时，铁心产生的力矩与扭簧产生的反力矩平衡，会使铁心偏转 θ 角，带动阀芯移动相应的位移 x_v，从而使伺服阀输出相应的流量。动铁式单级电液伺服阀结构和工作原理如图 7-5 所示。

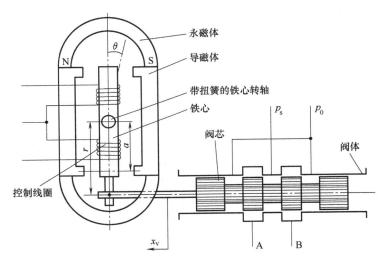

图 7-5 动铁式单级电液伺服阀结构和工作原理

2. 动圈式单级电液伺服阀

动圈式单级电液伺服阀由动圈式力马达和滑阀组成。动圈式力马达是由十字弹簧、导磁体、永磁体、控制杆、控制线圈和框架组成，滑阀包含阀体和阀芯两部分。当电流信号通过控制线圈时，线圈在磁场中产生的电磁力通过控制杆与十字弹簧的反力平衡，与控制杆相连的阀芯产生相应位移，从而使伺服阀输出相应的流量。其结构和工作原理如图 7-6 所示。

动铁式力矩马达和动圈式力马达相比有如下异同：

1）动铁式力矩马达因磁滞引起的输出位移滞后程度比动圈式力马达大。

2）动圈式力马达的线性范围比动铁式力矩马达宽。因此，动圈式力马达的工作行程比动铁式力矩马达长。

3）惯性相同时，动铁式力矩马达的输出力矩大，而动圈式力马达的输出力小。动铁式力矩马达因输出力矩大，支撑弹簧刚度可以取大值，衔铁组件的固有频率高，而力马达的弹簧刚度小，动圈组件的固有频率低。

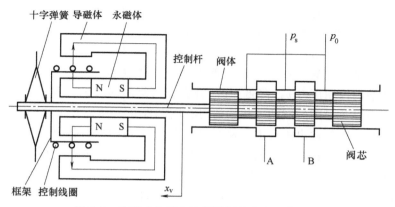

图 7-6　动圈式单级电液伺服阀结构和工作原理

4）减小工作气隙的长度可提高动铁式力矩马达和动圈式力马达的灵敏度。但动圈式力马达受动圈尺寸的限制，而动铁式力矩马达受静不稳定的限制。

5）在相同功率情况下，动圈式力马达比动铁式力矩马达体积大，但动圈式力马达的造价低。

综上所述，在要求频率高、体积小和重量轻的场合多采用动铁式力矩马达，在尺寸要求不严格、频率要求不高，又希望价格低的场合常采用动圈式力马达。

7.2.2　两级电液伺服阀

两级电液伺服阀比单级电液伺服阀多一级液压放大器和一个内部反馈元件。两级电液伺服阀根据所采用的反馈形式可分为滑阀位置反馈、负载压力反馈和负载流量反馈三种形式。其中，滑阀位置反馈是两级电液伺服阀中最常见的一种反馈形式。据滑阀位置改变机理的不同还可分为如下几种形式。

1. 力反馈两级电液伺服阀

力反馈两级电液伺服阀的结构原理如图 7-7 所示。第一级液压放大器为双喷嘴挡板阀，由永磁动铁式力矩马达控制，第二级液压放大器为四边滑阀，阀芯位移通过反馈杆与衔铁挡板组件相连，构成滑阀位置力反馈回路。

伺服阀没有控制电流输入时，衔铁由弹簧管支撑在上、下导磁体的中间位置，挡板处于两个喷嘴的中间位置，滑阀阀芯在反馈杆小球的约束下处于中位，阀口关闭，无压力输出。当给力矩马达的控制线圈输入一个差动控制电流 $\Delta i = i_1 - i_2$ 时，衔铁上产生逆时针方向的电磁转矩，使衔铁挡板组件绕弹簧转动中心逆时针方向偏转，弹簧管和反馈杆产生

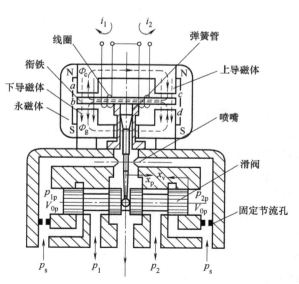

图 7-7　力反馈两级电液伺服阀的结构原理

变形，挡板偏离中位。此时，喷嘴挡板阀右间隙减小，左间隙增大，引起滑阀右腔控制压力 p_{2p} 增大，左腔控制压力 p_{1p} 减小，推动滑阀阀芯左移。同时带动反馈杆端部小球左移，使反馈杆进一步变形。当反馈杆和弹簧管变形产生的反力矩与电磁力矩相平衡时，衔铁挡板组件便处于一个新的平衡位置。在反馈杆端部左移进一步变形时，挡板的偏移减小，趋于中位。这使阀芯两端的控制压力 p_{2p} 降低，p_{1p} 升高，当阀芯两端的液压力与反馈杆变形对阀芯产生的反作用力以及滑阀的液动力相平衡时，阀芯停止运动，其位移与控制电流成比例。在负载压差一定时，阀的输出流量也与控制电流成比例。这种伺服阀由于衔铁和挡板均在中位附近工作，线性好，而且对力矩马达的线性要求也不高，允许滑阀有较大的工作行程。

2. 直接位置反馈两级电液伺服阀

喷嘴-挡板直接位置反馈两级电液伺服阀结构和工作原理如图 7-8 所示。该伺服阀将喷嘴与阀芯集成于一体，并将喷嘴-挡板液压放大器的油路设置在阀芯的内部。当力矩马达的控制线圈输入控制电流时，若挡板向右偏离中位 x_f，喷嘴-挡板液压放大器便推动阀芯向右运动，直到挡板重新回到两喷嘴的中间位置，喷嘴-挡板液压放大器才停止工作，此时阀芯已产生了相应位移 x_v，使阀输出相应的流量。

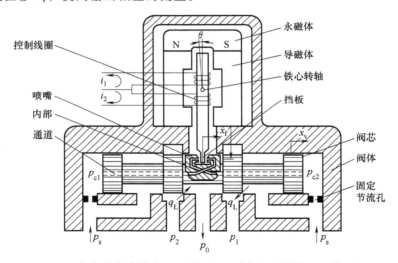

图 7-8　喷嘴-挡板直接位置反馈两级电液伺服阀结构和工作原理

3. 电气反馈两级电液伺服阀

电气反馈两级电液伺服阀结构和工作原理图如图 7-9 所示。该阀由检测阀芯位移的位移传感器、伺服放大器及比较器组成的电气反馈回路实现阀芯的闭环位置控制。

当伺服阀控制线圈输入控制电流时，阀芯由于惯性来不及运动，故比较器输出的偏差电流信号不为零，通过伺服放大器放大后输给力矩马达控制线圈，使其产生电磁力矩，带动挡板偏离中位并与扭簧的

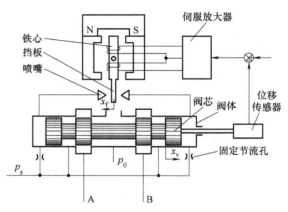

图 7-9　电气反馈两级电液伺服阀结构和工作原理

反力矩相平衡，此时，喷嘴-挡板液压放大器推动阀芯运动，并由位移传感器检测其位移 x_v 而产生反馈电流信号。当阀芯移到一定位置时，输入信号与反馈信号相等，力矩马达中的控制电流信号为零，消除了电磁力矩，挡板在扭簧反力矩的作用下回到两个喷嘴中间位置，而阀芯则移动了位移 x_v，使伺服阀输出相应流量。

7.3　电液伺服阀的特性和主要性能指标

电液伺服阀是一种非常复杂且精密的电液控制元件，其性能优劣对整个电液伺服系统的工作品质有着至关重要的影响，因此对其要求十分严格。国家标准及相关标准对电液伺服阀的特性及主要性能指标均有相应的技术规范。下面以电液流量伺服阀为例介绍其特性和主要性能指标。

7.3.1　静态特性

电液伺服阀的静态特性是指在稳定条件下，伺服阀的各稳态参数（如输出流量、负载压力等）和输入电流间的相互关系。电液流量伺服阀的静态特性主要包括负载流量特性、空载流量特性、压力特性、内泄漏特性和零漂等性能指标。

1. 负载流量特性

负载流量特性（流量-压力特性）曲线（如图 7-10 所示）完全描述了伺服阀的静态特性。但要测得这组曲线却非常麻烦，特别是在零位附近很难测出精确的数值，而伺服阀却正好是在此处工作。因此，这些曲线主要还是用来确定伺服阀的类型和估计伺服阀的规格，以便与所要求的负载流量和负载压力相匹配。

伺服阀的规格也可以由额定电流 I_n、额定压力 p_n 和额定流量 q_n 来表示。

（1）额定电流 I_n

为产生额定流量对控制线圈任一极性所规定的输入电流（不含零偏电流）值，以 A 为单位。额定电流通常指定在单线圈连接、并联连接或差动连接等方式下进行定义。当串联连接时，其额定电流为上述额定电流的一半。

（2）额定压力 p_n

额定条件下的供油压力，或称额定供油压力，以 Pa 为单位。

（3）额定流量 q_n

在规定的伺服阀压降下，对应于额定电流的负载流量，以 m^3/s 为单位。通

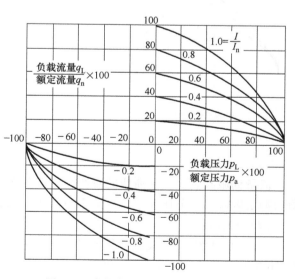

图 7-10　伺服阀的流量-压力特性曲线

常在空载条件下规定伺服阀的额定流量，此时阀压降等于额定供油压力，也可以在负载压降等于三分之二供油压力的条件下规定额定流量，此时的额定流量对应伺服阀的最大功率输出点。

2. 空载流量特性

额定压力下，伺服阀的负载压力为零，输入电流为正负额定电流间缓慢连续变化的一个完整循环，所得到的输入电流与输出流量之间的回环状关系曲线称为伺服阀的空载流量特性曲线，如图 7-11a 所示。

由于力矩马达的磁滞效应，空载流量曲线呈回环状，流量曲线中点的轨迹称为名义流量曲线。这是零滞环流量曲线，阀的滞环通常很小，因此可以把流量曲线的任一侧当作名义流量曲线使用。

流量曲线上某点或某段的斜率就是伺服阀在该点或该段的流量增益。从名义流量曲线的零流量点向两极各作一条与名义流量曲线偏差为最小的直线，这就是名义流量增益线，如图 7-11b 所示。两个极性的名义流量增益线斜率的平均值就是名义流量增益，以 $\mathrm{m^3 \cdot s^{-1} A^{-1}}$ 为单位。伺服阀的额定流量与额定电流之比称为额定流量增益。

流量曲线非常有用，由它不仅可得出阀的极性、额定空载流量和名义流量增益，而且也可以得到阀的线性度、对称度、滞环和分辨率，并揭示阀的零区特性。

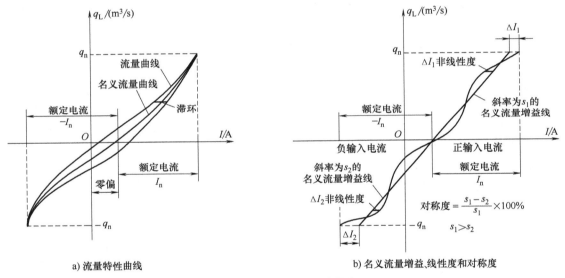

a) 流量特性曲线　　　　　　　　b) 名义流量增益、线性度和对称度

图 7-11　空载流量相关曲线

（1）线性度

流量伺服阀名义流量曲线的直线性，以名义流量曲线与名义流量增益线的最大偏差电流值与额定电流的百分比表示，如图 7-11b 所示。线性度通常小于 7.5%。

（2）对称度

阀的两个极性的名义流量增益的一致程度，用两者之差对较大者的百分比表示，如图 7-11b 所示。对称度通常小于 10%。

（3）滞环

在流量曲线中，产生相同的输出流量的往、返输入电流的最大差值与额定电流的百分比，如图 7-11a 所示。伺服阀的滞环一般小于 5%。

力矩马达磁路的磁滞和伺服阀中的游隙是产生滞环的主要原因，磁滞回环的宽度随输入信号的大小而变化。当输入信号减小时，磁滞回环的宽度将减小。游隙是由力矩马达中机械固定处的滑动以及阀芯与阀套间的摩擦力产生的。如果油是脏的，则游隙会大大增加，有可能导致伺服系统不稳定。

（4）分辨率

使阀的输出流量发生变化所需的输入电流的最小变化值与额定电流的百分比，称为分辨率。通常分辨率规定为从输出流量的增加状态回到输出流量的减小状态所需的电流最小变化值与额定电流之比。伺服阀的分辨率一般小于1%。分辨率主要由伺服阀中的静摩擦力引起。

（5）重叠

伺服阀的零位是指空载流量为零的几何零位。伺服阀经常在零位附近工作，因此，零区特性特别重要。零位区域是输出级的重叠对流量增益起主要影响的区域。伺服阀的重叠用两级名义流量曲线近似直线部分的延长线与零流量线相交的总间隔与额定电流的百分比表示，伺服阀的重叠分零重叠、正重叠和负重叠三种情况，如图7-12所示。

（6）零偏

使阀处于零位所需的输入电流值（不计阀的滞环的影响），以额定电流的百分比表示，如图7-11a所示。零偏通常小于3%。

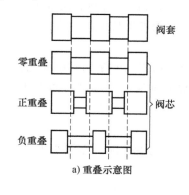

a）重叠示意图

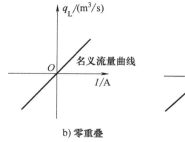

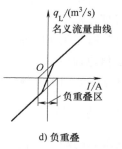

图 7-12　伺服阀的重叠

3. 压力特性

压力特性曲线是输出流量为零（两个负载油口关闭）时，负载压降与输入电流呈回环状的函数曲线，如图7-13所示。负载压力对输入电流的变化率就是压力增益，以 Pa/A 为单位。伺服阀的压力增益通常规定为最大负载压降的±40%之间，负载压降对输入电流曲线的平均斜率。压力增益指标为输入1%的额定电流时，负载压降应超过30%的额定工作压力。

4. 内泄漏特性

内泄漏流量是负载流量为零时，从回油口流出的总流量，以 m^3/s 为单位。内泄漏流量随输入电流而变化，如图 7-14 所示。阀处于零位时，内泄漏流量（零位内泄漏流量）最大。

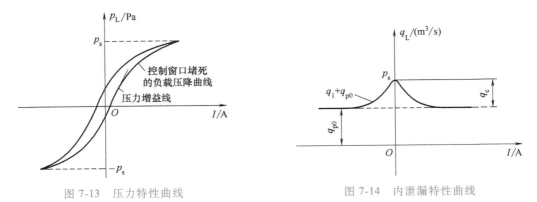

图 7-13　压力特性曲线　　　　　　　　图 7-14　内泄漏特性曲线

两级伺服阀内泄漏流量由前置级泄漏流量 q_{p0} 和功率级泄漏流量 q_1 组成。功率级滑阀零位泄漏流量 q_c 与供油压力 p_s 之比可作为滑阀的流量-压力系数。零位泄漏流量对于新阀可作为滑阀制造质量的指标，对于旧阀可反映滑阀的磨损情况。

5. 零漂

工作条件或环境条件变化会使伺服阀的零偏有所变化，零偏电流的变化值对额定电流的百分比称为零漂。按规定，通常分供油压力零漂、回油压力零漂、温度零漂和零值电流零漂等。

（1）供油压力零漂

供油压力在 70%~100% 额定压力变化时，零漂小于 2%。

（2）回油压力零漂

回油压力在 0~20% 额定压力变化时，零漂小于 2%。

（3）温度零漂

工作油温每变化 40℃ 时，零漂小于 2%。

（4）零值电流零漂

零值电流在 0~100% 额定电流变化时，零漂小于 2%。

7.3.2　动态特性

电液伺服阀的动态特性可用频率响应（频域特性）或瞬态响应（时域特性）表示，一般用频率响应表示。

电液伺服阀的频率响应是指输入电流在某一频率范围内做等幅变频正弦变化时，空载流量与输入电流的复数比。频率响应特性包括幅频特性和相频特性，幅频特性是输入、输出信号的幅值比（dB）与频率的关系曲线；相频特性是输出信号滞后输入信号的相位角（°）与频率的关系曲线。幅频和相频特性曲线通常用伯德（Bode）图表示，如图 7-15 所示。

伺服阀的频率响应曲线随供油压力、输入电流幅值和油温等工作条件的变化而变化。通常在标准试验条件下进行试验，推荐输入电流的峰值为额定电流的一半（±25% 额定电流），基准频率通常为 5Hz 或 10Hz。

伺服阀的频宽通常以幅值比为 -3dB（即输出流量为基准频率时的输出流量的 70.7%）时所对应的频率定义为幅频宽，用 ω_{-3} 或 f_{-3} 表示；以相位滞后 90° 时所对应的频率定义为相频宽，用 $\omega_{-90°}$ 或 $f_{-90°}$ 表示。伺服阀的频宽一般取幅频宽和相频宽中的较小者，它是伺服阀动态响应速度的度量。伺服阀的频宽应根据系统的实际需要加以确定，频宽过低会影响系统的响应速度，过高会使高频干扰信号传到负载上去。伺服阀的幅值比一般小于或等于 2dB。通常力反馈两级电液伺服阀的频宽在 100~

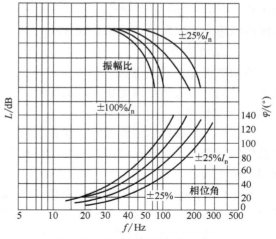

图 7-15　伺服阀的频率响应曲线

130Hz 之间，而电反馈高频电液伺服阀的频宽可达 250Hz 或以上。

7.3.3　输入特性

1. 线圈接法

伺服阀一般有两个控制线圈，根据需要可采用如图 7-16 所示的任一种接法。

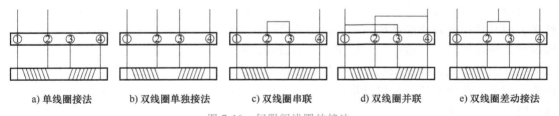

a) 单线圈接法　　b) 双线圈单独接法　　c) 双线圈串联　　d) 双线圈并联　　e) 双线圈差动接法

图 7-16　伺服阀线圈的接法

（1）单线圈接法

只单独连接一个线圈，输入电阻等于单线圈电阻 R_c，线圈电流等于额定电流 I_n，此时的电控功率为 $I_n^2 R_c$。单线圈接法可以减小电感的影响，但由于力矩马达的四个工作间隙不可能做到完全相等和对称，单线圈接法往往会加大伺服阀流量特性的不对称度，因此一般不推荐单线圈接法。

（2）双线圈接法

一个线圈输入额定电流，另一个线圈用来调偏、接反馈或引入颤振信号。

（3）串联接法

两个控制线圈串联连接，输入电阻为单线圈电阻 R_c 的两倍，额定电流为单线圈额定电流 I_n 的一半，此时的电控功率为 $I_n^2 R_c/2$。这种接法的特点为额定电流和电控功率小，但易受电源电压变动的影响。

（4）并联接法

两个控制线圈并联连接，输入电阻为单线圈电阻 R_c 的一半，额定电流为单线圈接法时的额定电流 I_n，此时的电控功率为 $I_n^2 R_c/2$。其特点为工作可靠性高，一个线圈损坏时阀仍能工作，具有一定的工作冗余，但易受电源电压变动的影响。串联和并联两种接法相比，并联时的电感小，因此推荐采用并联接法。

（5）差动接法

差动电流等于额定电流，且等于两倍的信号电流，电控功率为 $I_n^2 R_c$。差动接法的特点是不易受伺服放大器电源电压变动的影响。

2. 颤振信号

为了提高伺服阀的分辨能力，改善系统的性能，可以在伺服阀的输入信号上叠加一个高频低幅的电信号，使伺服阀处在一个颤振状态中，以减小或消除伺服阀由于干摩擦所产生的游隙，防止阀芯卡死。

颤振信号频率一般取伺服阀频宽的 1.5~2 倍。若伺服阀频宽为 200~300Hz，则颤振频率取 300~400Hz。颤振信号的频率不应与伺服阀、执行元件及负载的谐振频率重合。颤振幅值应足以使峰值填满游隙宽度，这相当于主阀芯运动 2.5μm 左右。颤振幅值不能过大，以免通过伺服阀传递到负载。颤振信号幅值一般取 10% 的额定电流值。颤振信号波形采用正弦波、三角波或方波，其效果是相同的。但是，附加颤振信号也会增加滑阀节流口及阀芯外圆和阀套内孔的磨损，以及力矩马达的弹性支承元件的疲劳，缩短伺服阀的使用寿命。

7.4　电液伺服系统

电液伺服系统是以液压为动力，以电液伺服阀（伺服变量泵）作为电液转换和放大元件来实现某种控制规律的系统，它的输出信号能跟随输入信号快速变化，也称为随动系统，跟电气系统相比虽有价格昂贵和使用不便的缺陷，但其具有响应速度快、功率质量比大及抗负载刚度大等特点，电液伺服系统在控制精度要求高、输出功率大的控制领域仍占有独特的优势。按电液伺服系统被控机械量的不同，又可分为电液位置伺服系统、电液速度伺服系统和电液力伺服系统三种。

7.4.1　电液位置伺服系统

电液位置伺服系统是一种最基本和最常用的液压伺服系统。以电液伺服阀实现对伺服油缸的位置控制，加入位移传感器构成位置闭环控制系统。位置传感器（线位移传感器）用来测量实际位置信号，并将其转换成对应的电流或电压信号送至偏差检测元件作为反馈信号。其根本任务就是通过执行机构实现被控量对给定量的及时准确跟踪，并要具有足够的控制精度。电液位置伺服系统适合于负载惯性大的高速、大功率对象的控制，它已在飞行器姿态控制、飞机发动机转速控制、雷达天线方位控制、机器人关节控制、带材跑偏、张力控制、雷达和火炮控制以及振动试验台中得到应用。

1. 传递函数分析

阀控缸式电液位置伺服系统由放大器、伺服阀、液压缸、位移传感器以及负载组成。其控制原理如图 7-17 所示。

放大器是将指令信号 U_r 与位移传感器反馈的电压信号 U_f 形成的偏差信号放大并转换为电流信号 Δi。放大器通常由电子器件组成，由于这些电子器件的动态过程与液压动力元件相比可以忽略并可以简化为比例环节，即

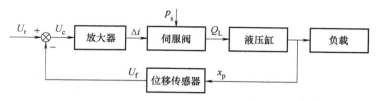

图 7-17　阀控缸式电液位置伺服系统控制原理

$$\Delta i = K_e (U_r - U_f) \tag{7-1}$$

式中，K_e 为放大器增益。

以力反馈喷嘴挡板伺服阀为例，伺服阀从力矩马达控制电流 Δi 到滑阀阀芯位移 x_v 的传递函数为

$$\frac{x_v}{\Delta i} = \frac{K_{sv}}{\left(\dfrac{s}{K_{vf}}+1\right)\left(\dfrac{s^2}{\omega_{mf}^2}+\dfrac{2\zeta_{mf}}{\omega_{mf}}s+1\right)} \tag{7-2}$$

式中，ω_{mf} 为力矩马达的固有频率；ζ_{mf} 为力矩马达的阻尼系数；K_{vf} 为伺服阀力反馈回路开环放大系数；K_{sv} 为伺服阀增益。

忽略弹性负载，零开口四边阀控对称缸从滑阀阀芯位移 x_v 到活塞杆位移 x_p 的传递函数为

$$x_p = \frac{\dfrac{K_q}{A_p}x_v - \dfrac{K_{ce}}{A_p^2}\left(\dfrac{V_t}{4\beta_e K_{ce}}s+1\right)F_L}{s\left(\dfrac{s^2}{\omega_h^2}+\dfrac{2\zeta_h}{\omega_h}s+1\right)} \tag{7-3}$$

式中，ω_h 为液压缸固有频率；ζ_h 为液压缸阻尼系数；K_q 为滑阀流量增益；A_p 为活塞有效面积；K_{ce} 为包括泄漏在内的总压力流量系数；V_t 为液压缸两腔的总容积；β_e 为液体等效体积弹性模量。

位移传感器将液压缸活塞位移 x_p 转换为反馈电压信号 U_f，即

$$U_f = K_f x_p \tag{7-4}$$

式中，K_f 为传感器增益。

电液位置伺服系统的控制框图如图 7-18 所示。通常情况下，当电液伺服阀的频宽与液压固有频率相近时，电液伺服阀的传递函数可用二阶环节来表示。当电液伺服阀的频宽大于液压固有频率（3~5 倍）时，电液伺服阀的传递函数可用一阶环节来表示。又因为电液伺服阀的响应速度较快，与液压动力元件相比，其动态特性可以忽略不计，此时伺服阀又可以简化为比例环节，同时，忽略外负载力 F_L，图 7-18 中系统框图再次简化，如图 7-19 所示。

根据图 7-19 控制简化框图可以写出系统开环传递函数为

$$G(s)H(s) = \frac{K_v}{s\left(\dfrac{s^2}{\omega_h^2}+\dfrac{2\zeta_h}{\omega_h}s+1\right)} \tag{7-5}$$

式中，K_v 为速度放大系数，$K_v = \dfrac{K_{sv}K_e K_q K_f}{A_t}$。

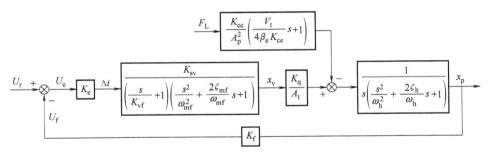

图 7-18　电液位置伺服系统的控制框图

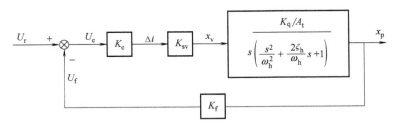

图 7-19　电液位置伺服系统的控制简化框图

式（7-5）是电液位置伺服系统的开环传递函数的通用形式，它表明系统的特征方程是由一个积分环节和一个二阶振荡环节组成的。

对应的系统闭环传递函数为

$$\Phi(s) = \frac{K_v}{\dfrac{s^3}{\omega_h^2} + \dfrac{2\zeta_h}{\omega_h}s^2 + s + K_v} \tag{7-6}$$

2. 稳定性分析

根据系统的开环传递函数式（7-5）可以绘制出系统的开环伯德图，如图 7-20 所示。这是典型的液压伺服系统积分加振荡环节的伯德图。对闭环传递函数的特征方程应用劳斯判据，可以得出系统的稳定判据及稳定裕度分别为

$$K_v < 2\zeta_h\omega_h \tag{7-7}$$

$$K_g = \frac{K_v}{2\zeta_h\omega_h} \tag{7-8}$$

稳定判据表明，电液位置伺服系统的稳定性是由开环增益 K_v、动力元件固有频率 ω_h 和阻尼系数 ζ_h 决定的，要求开环增益小于动力元件固有频率 ω_h 和阻尼系数 ζ_h 乘积的两倍。一般来说，动力元件固有频率 ω_h 的计算值比较准确，而阻尼系数 ζ_h 一般取 $0.1 \sim 0.2$，根据稳定判据及稳定裕度对应的式（7-7）或式（7-8），即可计算出系统的开环增益 K_v，根据 $K_v \approx \omega_c$，可求出穿越频率 ω_c。穿越频率 ω_c 高，相当于频宽

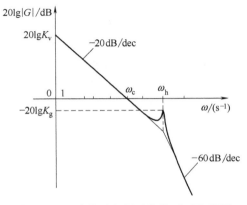

图 7-20　电液位置伺服系统的开环伯德图

高。所以，在开环伯德图上就可以选定或算出电液位置伺服系统的一些主要参数。

阻尼系数 ζ_h 的计算值一般小于系统的实测值，原因如下：

1）滑阀的径向间隙不可能为零，实际上为正开口，阀的实际流量-压力系数高于理论计算值。

2）计算过程中忽略各种摩擦力。

3）负载状态下，阀的流量增益小于空载流量增益（$K_q<K_{q0}$），而流量-压力系数大于空载流量-压力系数（$K_c>K_{c0}$），K_q 减小和 K_c 增大都有利于系统稳定。

4）只有在工作频率接近谐振频率（$\omega \approx \omega_h$）时才有稳定性问题，而此时负载压力接近饱和，阀的流量-压力系数 K_c 会变得很大，阻尼系数 ζ_h 较高。所以采用式（7-7）设计的液压系统还是比较可靠的，估算时可取

$$K_v \approx \frac{\omega_h}{3} \qquad (7\text{-}9)$$

系统稳定性判据限制了开环增益 K_v 的最大值，而 K_v 值过小会影响系统的精度；同时也限制了开环穿越频率（剪切频率）ω_c 的大小，即限制了系统的响应速度。由此可见，难以得到较大的稳定裕度 K_g，而相位稳定裕度 γ 易于保证，稳定性与控制精度和响应速度是矛盾的，为了同时兼顾稳定性、控制精度和响应速度，必须提高阻尼系数 ζ_h 或采取其他措施对系统进行校正。

3. 误差分析

控制系统的误差包括稳态误差和静态误差两个方面。稳态误差是系统动态误差特性当时间 $t\rightarrow\infty$ 时的误差，它描绘控制系统对给定输入信号和干扰信号稳态时的误差，稳态误差可以根据误差传递函数求得。静态误差是由组成控制系统的元器件本身精度所造成的误差，它包括动力机构死区误差、伺服阀和放大器的零漂误差、反馈元件的零位误差等，静态误差不是时间的函数，没有动态过程。

根据开环传递函数 $G(s)H(s)$，可以得到误差 E_r 对指令信号 U_r 的误差传递函数 $\varPhi_e(s)$：

$$\varPhi_e(s)=\frac{E_r}{U_r}=\frac{1}{1+G(s)H(s)}=\frac{s\left(\dfrac{s^2}{\omega_h^2}+\dfrac{2\zeta_h}{\omega_h}s+1\right)}{s\left(\dfrac{s^2}{\omega_h^2}+\dfrac{2\zeta_h}{\omega_h}s+1\right)+K_v} \qquad (7\text{-}10)$$

利用拉普拉斯变换的中值定理，求得稳态误差 e_r：

$$e_r(\infty)=\lim_{s\to0}sE_r(s)=\lim_{s\to0}\frac{s^2\left(\dfrac{s^2}{\omega_h^2}+\dfrac{2\zeta_h}{\omega_h}s+1\right)}{s\left(\dfrac{s^2}{\omega_h^2}+\dfrac{2\zeta_h}{\omega_h}s+1\right)+K_v}U_r(s) \qquad (7\text{-}11)$$

从式（7-11）可知，系统稳态误差与输入信号的形式有关。对于单位阶跃输入信号，其传递函数为

$$U_r(s)=\frac{1}{s} \qquad (7\text{-}12)$$

代入式（7-11）可得稳态误差为零，这是因为系统开环传递函数中有一个积分环节，是Ⅰ型

系统，对阶跃输入信号的稳态误差为零。

对于单位等速输入信号，其传递函数为

$$U_r(s) = \frac{1}{s^2} \tag{7-13}$$

代入式（7-11）后，可计算得到稳态误差为

$$e_r(\infty) = \lim_{s \to 0} sE_r(s) = \lim_{s \to 0} \frac{s^2\left(\dfrac{s^2}{\omega_h^2} + \dfrac{2\zeta_h}{\omega_h}s + 1\right)}{s\left(\dfrac{s^2}{\omega_h^2} + \dfrac{2\zeta_h}{\omega_h}s + 1\right) + K_v} U_r(s) = \lim_{s \to 0} \frac{\dfrac{s^2}{\omega_h^2} + \dfrac{2\zeta_h}{\omega_h}s + 1}{s\left(\dfrac{s^2}{\omega_h^2} + \dfrac{2\zeta_h}{\omega_h}s + 1\right) + K_v} = \frac{1}{K_v} \tag{7-14}$$

可见，I型系统跟踪等速输入信号时存在位置误差（不是速度误差），误差大小与开环增益成反比。

对于单位等加速度输入信号，其传递函数为

$$U_r(s) = \frac{1}{s^3} \tag{7-15}$$

代入式（7-11）后，可计算得到稳态误差为

$$e_r(\infty) = \lim_{s \to 0} sE_r(s) = \lim_{s \to 0} \frac{\dfrac{s^2}{\omega_h^2} + \dfrac{2\zeta_h}{\omega_h}s + 1}{s\left(\dfrac{s^2}{\omega_h^2} + \dfrac{2\zeta_h}{\omega_h}s + 1\right) + K_v} \frac{1}{s} = \infty \tag{7-16}$$

可见I型系统无法跟踪等加速度输入信号。

电液位置伺服系统的静态误差主要是由液压动力机构死区以及伺服阀死区、伺服阀与其放大器的零漂、测量元件的零位误差三个方面引起的。当液压动力机构由静止开始运动时，需要克服负载和静摩擦力，在动力元件的控制腔上造成一定的负载压降，该压降对应一定的伺服阀输入电流 Δi_1，它与伺服阀的零位压力增益和动力元件的泄漏有关。若伺服阀存在死区，为了克服死区，使伺服阀有压力输出，也需要输入一定的死区电流 Δi_2。伺服阀的零点漂移主要是由供油压力、系统温度变化引起的，可以用零漂电流 Δi_3 表示伺服阀和放大器的零漂。由上述因素所造成的系统输出误差 Δy 为

$$\Delta y = \frac{\Delta i_1 + \Delta i_2 + \Delta i_3}{K_e K_f} \tag{7-17}$$

式中，K_e 为伺服放大器增益；K_f 为位移传感器增益。

位移传感器存在着系统误差、调零误差和校正误差，它所引起的测量误差与系统增益无关，该误差直接反映在系统的输出上，对系统控制精度有直接的影响。

4. 刚度特性分析

位置伺服系统的输出位移 Y 对外负载力 F 的闭环传递函数称为系统闭环柔度特性，其表达式为

$$\frac{Y}{F} = -\frac{\dfrac{K_{ce}}{A^2}\left(1 + \dfrac{V_t}{4\beta_e K_{ce}}s\right)}{\dfrac{s^3}{\omega_h^2} + \dfrac{2\zeta_h}{\omega_h}s^2 + s + K_v} \tag{7-18}$$

系统柔度特性的倒数称为闭环刚度特性，即

$$\frac{F}{Y}=-\frac{A^2K_v}{K_{ce}}\frac{\dfrac{s^3}{K_v\omega_h^2}+\dfrac{2\zeta_h}{K_v\omega_h}s^2+\dfrac{s}{K_v}+1}{1+\dfrac{V_t}{4\beta_eK_{ce}}s} \tag{7-19}$$

闭环静态刚度为

$$\left|\frac{F}{Y}\right|_{\omega=0}=\frac{A^2K_v}{K_{ce}} \tag{7-20}$$

由系统闭环刚度特性与动力机构的刚度特性（开环刚度）对比可知，动力机构的静态刚度为零，而系统闭环静态刚度是一个很大的值，由此可知，加入位移反馈构成闭环系统后，极大提高了系统刚度。

系统的闭环刚度是对外负载干扰引起的位置误差的度量，它直接影响着系统的位置控制精度。系统闭环刚度与开环增益 K_v 成正比，增益 K_v 越高，系统刚度越大。当开环增益不满足系统刚度要求时，可采用积分校正或速度反馈校正加以解决。

5. 滞后校正

加入滞后校正主要是提高系统的稳态精度，通过加大低频段增益、降低高频段增益，使系统在稳定的前提下减小稳态误差。常用滞后校正的传递函数为

$$G_c(s)=K_c\frac{\dfrac{s}{\omega_1}+1}{\alpha\dfrac{s}{\omega_1}+1},\alpha>1 \tag{7-21}$$

式中，K_c 为校正环节的增益；ω_1 为超前环节的转折频率；α 为滞后超前比。

由于 $\alpha>1$，滞后时间常数大于超前时间常数，校正环节具有纯相位滞后，是一个低通滤波器。

滞后校正利用的是校正网络的高频衰减特性，可以在保持系统稳定的前提下提高系统的低频增益，从而改变系统的稳态性能。在阻尼较小的液压伺服系统中，提高放大系统的限制因素是增益裕度，而不是相位裕度，因此在液压伺服系统中采用滞后校正是合适的。

电液位置伺服系统的正向回路中串联加入滞后校正后，开环传递函数变为

$$G(s)H(s)=\frac{K_vK_c\left(\dfrac{s}{\omega_1}+1\right)}{s\left(\dfrac{s^2}{\omega_h^2}+\dfrac{2\zeta_h}{\omega_h}s+1\right)\left(\alpha\dfrac{s}{\omega_1}+1\right)} \tag{7-22}$$

设计滞后校正网络主要是确定参数 K_c、ω_1 和 α，基本步骤如下：

1）根据稳态误差要求确定校正网络的放大增益 K_c，进而确定新的开环增益。

2）选择转折频率 ω_1。为减小滞后网络对穿越频率 ω_c 处相位滞后的影响，应使转折频率 ω_1 低于未校正前穿越频率 ω_c 的 1～10 倍，一般选取 $\omega_1=(0.2\sim0.25)\omega_c$。

3）确定滞后超前比 α。α 的取值一般为 10～20，通常可取 $\alpha=10$。

某电液位置伺服系统的开环增益 $K_v=26\text{s}^{-1}$，固有频率 $\omega_h=164\text{rad}$，阻尼系数 $\zeta_h=0.2$，

由于 $2\zeta_{\mathrm{h}}\omega_{\mathrm{h}}=65.6>K_{\mathrm{v}}$，故系统是稳定的。为了提高系统稳态精度，要求提高开环增益，新的开环增益 $K'_{\mathrm{v}}=3K_{\mathrm{v}}$。如果不加以校正，此时 $2\zeta_{\mathrm{h}}\omega_{\mathrm{h}}<K'_{\mathrm{v}}$，系统是不稳定的。设计滞后校正网格的参数为 $K_{\mathrm{c}}=3$，$\omega_1=15\mathrm{rad}$，$\alpha=10$；可得出校正网络的传递函数为 $\dfrac{3(0.0667s+1)}{0.667s+1}$。

图 7-21 为滞后校正前后的开环系统频率特性曲线，图 7-22 为滞后校正前后的闭环系统阶跃响应曲线。从图中对比可知，经过滞后校正后，系统的开环增益得到提高，但穿越频率减小，阶跃响应产生了较大的超调量和振荡。

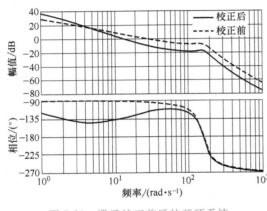

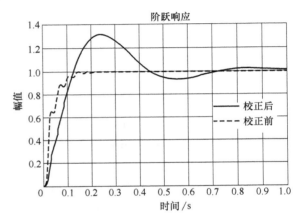

图 7-21　滞后校正前后的开环系统
频率特性曲线

图 7-22　滞后校正前后的闭环系统
阶跃响应曲线

滞后校正的优点在于能够增大系统的开环增益，从而减小了稳态误差，提高了控制精度和闭环刚度。但是，滞后校正降低了系统的频带，影响了系统动态响应速度，并且使系统对阶跃响应产生较大的超调和振荡。

6. 速度和加速度反馈校正

实践表明，速度反馈可提高系统的固有频率，而加速度反馈能够增加系统的阻尼系数。实际应用中，速度和加速度反馈可以根据实际需要单独使用或联合使用。下面对速度反馈、加速度反馈及速度和加速度综合反馈的三种校正方法进行讨论。图 7-23 为带速度反馈的电液位置伺服系统控制框图。由系统控制框图可求得速度反馈回路的闭环传递函数为

$$\frac{x_{\mathrm{p}}(s)}{U_{\mathrm{e}}(s)}=\frac{\dfrac{K_{\mathrm{a}}K_{\mathrm{sv}}K_{\mathrm{q}}}{A}}{s\left(\dfrac{s^2}{\omega_{\mathrm{h}}^2}+\dfrac{2\zeta_{\mathrm{h}}}{\omega_{\mathrm{h}}}s+1+\dfrac{K_{\mathrm{a}}K_{\mathrm{sv}}K_{\mathrm{q}}K_{\mathrm{fv}}}{A}\right)} \tag{7-23}$$

式中，K_{fv} 为速度反馈系数。假设 $K_0=\dfrac{K_{\mathrm{a}}K_{\mathrm{sv}}K_{\mathrm{q}}}{A}$ 是未校正前的开环增益，式（7-23）可改写为

$$\frac{x_{\mathrm{p}}(s)}{U_{\mathrm{e}}(s)}=\frac{K_{0\mathrm{v}}}{s\left(\dfrac{s^2}{\omega_{\mathrm{hv}}^2}+\dfrac{2\zeta_{\mathrm{hv}}}{\omega_{\mathrm{hv}}}s+1\right)} \tag{7-24}$$

式中，$K_{0\mathrm{v}}$ 为校正后速度反馈回路的增益，$K_{0\mathrm{v}}=\dfrac{K_0}{1+K_0K_{\mathrm{fv}}}$；$\omega_{\mathrm{hv}}$ 为速度反馈回路的液压固有频

率，$\omega_{\mathrm{hv}} = \omega_{\mathrm{h}} \sqrt{1 + K_0 K_{\mathrm{fv}}}$；$\zeta_{\mathrm{hv}}$ 为速度反馈回路的阻尼系数，$\zeta_{\mathrm{hv}} = \dfrac{\zeta_{\mathrm{h}}}{\sqrt{1 + K_0 K_{\mathrm{fv}}}}$。

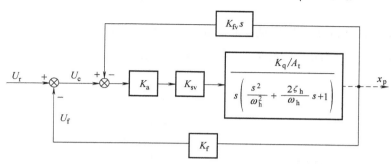

图 7-23　带速度反馈的电液位置伺服系统控制框图

由式（7-24）可知，速度反馈校正使液压固有频率增高，提高了系统的频宽，但是也导致了开环增益和阻尼系数的减小，尤其是阻尼系数的减小使原本低阻尼的系统性能难以提高。由于速度反馈回路包含了伺服放大器、伺服阀以及执行元件等环节，这些元件死区、间隙、滞环、零漂和负载扰动等非线性因素的影响都将得到抑制，相当于增加了系统刚度，有利于系统性能的改善。

图 7-24 为带加速度反馈的电液位置伺服系统控制框图，由系统框图可求得加速度反馈回路的闭环传递函数为

$$\frac{x_{\mathrm{p}}(s)}{U_{\mathrm{e}}(s)} = \frac{K_0}{s\left(\dfrac{s^2}{\omega_{\mathrm{h}}^2} + \dfrac{2\zeta_{\mathrm{ha}}}{\omega_{\mathrm{h}}} s + 1\right)} \tag{7-25}$$

式中，ζ_{ha} 为加速度反馈回路的阻尼系数，$\zeta_{\mathrm{ha}} = \zeta_{\mathrm{h}} + (K_0 K_{\mathrm{fa}} \omega_{\mathrm{h}})/2$，第二项表达式 $(K_0 K_{\mathrm{fa}} \omega_{\mathrm{h}})/2$ 为由加速度反馈产生的附加阻尼项，K_{fa} 为加速度反馈系数。

采用加速度反馈回路校正后，系统的开环增益、固有频率均保持不变，只是系统的阻尼系数增大了 $(K_0 K_{\mathrm{fa}} \omega_{\mathrm{h}})/2$。即在保证内部回路稳定的前提下，通过调整加速度反馈系数 K_{fa} 可使系统的阻尼系数达到希望值，以满足改善系统性能的需要。

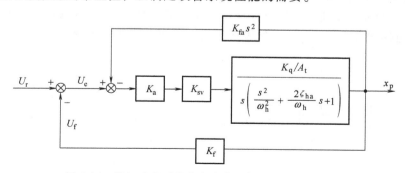

图 7-24　带加速度反馈的电液位置伺服系统控制框图

图 7-25 为同时带速度和加速度反馈的电液位置伺服系统控制框图，K_1 为前置放大器增益。由系统控制框图可求得同时带速度和加速度反馈回路的闭环传递函数为

$$\frac{x_{\mathrm{p}}(s)}{U_{\mathrm{e}}(s)} = \frac{K_{\mathrm{va}}}{s\left(\dfrac{s^2}{\omega_{\mathrm{va}}^2} + \dfrac{2\zeta_{\mathrm{va}}}{\omega_{\mathrm{va}}}s + 1\right)} \tag{7-26}$$

式中，K_{va} 为速度-加速度反馈回路的增益，$K_{\mathrm{va}} = K_0 / (1 + K_0 K_{\mathrm{fv}})$；$\omega_{\mathrm{va}}$ 为速度-加速度反馈回路的液压固有频率，$\omega_{\mathrm{va}} = \omega_{\mathrm{h}} \sqrt{1 + K_0 K_{\mathrm{fv}}}$；$\zeta_{\mathrm{va}}$ 为速度-加速度反馈回路的液压阻尼系数，$\zeta_{\mathrm{va}} = \zeta_{\mathrm{ha}} / \sqrt{1 + K_0 K_{\mathrm{fv}}}$。

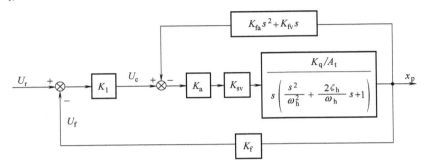

图 7-25　同时带速度和加速度反馈的电液位置伺服系统控制框图

由上述公式可知，加速度反馈校正可增大系统的阻尼系数。速度反馈校正能提高液压固有频率，但是降低了系统的开环增益和阻尼系数。同时引入这两种反馈校正时，可通过调整前置放大器增益 K_1 把系统开环增益调整至合适值；再通过匹配速度反馈系数 K_{fv} 和加速度反馈系数 K_{fa} 调整系统的固有频率和阻尼系数，全面改善系统的性能指标，达到或接近所谓的"三阶最佳"形式。

速度和加速度反馈校正可以提高系统的固有频率和阻尼系数，但并不是可以无限制任意调节的。伺服阀等环节的频宽是速度和加速度反馈校正的限制条件。

7. 静压反馈和动压反馈校正

由于液压系统自身阻尼系数较小，容易出现欠阻尼，导致系统不稳定，因此为了提高系统稳定性，可以通过增加能耗和降低刚度的方式使漏损加大，来提高阻尼系数。如果既希望增加阻尼而又不希望增大能耗及降低刚度，则可采用压力反馈校正。

压力反馈分为静压反馈和动压反馈两种反馈方式。图 7-26 为带静压反馈校正的电液位置伺服系统控制框图，K_{fp} 为静压反馈系数。图 7-27 为系统控制框图的等效变换形式。

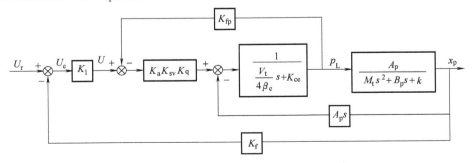

图 7-26　带静压反馈校正的电液位置伺服系统控制框图

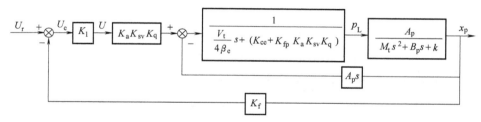

图 7-27　等效变换后带静压反馈校正的电液位置伺服系统控制框图

系统校正前总泄漏系数为 K_{ce}，静压反馈校正后总泄漏系数为 $K'_{ce} = K_{ce} + K_{fp}$。加入静压反馈后的电液位置伺服系统与未加入静压反馈的系统相比，两者数学模型基本一致，引入静压反馈并不改变数学模型的结构，但增加了一项附加的流量-压力系数，即 $K_{fp}K_aK_{sv}K_q$。该附加的流量-压力系数很小，其作用与加大伺服阀和液压缸的泄漏是相同的。

静压反馈校正使系统总泄漏系数增大，校正后系统固有频率保持不变，而阻尼系数 ζ'_h 为

$$\zeta'_h = \frac{K_{ce} + K_{fp}K_aK_{sv}K_q}{A_p}\sqrt{\frac{\beta_e M_t}{V_t}} \tag{7-27}$$

静压反馈校正增大了系统阻尼，提高了系统的稳定性，并克服了因泄漏导致的系统效率降低的缺陷。因此，静压反馈校正是提高和产生恒定阻尼的较好方式。但是，总泄漏系数的提高会使系统刚度降低，将增大干扰引起的误差。加入静态反馈校正后，系统的闭环静态刚度为

$$\left|\frac{F}{Y}\right|_{\omega=0} = \frac{A^2 K_v}{K_{ce} + K_{fp}K_aK_{sv}K_q} \tag{7-28}$$

为了弥补静压反馈校正的缺点，可采用动压反馈校正的方法。要实现动压反馈，就要将压力传感器的放大器替换为微分放大器，传递函数为

$$G'_{fp}(s) = K'_{fp}\frac{T'_p s}{T'_p s + 1} \tag{7-29}$$

式中，K'_{fp} 为微分放大器增益；T'_p 为时间常数。

图 7-28 为带动压反馈校正的电液位置伺服系统控制框图。影响系统静态刚度的因素是总泄漏系数 K_{ce}，动压反馈未改变系统的总泄漏系数，因此加入动压反馈校正后的系统静态刚度不发生变化。那么动压反馈校正的系统特征方程为

$$s\left[\frac{B_p V_t T'_p}{4A_p^2 \beta_e}s^2 + \frac{K_{ce}B_p}{A_p^2}\left(\frac{V_t}{4\beta_e K_{ce}} + \frac{K_{ce} + K'_{fp}K_aK_{sv}K_q}{K_{ce}}\right)s + 1\right] = 0 \tag{7-30}$$

取动压反馈的时间常数 $T'_p = M_t/B_p$，则特征式中 s^2 项系数可整理为

$$\frac{B_p V_t T'_p}{4A_p^2 \beta_e} = \frac{B_p V_t}{4A_p^2 \beta_e} \cdot \frac{M_t}{B_p} = \frac{V_t M_t}{4A_p^2 \beta_e} = \frac{1}{\omega_h^2} \tag{7-31}$$

可见 s^2 项系数保持不变，这说明动压反馈校正并不影响系统的固有频率。同理整理 s 项系数，可以得到动压反馈校正后系统的阻尼系数 ζ'_h

$$\zeta'_h = \frac{K_{ce} + K'_{fp}K_aK_{sv}K_q}{A_p}\sqrt{\frac{\beta_e M_t}{V_t}} \tag{7-32}$$

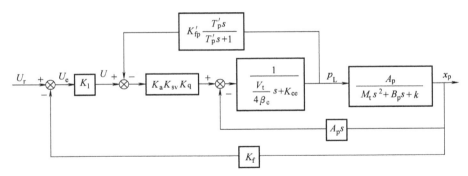

图 7-28 带动压反馈校正的电液位置伺服系统控制框图

这说明动压反馈校正可使系统阻尼增大。

7.4.2 电液速度伺服系统

电液速度伺服系统也是一个常用的液压控制系统，广泛应用于雷达天线控制、转台速度控制和船用稳定平台速度控制等大功率控制系统中。速度伺服系统的控制对象是系统的输出速度，它通过速度传感器将输出的速度反馈至系统输入端，构成速度闭环。

1. 传递函数分析

以阀控马达动力机构为例，分析电液速度伺服系统的传递函数。图 7-29 为阀控马达电液速度伺服系统控制原理框图，它包含放大器、伺服阀、液压马达、速度传感器以及负载，控制目标是液压马达的输出转速。

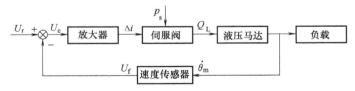

图 7-29 阀控马达电液速度伺服系统控制原理框图

放大器将指令信号 U_r 与反馈速度的电压信号 U_f 形成的偏差进行放大并转换为电流信号 Δi。放大器通常由电子器件组成，由于这些电子器件的动态过程与液压动力元件相比可以忽略并可以简化为比例环节，即

$$\Delta i = K_e (U_r - U_f) \tag{7-33}$$

式中，K_e 为放大器增益。

以力反馈喷嘴挡板伺服阀为例，伺服阀从力矩马达控制电流 Δi 到滑阀阀芯位移 x_v 的传递函数为

$$\frac{x_v}{\Delta i} = \frac{K_{sv}}{\left(\dfrac{s}{K_{vf}} + 1 \right) \left(\dfrac{s^2}{\omega_{mf}^2} + \dfrac{2 \zeta_{mf}}{\omega_{mf}} s + 1 \right)} \tag{7-34}$$

式中，ω_{mf} 为力矩马达固有频率；ζ_{mf} 为力矩马达阻尼系数；K_{vf} 为伺服阀力反馈回路开环放大系数；K_{sv} 为伺服阀增益。

忽略弹性负载，零开口四边阀控马达从滑阀位移 x_v 到液压马达角速度 $\dot{\theta}_m$ 的传递函

数为

$$\dot{\theta}_{\mathrm{m}} = \theta_{\mathrm{m}} s = \frac{\dfrac{K_{\mathrm{q}}}{D_{\mathrm{m}}} x_{\mathrm{v}} - \dfrac{K_{\mathrm{ce}}}{D_{\mathrm{m}}^2} \left(\dfrac{V_{\mathrm{t}}}{4\beta_{\mathrm{e}} K_{\mathrm{ce}}} s + 1 \right) T_{\mathrm{L}}}{\dfrac{s^2}{\omega_{\mathrm{h}}^2} + \dfrac{2\zeta_{\mathrm{h}}}{\omega_{\mathrm{h}}} s + 1} \tag{7-35}$$

式中，ω_{h} 为液压缸的固有频率；ζ_{h} 为液压缸的阻尼系数；K_{q} 为滑阀流量增益；D_{m} 为液压马达的排量；K_{ce} 为包括泄漏在内的总压力流量系数；V_{t} 为液压马达两腔及连接管路总容积；β_{e} 为液体等效体积弹性模量。

速度传感器将马达角速度信号 $\dot{\theta}_{\mathrm{m}}$ 转换为反馈电压信号 U_{f}，即

$$U_{\mathrm{f}} = K_{\mathrm{f}} \dot{\theta}_{\mathrm{m}} \tag{7-36}$$

式中，K_{f} 为传感器增益。

根据上述基本方程，可以画出电液速度伺服系统的控制框图，如图 7-30 所示。

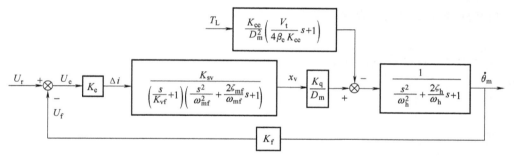

图 7-30　电液速度伺服系统的控制框图

通常情况下，液压马达的固有频率 ω_{h} 是系统中最低的，而伺服阀的频宽远大于液压马达的固有频率，因此，伺服阀可以简化为比例环节，同时，忽略外负载力矩 T_{L}，那么图 7-30 中系统控制框图可以再次简化，如图 7-31 所示。

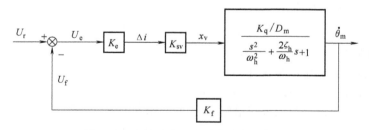

图 7-31　电液速度伺服系统的简化框图

根据图 7-31 简化后的框图，可以得出系统开环传递函数为

$$G(s)H(s) = \frac{K_{\mathrm{v}}}{\dfrac{s^2}{\omega_{\mathrm{h}}^2} + \dfrac{2\zeta_{\mathrm{h}}}{\omega_{\mathrm{h}}} s + 1} \tag{7-37}$$

式中，K_{v} 为速度放大系数，即开环增益。$K_{\mathrm{v}} = K_{\mathrm{sv}} K_{\mathrm{e}} K_{\mathrm{q}} K_{\mathrm{f}} / D_{\mathrm{m}}$。

由式（7-37）电液速度伺服系统开环传递函数可以得出系统的特征方程是一个二阶振荡

环节。

对应的电液速度伺服系统闭环传递函数为

$$\Phi(s) = \cfrac{K_v}{\cfrac{s^2}{\omega_h^2} + \cfrac{2\zeta_h}{\omega_h}s + 1 + K_v} \tag{7-38}$$

2. 动态特性分析

由开环传递函数可知，电液速度伺服系统是 0 型有差系统，输出速度误差随着速度的增大而增大，这表明速度伺服系统不能像位置伺服系统那样简单地通过速度反馈来实现速度闭环控制，存在的速度误差还有可能使稳定裕度减小，甚至使系统不稳定。

某电液速度伺服系统固有频率为 200rad/s，液压阻尼系数为 0.2，开环增益为 20s⁻¹。图 7-32 为该速度伺服系统的频率特性曲线，系统开环穿越频率为 916rad/s，曲线斜率为 -40dB/dec，相位裕度为 5°。虽然系统稳定，但由于稳定裕度较小，所以系统稳定性较差。电液速度闭环系统的阶跃响应如图 7-33 所示。从图可知，阶跃响应曲线有剧烈的振荡现象，过渡过程时间较长，并且还存在一定的速度稳态误差。

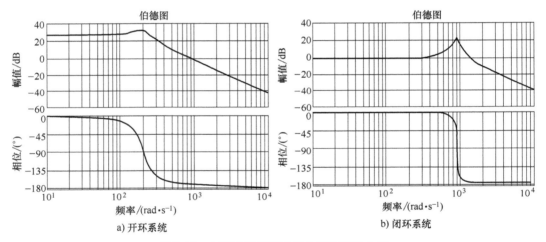

图 7-32　电液速度伺服系统的频率特性曲线

电液速度伺服系统是 0 型有差系统，简单的速度反馈难以实现稳定的速度闭环控制。为了使电液速度伺服系统能够稳定工作，并减小稳态误差，需要采取适当的校正措施。

3. 系统校正

为了使电液速度伺服系统稳定工作，通常需要加入积分校正环节或惯性校正环节。加入积分校正后的系统开环传递函数为

$$G_1(s)H_1(s) = \cfrac{\cfrac{K_v}{T_1}}{s\left(\cfrac{s^2}{\omega_h^2} + \cfrac{2\zeta_h}{\omega_h}s + 1\right)} \tag{7-39}$$

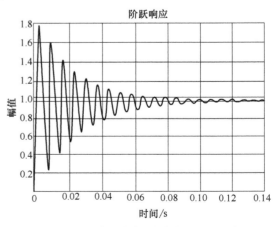

图 7-33　电液速度闭环系统的阶跃响应

式中，T_1 为积分校正环节的时间常数。若系统穿越频率 ω_c 已知，根据 $K_v/T_1 = \omega_c$，可以计算出积分环节的时间常数 $T_1 = K_v/\omega_c$。

加入惯性环节校正后的系统开环传递函数为

$$G_2(s)H_2(s) = \frac{K_v}{(T_2 s + 1)\left(\dfrac{s^2}{\omega_h^2} + \dfrac{2\zeta_h}{\omega_h}s + 1\right)} \tag{7-40}$$

式中，T_2 为惯性校正环节的时间常数。若系统穿越频率 ω_c 已知，根据 $K_v/T_2 = \omega_c$，也可以计算出惯性环节的时间常数 $T_2 = K_v/\omega_c$。

某电液速度伺服系统固有频率为 200rad/s，液压阻尼系数为 0.2，开环增益为 20s^{-1}。为了改善该系统的稳定性，分别加入积分环节校正和惯性环节校正。积分校正环节为 $2/s$，积分校正后电液速度伺服系统的频率特性曲线如图 7-34 所示。加入积分校正后，开环系统以 20dB/dec 穿越零分贝线，相位稳定裕度为 85°，稳定性得到了改善，但是系统的开环增益、穿越频率和幅频宽、相频宽都有所降低，这意味着降低了系统的响应速度。

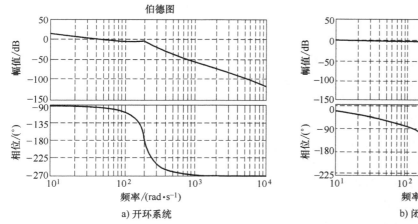
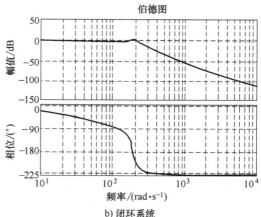

a) 开环系统　　　　　　　　　　　b) 闭环系统

图 7-34　积分校正后电液速度伺服系统的频率特性曲线

图 7-35 为积分校正后电液速度伺服系统的阶跃响应曲线。由图可知，阶跃响应曲线的振荡现象得到了很好的抑制，速度稳态误差为零（积分校正后的电液速度伺服系统为 Ⅰ 型系统），但是过渡过程时间显著增加，降低了响应的快速性。

惯性校正环节为 $2/(s+2)$，惯性环节校正后电液速度伺服系统的频率特性曲线如图 7-36 所示，阶跃响应曲线如图 7-37 所示。从图可知，加入惯性环节校正后，电液速度伺服系统依然为 0 型系统，速度稳态误差仍然存在。惯性环节校正后电液速度伺服系统的

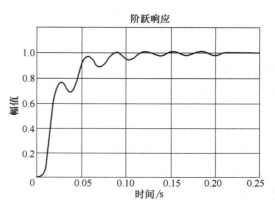

图 7-35　积分校正后电液速度伺服系统的阶跃响应曲线

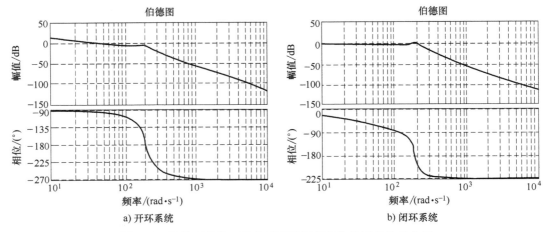

图 7-36 惯性环节校正后电液速度伺服系统的频率特性曲线

稳定性得到了改善，但是降低了响应速度。

7.4.3 电液力伺服系统

电液力伺服系统具有控制精度高、功率大、响应速度快、结构紧凑和易于改变控制力的大小等优点，因此应用越来越广泛。如压力机的压力控制、刹车制动控制和轧钢机张力控制等都采用电液力伺服系统。电液力伺服系统的控制对象是输出力矩或力，它通过力矩或力传感器传输反馈信号至系统输入端，构成力矩或力闭环。

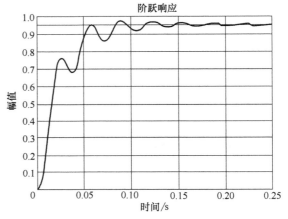

图 7-37 惯性环节校正后电液速度
伺服系统的阶跃响应曲线

1. 电液力伺服系统的组成及工作原理

电液力伺服系统通常以阀控液压缸作为动力机构，图 7-38 为电液力伺服控制系统原理图，主要由伺服放大器、电液伺服阀、液压缸和力传感器等组成。

当指令信号 U_r 作用于系统时，液压缸便产生输出力，输出的力经力传感器转换为反馈力的电压信号 U_f，与指令信号 U_r 比较后，得到偏差信号 U_e。偏差信号 U_e 经伺服放大器、电液伺服阀作用于液压缸活塞，使输出力向减小偏差的方向变化，直到输出力等于指令信号 U_r 所对应的值为止。在稳态情况下，输出力与偏差信号成比例，由于要保持一定的输出力就要求伺服阀有一定的开度，所以这是一个开环传递

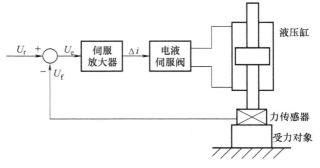

图 7-38 电液力伺服控制系统原理图

函数中不含积分环节的 0 型有差系统。

在电液力伺服系统中被调节量是力，而负载的位置、速度则取决于输出力和受力对象自身的状态，与位置或速度伺服系统不同。虽然在位置或速度伺服系统中，拖动负载运动也有力的输出，但这种力不是被调节量，它取决于被调节量（位置或速度）和外负载力。

2. 传递函数分析

电液力伺服系统中，假定力传感器的刚度远大于负载刚度，忽略力传感器的变形，认为液压缸活塞的位移就是负载的位移。放大器将指令信号 U_r 与反馈信号 U_f 的偏差信号放大并转换为电流信号 Δi。放大器通常简化为比例环节，即

$$\Delta i = K_e (U_r - U_f) \tag{7-41}$$

式中，K_e 为放大器增益。

以力反馈喷嘴挡板伺服阀为例，伺服阀从力矩马达控制电流 Δi 到滑阀阀芯位移 x_v 的传递函数为

$$\frac{x_v}{\Delta i} = \frac{K_{sv}}{\left(\dfrac{s}{K_{vf}} + 1\right)\left(\dfrac{s^2}{\omega_{mf}^2} + \dfrac{2\zeta_{mf}}{\omega_{mf}}s + 1\right)} \tag{7-42}$$

式中，ω_{mf} 为力矩马达固有频率；ζ_{mf} 为力矩马达阻尼系数；K_{vf} 为伺服阀力反馈回路开环放大系数；K_{sv} 为伺服阀增益。

阀控液压缸的动态特性可用以下方程表述

$$\begin{cases} Q_L = K_q x_v - K_c p_L \\ Q_L = A_p x_p s + \left(\dfrac{V_t}{4\beta_e} s + C_t\right) p_L \\ F = A_p p_L = (M_t s^2 + B_p s + k) x_p \end{cases} \tag{7-43}$$

式中，Q_L 为伺服阀的负载流量；p_L 为伺服阀的负载压力；F 为总外负载力；K_q 为阀的流量增益；K_c 为阀的流量-压力系数；A_p 为液压缸活塞有效面积；x_p 为液压缸输出位移；C_t 为阀总泄漏系数；V_t 为液压缸两腔的总容积；M_t 为液压缸活塞及运动件的总质量；B_p 为黏性摩擦系数；k 为弹性负载刚度。

根据方程组（7-43），消去中间变量 Q_L 和 x_p，并忽略阻尼影响，可以得到从负载力 F 到阀芯位移 x_v 的传递函数为

$$\frac{F}{x_v} = \frac{\dfrac{K_q}{A_p}(M_t s^2 + k)}{\dfrac{M_t}{k_h}s^3 + \dfrac{K_{ce} M_t}{A_p^2}s^2 + \left(\dfrac{k V_t}{4\beta_e A_p^2} + 1\right)s + \dfrac{K_{ce} k}{A_p^2}} \tag{7-44}$$

式中，K_{ce} 为包括泄漏在内的总压力流量系数，$K_{ce} = K_c + C_t$；k_h 为液压弹簧刚度，$k_h = 4\beta_e A_p^2 / V_t$。对式（7-44）进一步简化可得

$$\frac{F}{x_v} = \frac{\dfrac{A_p K_q}{K_{ce}}\left(\dfrac{s^2}{\omega_m^2} + 1\right)}{\left(\dfrac{s}{\omega_r} + 1\right)\left(\dfrac{s^2}{\omega_0^2} + \dfrac{2\zeta_0}{\omega_0}s + 1\right)} \tag{7-45}$$

式中，ω_{m} 为负载固有频率，$\omega_{\mathrm{m}} = \sqrt{k/M_{\mathrm{t}}}$；$\omega_0$ 和 ζ_0 分别为液压系统的综合固有频率和综合阻尼系数，$\omega_0 = \omega_{\mathrm{m}}\sqrt{1+k_{\mathrm{h}}/k}$，$\zeta_0 = \zeta_{\mathrm{h}}/(1+k/k_{\mathrm{h}})^{3/2}$；$\omega_{\mathrm{r}}$ 为液压弹簧和负载弹簧串联耦合刚度与阻尼系数之比，$\omega_{\mathrm{r}} = K_{\mathrm{ce}}/A_{\mathrm{p}}^2 / \left(\dfrac{1}{k} + \dfrac{1}{k_{\mathrm{h}}} \right)$。

力传感器将输出力 F 转换为反馈电压信号 U_{f}，即

$$U_{\mathrm{f}} = K_{\mathrm{f}}F \tag{7-46}$$

根据上述基本方程，假设伺服阀固有频率远大于 ω_0 和 ω_{m}，将伺服阀简化为比例环节，可以得出电液力伺服系统的控制框图，如图 7-39 所示。

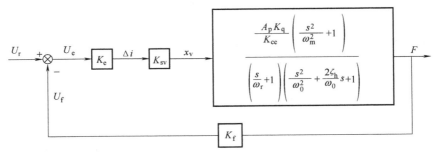

图 7-39 电液力伺服系统的控制框图

根据系统控制框图，可以得到系统的开环传递函数为

$$G(s)H(s) = \frac{K_0\left(\dfrac{s^2}{\omega_{\mathrm{m}}^2}+1\right)}{\left(\dfrac{s}{\omega_{\mathrm{r}}}+1\right)\left(\dfrac{s^2}{\omega_0^2}+\dfrac{2\zeta_0}{\omega_0}s+1\right)} \tag{7-47}$$

式中，K_0 为系统开环增益，$K_0 = A_{\mathrm{p}}K_{\mathrm{q}}K_{\mathrm{e}}K_{\mathrm{f}}K_{\mathrm{sv}}/K_{\mathrm{ce}}$，$K_{\mathrm{p}}$ 为系统总压力增益，$K_{\mathrm{p}} = K_{\mathrm{q}}/K_{\mathrm{ce}}$。

从式 (7-47) 可知，电液力伺服系统的特征方程中没有积分环节，它是 0 型有差系统。开环增益中出现了压力增益 K_{p}，这是电液力伺服系统的典型特征，表明系统输出量为力信号。

3. 特征分析

从电液力伺服系统的开环传递函数可知，该系统为 0 型有差系统，它由比例环节、二阶微分环节、二阶振荡环节和惯性环节组成。开环增益 K_0 中含有 $K_{\mathrm{q}}/K_{\mathrm{ce}}$（压力增益），一般流量伺服阀的 $K_{\mathrm{q}}/K_{\mathrm{ce}}$（压力增益）均较高，从而导致系统开环增益 K_0 很高，因系统受稳定性的限制不得不降低其他增益系数以达到降低系统开环增益 K_0 的目的。

下面讨论系统中负载弹性刚度 k 的两种特殊情况。

1）负载弹性刚度远大于液压弹性刚度，即 $k \gg k_{\mathrm{h}}$。此时，惯性环节转折频率 $\omega_{\mathrm{r}} \approx K_{\mathrm{ce}}k_{\mathrm{h}}/A_{\mathrm{p}}^2$，振荡环节固有频率 $\omega_0 \approx \omega_{\mathrm{m}} = \sqrt{k/M_{\mathrm{t}}}$。二阶振荡环节与二阶微分环节近似抵消，系统的动态特性主要由液体压缩性形成的惯性环节来决定。

2）负载弹性刚度远小于液压弹性刚度，即 $k \ll k_{\mathrm{h}}$。此时惯性环节转折频率 $\omega_{\mathrm{r}} \approx K_{\mathrm{ce}}k/A_{\mathrm{p}}^2$，振荡环节固有频率 $\omega_0 \approx \omega_{\mathrm{h}} \approx \sqrt{k_{\mathrm{h}}/M_{\mathrm{t}}} \gg \omega_{\mathrm{m}} = \sqrt{k/M_{\mathrm{t}}}$。随着负载弹性刚度 k 的降低，振荡环节固有频率 ω_0、惯性环节转折频率 ω_{r} 和负载固有频率 ω_{m} 都会降低，由于 ω_{r} 和 ω_{m} 降低

的幅度更大，使 ω_r 和 ω_m 之间的距离增大，提高了 ω_0 处的谐振峰值。

4. 系统校正

电液力伺服系统的稳定性和动态特性直接受负载弹性刚度的影响，当负载弹性刚度较小时，系统稳定性较差。由于二阶振荡环节的阻尼系数 ζ_0 较小，并且随着负载弹性刚度的增加而减小，这使得振荡环节固有频率 ω_0 处的谐振峰很容易超过零分贝线，使系统不稳定。

为了改善电液力伺服系统的稳定性，通常需要在开环穿越频率 ω_c 与负载固有频率 ω_m 之间加入校正装置，在这里加入双惯性环节作为校正装置的传递函数，即

$$G_c(s) = \frac{1}{\left(\dfrac{s}{\omega_p}+1\right)^2} \tag{7-48}$$

式中，ω_p 为校正装置的转折频率。

针对上述实例，当 $k=0.1k_h$，加入 $\omega_p=60\text{rad/s}$ 双惯性环节校正装置。图 7-40 为加入校正后电液力伺服系统的动态特性。校正前由于振荡环节的阻尼系数较小，振荡环节固有频率 ω_0 处的谐振峰低于零分贝线，系统在该处是稳定的，改善了阶跃响应初始阶段的振荡，但是增大了超调量。由于校正环节几乎对开环穿越频率不产生影响，所以它对系统响应快速性的影响较小。

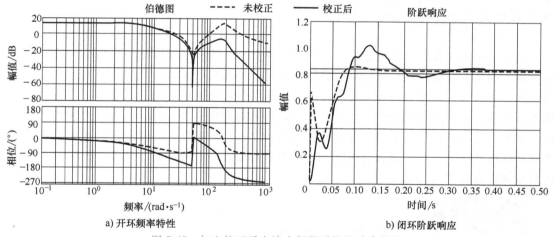

a) 开环频率特性   b) 闭环阶跃响应

图 7-40   加入校正后电液力伺服系统的动态特性

7.5   电液驱动在 BigDog 四足仿生机器人中的应用

BigDog 四足仿生机器人作为典型的机电液一体化产品，融合了机械、电子、控制、计算机和仿生等领域先进的技术。BigDog 既是最先进的四足机器人，也是当前机器人领域实用化程度最高的机器人之一。BigDog 四足仿生机器人在未知和不可预测的崎岖不平复杂地形中能实现自如行走，是足式机器人超越轮式和履带式机器人的最显著特性。BigDog 系统的研发，在相当程度上反映了国际尖端机器人技术的发展现状和趋势。

BigDog 四足仿生机器人以四足哺乳动物身体结构为参照，拥有 12 个或 16 个主动自由度的腿部移动装置；以液压为驱动系统对主动自由度实施动力驱动，机载运动控制系统可对机

体姿态和落足地形实施检测，利用虚拟模型测算机体重心位置等关键参数，根据肢体实际载荷大小，实施准确和安全的运动规划，并根据机体状态的变化同步调整输出，使机器人对复杂地形具备很强的适应性。

7.5.1 机体结构与运动特性

1. 机体结构

BigDog 机体主要由机身及 12 段或 16 段肢体组成。机身为刚体结构，是整个装置设计与装配的基准。BigDog 以四足哺乳动物肢体结构为参照，结构紧凑、布局合理，具有多个主动自由度，腿部具有伸缩性，设计、加工和装配精度高，是一套工艺精良的机械装置。

BigDog 肢体设计侧重于机体的纵向运动。纵、横向自由度比为 3∶1 或 2∶1。纵向自由度位置更靠近地面，对地形干扰的适应性强，而髋部横向自由度，在最上端远离地面，灵活性较差，BigDog 四足仿生机器人结构如图 7-41 所示。从自由度数量和位置分布来看，机体纵向的运动灵活性和调整能力明显强于横向。BigDog 作为移动载体，持续的纵向运动是主要的运动形式，而横向运动与纵向运动正交，横向运动会增加移动距离和步态偏航，所以要尽量避免横向运动。BigDog 所有肢体为只能绕对应转轴旋转的单轴关节，各段肢体之间均采取销孔配合连接，有效保证机体的结构精度。各段肢体在各自液压执行器的驱动下做往复加减速旋转运动，构成了 BigDog 肢体的基本运动常态。BigDog 任何情况下机体的运动都是由 12 段或 16 段肢体的运动拟合而成。

2. 运动特性

机体支撑倒立摆运动、重心颠簸起伏、机体重心自扰动和肢体往复加减速运动构成了四足机器人的基本运动特性。机体运动的良好协调性是四足机器人控制的最大难点。从运动状态上看，即使在光滑水平路面上行进，四足也不存在理论上的匀速直线运动，机体所有质点都不是直线而是空间不规则曲线运动状态。以常见的对角步态为例，机身在两条支撑腿的支撑下从倒立摆的一端经最高点，在倒立摆的另一端停止。机身重心经历一次圆弧运动，而水平方向的位移才是机身实际有效位移。机身的重心始终是颠簸起伏，呈波浪曲线状，重心起伏和肢体旋转如图 7-42 所示。

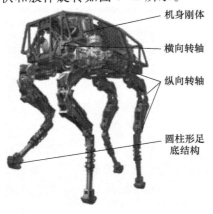

图 7-41 BigDog 四足仿生机器人结构

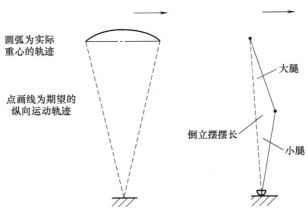

图 7-42 重心起伏（左）和肢体旋转（右）

机体各段刚体在机器人纵向运动的同时，还存在着明显的相对运动，重心空间位置飘忽不定，引起四足机体重心的自扰动。该扰动也是足式机器人区别于其他移动式机器人显著的特性之一。四足机器人的多肢体旋转形成的支撑倒立摆结构，每段肢体在任何情况下是旋转运动而不是直线运动，由于行程范围小（通常在几十度以内），为实现机器人的运动速度，通常在肢体的转速刚提升时，就要快速减速来保证在行程终端位置刹住，再反向如此重复。即驱动系统的加速、减速构成了动力系统输出的基本常态。为保证机器人平稳运动，必须使输出的力和扭矩能刚好满足对应肢体的实际动力需求，也就是有效控制油压及流量。所以不断地规划、不断地检测、不断地反馈和不断地输出调整，便构成了四足机器人运动控制的基本常态。此外地形的随机变化、多种运动状态之间频繁切换和肢体载荷分布不均匀等，都将影响 BigDog 四足仿生机器人运动控制的难度。

7.5.2 液压驱动系统

BigDog 液压驱动系统主要由汽油发动机、变量活塞泵、液压油箱、油压总路、蓄电池、16 个电液伺服阀和 16 个子液压执行器等元器件组成，如图 7-43 所示。

汽油发动机在汽油燃烧产生的热能驱动下旋转，同时带动活塞泵旋转，形成封闭的所需油压总路。每段肢体对应的液压执行器将根据当前运动控制系统所发出的油压和流量等指令参数，借助各自电液伺服阀的等压、减压和增压等调压功能，提供给各肢体所需要的动力。总路油压的大小由 16 段肢体中某一段终端负载决定，通常最大载荷为支撑腿足底段肢体。

电液伺服阀是 BigDog 系统中技术含量最高的器件之一。液压油的弹性、粘滞性和受温度影响大等不利因素，使得液态能量传输

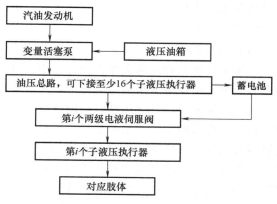

图 7-43 液压驱动系统示意图

和控制难度通常较大。借助电液伺服阀的优良性能可实现液态能量精确控制。电液伺服阀最显著的特性是具有增压的功能。液压油在封闭的油压总路内传输，会与管壁之间产生摩擦，造成能量损失，油压下降，传输距离越长下降越明显，必然造成进入到足底段肢体油压与动力学规划值相比不足，所以需要借助电液伺服阀的增压功能，对液压油实施二次增压，及时弥补由传输损耗造成的油压不足，使得动力系统的输出始终能够跟上动力学规划的输出要求。

7.5.3 运动控制系统

1. 概况

BigDog 作为机器人必须具有很高的运动自主性，在复杂的非结构化环境下，只需少量的人工干预，独立自主实施各种运动，并能根据地形环境的变化，自主做出适当的调整，直观上具有了类似于四足动物或人一样的反应和应变能力。由于在运动过程中，具体的动作指令几乎不可能靠人工实现，需要借助开发好的运动控制系统自主生成，所以运动控制系统必须具有很强的鲁棒性和应变性，才能满足不同地形条件下的需求。

运动控制具体过程如下：检测机身和肢体状态，对落足点地形实施还原，在虚拟环境中建立三者模型，求算机体重心等关键参数，利用机体安全状态参数作为控制准则，结合机体

当前状态实施运动学规划，借助样机模型与规划模型之间的偏差，对运动控制实施反馈，保证实际样机与规划的模型一致。BigDog 运动控制系统基本框架如图 7-44 所示。该控制系统对复杂地形具有很强的适应能力，如何实现对崎岖不平地形的识别和应变是设计控制系统的核心问题。

高频（1000Hz）是运动控制系统的基本特性，平坦地形还可达到高精状态。两条支撑腿在支撑倒立摆过程中，由于诸多因素的影响未必同步，会造成挤压或牵拉机身，而高频循环可及时调整运动规划和动力输出，缓解或消除不利影响。此外，保持迈步腿各段肢体协调一致，也需要高频循环调整。高频循环的存在，使得 BigDog 运动控制系统具备了随时发现问题和随时调整的能力。

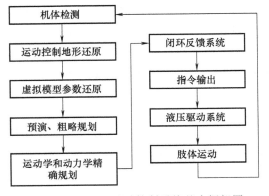

图 7-44　BigDog 运动控制系统基本框架图

2. 控制原则和状态安全性评估

（1）控制原则

利用垂直地面的运动支撑机身、利用支撑腿横向自由度牵拉机身的位置变化以保持机身姿态的安全、迈步腿根据均匀对称的原则放置正确的落足位置以保持新的支撑平衡。

机体能够站立，并且运动时借助逆重力方向的支撑力保证机体的重心起伏，借助支撑腿髋部横向自由度的变化，来调整机身的位置，从而保证机身处于安全状态。理想状态下，四足机器人机体只在纵向平面内实施运动，但由于诸多原因，机身将发生倾斜，机体重心偏离稳定支撑区域，此时借助支撑腿横向自由度的运动，调整机身姿态。处于悬空状态下的迈步腿根据当前支撑腿及机身的状态，选择正确的落地位置，保证机体重心落在新支撑腿确立的稳定区域之内。

（2）机体状态安全性评估

复杂地形是造成 BigDog 各种运动困难和遭遇险情的主要原因。凹凸起伏、坡度、湿滑、松软和水等构成了非结构化环境主要的危险地形特征，机器人在崎岖路面运动时，地面作用在足底的支撑力方向不易确定和控制；地形深浅变化，引起前后有效腿长不一致；前、后足落地存在时间差，导致运动不连贯；湿滑、松软造成的支撑腿不稳而打滑、摔倒等风险，对于四足机器人的运行安全构成了潜在威胁。从支撑腿的打滑程度和机身的姿态两个方面对 BigDog 运行安全程度进行评估。处于支撑相位的腿部稳定、不打滑，是 BigDog 运动安全的基本前提条件。倾斜湿滑的地形经常会造成机器人支撑腿打滑，由于支撑腿直接担负着支撑机身和迈步腿的重任，一旦打滑整个机体会失去平衡进而可能摔倒。在复杂环境中支撑腿打滑是极为常见的，利用压力传感器检测和插入规划的方法可解决支撑腿打滑的问题。根据打滑程度可分为三种情况，支撑腿三种状态见表 7-1。

表 7-1　支撑腿三种状态

支撑腿状态	是否安全	典型地形
稳定不打滑	安全	平坦
小幅度打滑	安全	斜坡、湿滑
大幅度打滑	否	冰面

对于支撑腿是否打滑，借助虚拟模型监控状态变化，同时检测足底压力传感器数值的变

化。处于支撑相位的腿部各段肢体在支撑倒立摆过程中载荷通常很大，而一旦出现打滑足底段肢体载荷由很大瞬间降到零，检测对应压力传感器数值的变化来判定支撑腿是否打滑。小幅度打滑常出现在山坡行走时，支撑腿在倒立摆结束前出现的打滑离地。因为是在倒立摆结束前的状态，因此可利用快速落地的新支撑腿来及时挽救机器人状态。大幅度打滑出现在冰面行走的情况下，BigDog 必须终止正常的行进，转为寻找稳定的支撑腿状态，只有支撑腿立稳不打滑，才能继续后面的纵向行走。

俯仰和横滚角是衡量机身姿态安全性的主要参数。BigDog 机身刚体既是机械设计与装配的基准，同时也是运动控制的基准。BigDog 初始在水平地面站立，利用机械的精度假定当前机身平面即为水平面，IMU（惯性测量单元）清零。此后的运动中，IMU 随时检测机身的状态参数，可知机身与水平面之间的偏差，即俯仰或横滚角。设定双角的安全范围（±10°），超出这个范围，运动控制系统则认为机身处于非安全状态。控制系统的基本功能之一就是控制住机身使其始终处于安全的角度变化范围内。如果超出范围，则需要尽快调回安全范围。俯仰和横滚角度变化直接反映了机身姿态的安全程度。双角变化过大，意味着机体发生倾斜，机体重心会偏离支撑腿所确定的稳定区域，支撑腿安全区域如图 7-45 所示，在重力扭矩的作用下机体会发生扭转，倾斜幅度加大，导致机体倾翻。

机身受到外界作用力干扰引起机体同向发生倾斜；平坦地面行走时，前后支撑腿有效腿长不一致造成机身偏离水平面；复杂环境行走时，由于地面崎岖不平、同时还可能存在横向运动分量，支撑腿位置不佳造成机身偏离水平面，是造成双角状态不理想的常见原因。以对角步态行走为例，BigDog 两条支撑腿可确定一个稳定区域。机体重心如果位于稳定区域，则不会形成重力干扰力矩，可保证正常行走时机身姿态的安全。但是两条支撑腿足底支撑力横向分力方向一致时，即使重心处于稳定区域，整个机体仍然会继续倾斜。

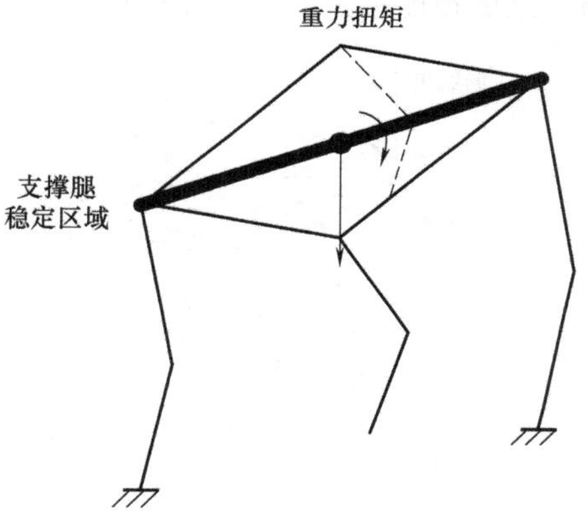

图 7-45 支撑腿安全区域示意图

克服双角变化可借助虚拟模型，协调地形和支撑腿有效腿长的关系，保持机身水平；迈步腿需要根据当前机体的状态，按照均匀对称的原则选择正确的落足区域，确保新支撑腿的理想位置；肢体大幅侧摆时，可借助腿部较强的伸展性，优先保证落足点均匀对称；四足机构的容错性是克服双角问题的最后措施。支撑腿是否打滑和机身双角是否过大，是衡量 BigDog 运动状态安全最重要的参数指标，也是运动控制系统自主运行的安全准则。BigDog 只有同时满足以上状态才是安全的，才能实现持续的纵向运动。一旦其中参数超出设定的安全范围，运动控制系统将终止其他参数处理，全力恢复机体安全姿态。

（3）机身和肢体的检测

快速准确检测机身和肢体的状态参数变化，是实施精确控制的前提条件。借助 IMU、关节编码器和压力传感器三种高频、高精的传感器，可实现这一目的。

BigDog 在复杂的非结构化地面行走时，机器人与环境可抽象为机身、肢体和落足点地形三部分模型，如图 7-46 所示。机身运动过程中任意时刻的俯仰、横滚和偏航三个角度可借助陀螺仪测得。其中俯仰角和横滚角是机身姿态安全的主要参考指标，偏航角是机器人方向变化的主要控制参数，与姿态的安全性无关。线加速度计可测量机身横向突然受到外力作用而产生的侧向加速度，控制系统可根据经验选择机身横向侧滑的幅度。利用地面反向摩擦力抵消横向运动，直到横向速度为零。肢体中，髋部横向肢体以机身作为基准实施装配；其余各肢体顺次以上一级肢体作为基准实施装配。由于初始安装角度可测，同步在每一个主动关节加装关节编码器，可获取任意时刻各个关节的角度及对应的变化量，肢体的角度变化反映了运动学的参数变化。在 16 段肢体上安装压力传感器，可检测任意时刻对应肢体的载荷大小，由于速度和地形的变化都可能造成载荷的相应变化，压力传感器可检测不可预知的载荷大小，这对于动力学的规划输出是至关重要的，但是无法检测力的方向。还原当前机体状态和落足点地形，建立虚拟模型及建立高频、高精闭环反馈系统是机身和肢体状态参数检测的主要目的。

(4) 运动控制地形还原

借助压力传感器便可获取当前脚下地形起伏情况的数据信息，是 BigDog 运动控制系统的主要创新点之一。不论有无视觉导航系统，BigDog 能够走过各种崎岖不平的复杂地形，都是依靠运动控制地形还原来实现的。以对角步态为例，利用图 7-46 和图 7-47 所示地形估测二维侧视图来说明运动控制地形还原的过程。

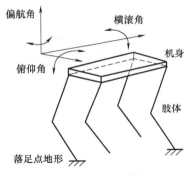

图 7-46　三部分模型

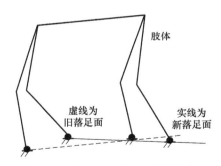

图 7-47　地形估测二维侧视图

右前腿和左后腿处于支撑状态，左前腿和右后腿处于悬空迈步状态。支撑腿当前地形为虚线所代表的平面，支撑腿的各段肢体载荷均很大，迈步腿悬空，各段肢体的载荷很小，足底载荷为零。由于崎岖地形的影响，当前迈步腿所执行的运动规划，无法准确预判迈步腿的落足点位置。借助当前支撑腿所确定的平面，悬空迈步腿大概率的落足平面实施不完全规划。地形的变化，使得迈步腿或提前落地或滞后落地，除非共面，否则极少按照预设规划在对应几何位置恰好落地。而一旦足底与地面发生接触，肢体和机身的重量将压到新的支撑腿上，对应肢体的载荷将急剧增大。可利用压力传感器的测试结果来判断足底是否与地面接触并且踩实。此时，在虚拟环境中可确认新的支撑腿与地面接触并踩实，此时足底终端的几何位置，就是该落足点对应的地形信息。新支撑腿停止不完全规划的迈步伸展运动，转为支撑状态下的运动。由于地形的起伏，两个足底未必会同时落地，需要两足都落地之后，才能构建新支撑腿所确定的平面。空间中两个落足点可确定一条直线，再借助 IMU 测量的当前机身刚体横轴或纵轴，也可利用水平横轴或纵轴，两条直线可确定支撑腿所处平面，如图 7-47 中的实线所示。

BigDog 借助于压力传感器的运动控制地形还原得以实现。而且该平面的俯仰和横滚角也可求出，即坡度值。下一时刻新的迈步腿又可以确立新的支撑平面，往复循环。BigDog在复杂地形的运动可简化为在一系列平面上的运动。即把无限量的复杂地形情况，转化为有限量可按角度划分的平面来处理。运动控制系统将按照支撑腿平面的还原为周期，实施支撑腿和迈步腿的运动学规划。借助运动控制地形还原能力，BigDog就能更好地适应复杂地形的起伏变化。图7-48为运动控制地形还原的流程图。

确立行走平面的两个直接目的，状态预演和迈步腿逆向运动学规划。状态预演是对即将发生的支撑腿支撑倒立摆过程，在虚拟环境下的动作演示，可粗略判断未来半个完整运动周期机体是否安全。或者结合当前的机体、地形参数，在诸多运动学规划预选方案中，选择最佳的动作方案作为备选。迈步腿可利用当前还原的地形作为最有可能的落足平面，实施逆向运动学规划。BigDog行走时腿部呈屈腿状态而非伸直状态，借助腿部的可伸缩性满足地形凸起或者凹陷的变化需求。

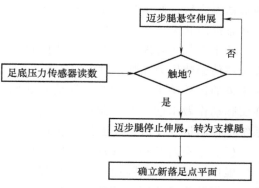

图7-48 运动控制地形还原的流程图

3. 虚拟模型

（1）参数还原

虚拟模型指在运动控制系统中，根据当前机器人的机体状态检测和地形还原数据，同步在虚拟系统所建立的反映当前机身、肢体和落足点地形准确数据信息的三维虚拟模型。虚拟模型在反映机体、地形状态参数的同时，还可求算控制处理的中间参数。由于机体结构、尺寸和重量分布等物理参数，在结构设计环节可利用三维设计软件实现，在运动控制环节，可把该三维模型做必要简化后导入虚拟环境中。借助虚拟模型，BigDog运动控制系统可算出机体重心并控制重心始终处于期望状态。借助虚拟模型可还原参数一览表见表7-2。

表7-2 借助虚拟模型可还原参数一览表

	具体参数	获取形式
运动学	机身三态角、三个线加速度值、肢体角度值	直接测量
动力学	各肢体载荷值、足底反作用力大小	直接测量
物理结构	各刚体结构参数	设计建模
计算参数	支撑腿的安全区域、机体与机身的重心位置、水平面行走时机身与地面之间的距离以及迈步腿落地时间、机体所有刚体空间几何位置关系、平坦坡面行走时坡面的坡度、机体运动速度	直接计算
估算参数	机体四腿腾空时机身与地面之间的距离、足底支撑力的方向	估算

以上参数均可按高频率（1000Hz）获取。运动控制系统可随时掌握机体主要参数的变化情况。BigDog在水平路面行走时，只要不是四腿同时离地，就可测出机体的重心位置，而且每条悬空迈步腿以及机身与地面之间的空间几何位置都可以进行精确测算，这样每条迈步腿的落地时间都可以预估。

（2）基于虚拟模型的控制策略

在虚拟环境下借助虚拟模型可对机器人的运动做仿真预演，判断当前地形条件下机器人的安全程度和安全运动范围，选择恰当的运动备选方案，可降低运动中可能存在的风险性，大大提升了机器人运动的安全性。虚拟模型粗略规划基本流程图如图 7-49 所示。

实际机器人运动由于受到地形变化的影响，足底反作用力方向的不确定性造成了机体在支撑倒立摆过程中会发生倾斜，所以此处的规划为预判性的规划，并不能反映实际机器人的准确运动变化过程。但是，在倒立摆运动具体实施之前，也就是运动控制地形估测之后，便可进行粗略规划和动作预演，将可能发生的危险状态提前获悉，做适当调整。

基于机载实时虚拟模型的运动控制策略实质是将预设的状态安全评估参数作为准则，对虚拟状态下的机器人先一步实施控制，对未来的运动结果可做预测，评估其好坏，运动控制系统有机会在实际动作做出前，对控制输出做出适当调整。最后，运动控制系统把控制指令发送给液压驱动系统。

（3）实际样机模型和理想规划模型

虚拟模型包括实际样机模型和理想规划模型。样机模型是任意时刻借助传感器所检测的实际机器人机体状态，在虚拟环境中的抽象反映；样机模型始终反映实际机器人状态，实际与规划模型如图 7-50 所示。

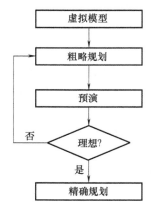

图 7-49　虚拟模型粗略规划基本流程图

规划模型反映的是理想状态下或者期望状态下的机器人运动变化过程。规划模型通常在运动控制地形还原的同时实施更新，保持与样机模型一致，这是因为迈步腿落点的不确定性造成的规划模型的变化也存在不确定性。所以规划模型通常是以半个完整的运动周期为节点更新一次，也避免了可能的误差连续累积。其余时间规划模型需要始终保持在样机模型之前。所以规划模型需要结合当前状态和运动趋势，判断未来机体的状态变化，预设规划并且能够检测实际结果与期望结果之间的差值，进而补偿误差。

4. 精确规划

（1）机体和足底受力情况

BigDog 的运动主要由机体重力、肢体内力和足底支撑力三部分形成合力共同作用的结果。足底段肢体输出的内力与地面对足底的支撑力是一对作用力与反作用力，重力恒定，那么 BigDog 复杂地形的运动状态可看作只与足底的反作用力有关。假设支撑腿足底受到地面的反作用力 F，分解为纵向摩擦力 f_1、横向摩擦力 f_2 和地面支撑力 N，支撑腿足底受力分析如图 7-51 所示。

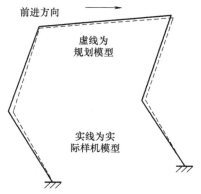

图 7-50　实际与规划模型示意图

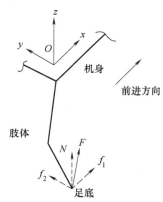

图 7-51　支撑腿足底受力分析图

分力中，f_1、N 是机器人正常运动所必需的驱动力，f_2 为横向摩擦力，对于 BigDog 持续的纵向运动没有意义，需要避免。通过调整迈步腿落地时足底段肢体与地面接触的角度，获取地面正确的支撑力方向，保证机器人能够持续纵向运动。但由于地形的不可预知性，实际效果有时未必理想。图 7-52 为复杂地形足底支

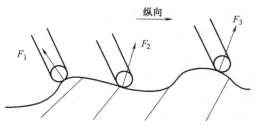

图 7-52　复杂地形足底支撑力方向不定

撑力方向不定，F_2 和 F_3 是理想的，而 F_1 会造成机体减速。如果以垂直纸面方向为横向，那么三个力 F 都有横向分力，而且方向不定。所以在乱石堆地形中 BigDog 在持续纵向运动的同时，因受到横向分力的扰动，还会出现不确定的横向偏移或者晃动现象。

（2）闭环反馈

如何提高整体机构的控制精度，使得实际机体能够按照既定的运动学规划实施运动，即样机模型与规划模型的期望值保持一致，是 BigDog 运动控制的核心问题，如图 7-50 所示。由于机械结构、液压驱动系统、传感器检测、控制算法等诸多环节误差的累积及复杂地形的影响，样机腿部各肢体的运动状态与虚拟规划腿的状态不能完全保持同步，位置上会有一定的偏差。复杂地形由于足底支撑力方向无法准确测定，无法实施准确受力分析。线加速度计虽然可检测机身的加速度，但只能间接估计支撑力方向，所以机体运动状态无法准确预判，运动控制系统无法对支撑腿运动实施精确的动作规划。因此支撑腿闭环反馈作用下降，而且闭环反馈也无法修正正在倾斜的机体运动状态。BigDog 机体在支撑倒立摆的过程中一旦出现倾斜，当前支撑腿无法改变这一状态。机体的横向倾斜为不理想状态，借助机器人机构的容错性和其迈步腿快速落地，可修正正在倾斜的机身。闭环反馈可消除运动误差，但是机体运动状态的不可准确预估造成了支撑腿闭环反馈的作用下降。若机器人行进在光滑水平路面，地形信息可知，根据经验通过仿真计算，运动控制系统可准确把握足底支撑力在支撑倒立摆过程中的方向变化，实施精确的运动学规划，此时闭环反馈恢复到正常状态。所以 BigDog 可在水平路面做出快走、小跑和跳跃模拟壕沟等各种复杂地形无法做到的动作。机器人运动速度一旦加快，借助闭环反馈随时检测误差并及时消除显得尤为重要。

（3）步态规划

步态规划指运动控制系统根据导航系统或者人工指令，对迈步腿步幅、落点位置和迈步速度等动作参数的选择，根据当前机体状态，遵循均匀对称、快速就近落地原则，对迈步腿未来的落足点实施规划。由于复杂地形的干扰或者机身受到外部冲击载荷，支撑腿的支撑倒立摆运动是一个随机多变的过程，所以迈步腿必须跟随支撑腿和机身位置与姿态的变化，同步做出一个调整。借助状态机计算模型，可遵循事先设定的逻辑程序实施动作规划，也可根据发生的外部随机干扰，及时改变规划输出，以适应当前机体变化对落点位置的新要求。

（4）规划输出

BigDog 在水平路面行走时，支撑腿各段肢体载荷大、转速慢、转角小，迈步腿各段肢体载荷小、转速快、转角大，通过高频虚拟还原系统，运动学和动力学均可实施高频和高精度的规划输出。运动学规划设计下一个子周期内所有肢体旋转的角度即运动结果，动力学规划负责计算对应电液伺服阀输出的液压油压力。由于各段肢体所承受的载荷差异较大，动力

学规划必须准确测出当前肢体的实际载荷，再根据运动学规划的角度，决定油液压力，保证对应肢体在子周期内完成所需的运动。通过调整每个电液伺服阀的油液压力，各段肢体在加速、减速和匀速三种状态做出选择。电液伺服阀接到指令后，调节油压控制流量和流速，其中流量对应肢体角度变化。至此，运动控制系统与液压驱动系统完成任务对接。BigDog 复杂地形运动时相当于在平面之上的一个运动，利用虚拟模型地形还原功能，迈步腿落地前的运动时间都可粗略预估。任何当前的动作规划，即使机体倾斜状态下的规划，借助虚拟模型也可以预估未来时间，按照剩余运动和时间，分配子运动周期内各段肢体的旋转角。BigDog 的运动控制精度很大程度取决于地形的复杂程度。通常情况下越是平坦地形控制精度越高，便于机器人高速运动。随着地形越复杂，控制精度随之下降，因此 BigDog 机器人整体控制的好坏与地形的复杂程度息息相关。

本 章 小 结

通过本章的学习，应当了解：

★电液伺服驱动控制系统是指以伺服元件（伺服阀或伺服泵）为控制核心的液压控制系统，它通常由指令装置、控制器、放大器、液压源、伺服阀、执行元件、反馈传感器及负载组成。

★电液伺服驱动控制系统是一类集机械、液压和自动控制等技术于一体的重要的控制设备，被广泛应用于控制精度高、输出功率大的工业控制领域。电液伺服控制系统是以液压为动力，采用电气方式实现信号传输和控制的机械量自动控制系统。按系统被控机械量的不同，它又可以分为电液位置伺服系统、电液速度伺服系统和电液力控制系统三种。

★电液伺服阀作为电液伺服控制系统的核心部件，其性能好坏直接影响整个电液伺服控制系统的性能。电液伺服阀是输出量与输入量成一定函数关系，并能快速响应的液压控制阀，是液压伺服系统的重要元件，它在接受电气模拟信号后，精确控制着流量或压力的输出。它既是电液转换元件，也是功率放大元件，能将小功率的微弱电气输入信号转换为大功率的液压能（流量和压力）输出，实现电液信号的转换、液压放大及对液压执行元件的精准控制。

★电液伺服阀通常由电气-机械转换器、液压放大器（先导级阀和功率级主阀）和反馈机构三部分组成。按照液压放大元件的级数来分，可分为单级电液伺服阀、两级电液伺服阀和三级电液伺服阀，在多种类型电液伺服阀中，以双喷嘴挡板两级电液伺服阀应用最为广泛。按照反馈形式的不同，两级或三级伺服阀可以分为位置反馈、负载压力反馈和负载流量反馈三种形式，其中位置反馈伺服阀最为常用。

★电液伺服阀的静态特性是指在稳定条件下，伺服阀的各稳态参数（输出流量、负载压力）和输入电流间的相互关系。电液流量伺服阀的静态特性主要包括负载流量特性、空载流量特性、压力特性、内泄漏特性和零漂等性能指标。

★电液伺服阀的动态特性可用频率响应（频域特性）或瞬态响应（时域特性）表示，一般用频率响应表示。频率响应是指输入电流在某一频率范围内做等幅变频正弦变化时，空载流量与输入电流的复数比。频率响应曲线随供油压力、输入电流幅值和油温等工作条件的变化而变化。

★电液位置伺服系统是一种最基本和最常用的液压伺服系统。以电液伺服阀实现对伺服油缸的位置控制，加入位移传感器构成位置闭环控制系统。位置传感器（线位移传感器）用来测量实际位置信号，并将其转换成对应的电流或电压信号送至偏差检测元件作为反馈信号；通过执行机构实现被控量对给定量的及时准确跟踪，并要具有足够的控制精度；适合于负载惯性大的高速、大功率对象的控制，已在飞行器姿态控制、飞机发动机转速控制、机器人关节控制、雷达和火炮控制中得到应用。

★BigDog四足仿生机器人作为典型的机电液一体化产品，融合了机械、电子、控制、计算机和仿生等领域先进的技术。BigDog四足仿生机器人以四足哺乳动物身体结构为参照，拥有12个或16个主动自由度的腿部移动装置。以液压为驱动系统对主动自由度实施动力驱动，机载运动控制系统对机体姿态和落足地形实施检测，利用虚拟模型测算机体重心位置等关键参数，根据肢体实际载荷大小，实施准确和安全的运动规划，并根据机体状态的变化同步调整输出，使机器人对复杂地形具备很强的适应性。

本 章 习 题

1. 电液伺服阀既是（　　　　　）元件，也是（　　　　　）元件。

2. 电液伺服阀使输入的微小（　　　　　）信号转换为大功率的（　　　　　）信号，精确控制着（　　　　）或（　　　　　）的输出。

3. 电液伺服阀通常由（　　　　　）、（　　　　　）和（　　　　　）三部分组成。

4. 在多种类型电液伺服阀中，以（　　　　　　　）应用最广。

5. 电液伺服阀按照反馈形式的不同，两级或三级伺服阀可以分为（　　　　　）、（　　　　　）和（　　　　　）三种形式，其中（　　　　　）伺服阀最为常用。

6. 电液伺服驱动控制系统因具有（　　　　　）、（　　　　　）及（　　　　　）等特点，被广泛应用于（　　　　　）、（　　　　　）的工业控制领域。

7. 怎样判断一个控制系统是位置、速度还是力的电液伺服驱动控制系统？

8. 简述单级电液伺服阀中动铁式力矩马达与动圈式力马达的异同点。

9. 电液位置伺服控制系统具备什么条件时，其开环传递函数可以简化为如下形式：$G(s)H(s) = K_V \big/ \left[s\left(\dfrac{s^2}{\omega_h} + \dfrac{2\zeta_h}{\omega_h}s + 1 \right) \right]$。

10. 简述电液伺服驱动控制系统中常用的校正方法和所起的作用。

11. 简述BigDog四足仿生机器人对复杂地形具备很强适应性的原因。

附录

各章部分习题参考答案

第 1 章

1. 工业机器人　服务机器人　特种机器人
2. 机械系统　驱动系统　控制系统　感知系统　控制系统

第 2 章

1. B

2. A

3. D

4. D

5. A

6. 点位　连续

7. 步进电动机是一种将电脉冲信号变换成相应的角位移（或线位移）的特殊电动机。步进电动机的角位移或线位移与脉冲数成正比，控制输入脉冲的数量即可控制步进电动机输出的角位移或线位移。步进电动机的转速或线速度与输入脉冲的频率成正比，控制输入脉冲的频率即可控制步进电动机的转速或线速度。

11. 根据步进电动机结构的概念可知，1.5°/0.75°分别表示单五拍运行的步距角和单双十拍运行的步距角，即单五拍 $\theta_b = 1.5°$、单双十拍 $\theta_b = 0.75°$。

根据 $\theta_b = 360°/(kmZ_R)$，以单五拍为例计算，可得：
$$Z_R = 360°/(km\theta_b) = 360°/(1×5×1.5°) = 48$$

以单双十拍为例计算，可得：
$$Z_R = 360°/(km\theta_b) = 360°/(2×5×0.75°) = 48$$

12. （1）步进电动机顺时针和逆时针旋转时各相绕组的通电顺序如下。

顺时针：U-UV-V-VW-W-WU-U-UV…

逆时针：U-UW-W-WV-V-VU-U-UW…

（2）$\theta_b = 360°/(kmZ_R) = 360°/(2×3×40) = 1.5°$

（3）$n = 60f/(Z_R km) = [60×600/(2×3×40)]\,\mathrm{r/min} = 150\mathrm{r/min}$

13. 三相六拍运行时：

因为 $n = 60f/(Z_R km)$，所以 $Z_R = 60f/(kmn) = 60×400/(2×3×100) = 40$

$\theta_b = 360°/(kmZ_R) = 360°/(2×3×40) = 1.5°$

三相三拍运行时：

$n_1 = 60f/(Z_R km) = [60×400/(1×3×40)]r/min = 200r/min$

$\theta_{b1} = 360°/(kmZ_R) = 360°/(1×3×40) = 3°$

14.（1）$\theta = 360°/(kmZ_R) = 360°/(2×5×24) = 1.5°$

（2）因为 $n_1 = 60f/(Z_R km)$，所以 $f = (nZ_R km)/60 = [(100×24×2×5)/60]Hz = 400Hz$

17. 由步距角公式 $\theta = 360°/(kmZ_R)$，可得

转子齿数 $Z_R = 360°/(km\theta) = 360°/(2×5×1.5°) = 24$

电动机转速 $n = 60f/(Z_R km) = [60×3000/(2×5×24)]r/min = 750r/min$

第3章

1. C

2. 因在稳态运行时，电动机的电磁转矩 T 等于负载转矩 T_L，即 $T = K_m\Phi I_a = T_L = $ 常数，磁通 Φ 减小，电枢电流 I_a 必然要增大。

又因在电动机中，$E = U - I_a R_a$，由题意知，外加电压 U 和电枢电阻 R_a 不变，则 I_a 的增大必将引起电枢反电动势 E 的减小。所以减弱励磁使转速上升到新的稳态值后，电枢反电动势 E 小于 E_1。

4. 由 $P_1 = I_N U_N = \dfrac{P_N}{\eta_N}$ 可知

$$I_N = \frac{P_N}{U_N \eta_N} = \frac{7.5×1000}{220×0.885}A = 38.52A$$

$$T_N = 9550\frac{P_N}{n_N} = 9550×\frac{7.5}{1500} = 47.75N·m$$

5. 因为 $T = K_m\Phi I_a = T_L$ 为常数，所以当改变电枢电压或电枢中串电阻时，I_a 均不变。

由机械特性公式 $n = \dfrac{U}{K_e\Phi} - \dfrac{R_a}{K_e K_m\Phi^2}T$ 可知，n 会变化。

6. 直流伺服电动机的机械特性用公式表达为 $n = \dfrac{U_a}{K_e\Phi} - \dfrac{R_a}{K_e K_m\Phi^2}T$。当控制电压和励磁电压均保持不变时，$U_a/(K_e\Phi)$ 和 $R_a/(K_e K_m\Phi^2)$ 都为常数，转速 n 和电磁转矩 T 之间是线性关系，且随着电磁转矩 T 的增加，转速 n 下降，因此机械特性是一条向下倾斜的直线。放大器的内阻对机械特性来说，等同于电枢电阻，电阻越大，直线斜率 $R_a/(K_e K_m\Phi^2)$ 就越大，所以机械特性就越软。

7.（1）$n_0 = \dfrac{U_N}{K_e\Phi_N} = \dfrac{U_N n_N}{U_N - I_N R_a} = \dfrac{220×1500}{220-34.4×0.242}r/min = 1559r/min$

$$T_N = 9550\frac{P_N}{n_N} = 9550×\frac{6.5}{1500}N·m = 41.38N·m$$

（2）在（1）中，$\Delta n = n_0 - n_N = (1559-1500)r/min = 59r/min$

根据公式 $\Delta n = \dfrac{R_a}{K_e K_m\Phi^2}T_N$ 可知，$K_e K_m\Phi^2 = \dfrac{R_a T_N}{\Delta n}$

当串入 $R_{ad1} = 3\Omega$ 时，$\Delta n_1 = \dfrac{R_a+R_{ad1}}{K_eK_m\Phi^2}T_N = \dfrac{R_a+R_{ad1}}{R_a}\Delta n = \left(1+\dfrac{R_{ad1}}{R_a}\right)\Delta n = \left(1+\dfrac{3}{0.242}\right)\times59\text{r/min} =$

790r/min

$$n_1 = n_0 - \Delta n_1 = (1559-790)\text{r/min} = 769\text{r/min}$$

当串入 $R_{ad2} = 5\Omega$ 时，$\Delta n_2 = \left(1+\dfrac{R_{ad2}}{R_a}\right)\Delta n = \left(1+\dfrac{5}{0.242}\right)\times59\text{r/min} = 1278\text{r/min}$

$$n_2 = n_0 - \Delta n_2 = (1559-1278)\text{r/min} = 281\text{r/min}$$

（3）当 $U = U_N/2$ 时，$n_{01} = \dfrac{U}{K_e\Phi} = \dfrac{U_N}{2K_e\Phi} = \dfrac{n_0}{2} = \dfrac{1559}{2}\text{r/min} = 779.5\text{r/min}$

$$n_1 = n_{01} - \Delta n = (779.5-59)\text{r/min} = 720.5\text{r/min}$$

（4）当 $\Phi = 0.8\Phi_N$ 时，$n_{01} = \dfrac{U}{K_e\Phi} = \dfrac{U_N}{0.8K_e\Phi_N} = \dfrac{n_0}{0.8} = \dfrac{1559}{0.8}\text{r/min} = 1949\text{r/min}$

$$\Delta n_1 = \dfrac{R_a}{K_eK_m\Phi^2}T_N = \dfrac{R_a}{0.8^2K_eK_m\Phi_N^2}T_N = \dfrac{1}{0.8^2}\Delta n = \dfrac{59}{0.8^2}\text{r/min} = 92.2\text{r/min}$$

$$n_1 = n_{01} - \Delta n_1 = (1949-92.2)\text{r/min} = 1856.8\text{r/min}$$

图 A-1 为习题 7 图。

8. 根据公式 $R_a = (0.50\sim0.75)\left(1-\dfrac{P_N}{U_NI_N}\right)\dfrac{U_N}{I_N}$

可得：

$$R_a = (0.50\sim0.75)\times\left(1-\dfrac{5.5\times1000}{110\times62}\right)\times\dfrac{110}{62}\Omega =$$

$0.172\sim0.258\Omega$

根据公式 $n_0 = \dfrac{U_N}{K_e\Phi_N} = \dfrac{U_Nn_N}{U_N-I_NR_a}$ 可得：

$$n_0 = \dfrac{110\times1000}{110-62\times(0.172\sim0.258)}\text{r/min} = 1107\sim$$

1170r/min

$$T_N = 9550\dfrac{P_N}{n_N} = 9550\times\dfrac{5.5}{1000}\text{N}\cdot\text{m} = 52.53\text{N}\cdot\text{m}$$

该电动机的固有机械特性曲线略。

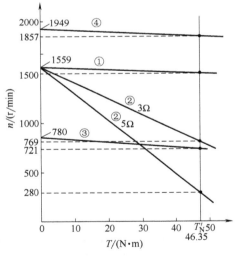

图 A-1 习题 7 图

9.（1）额定电枢电流 $I_{aN} = 25\text{A} = \dfrac{P_N}{U_N\eta_N} = \dfrac{2.2\times1000}{110\times0.8}\text{A}$

（2）额定励磁电流 $I_{fN} = \dfrac{U_f}{R_f} = \dfrac{110\text{V}}{82.7\Omega} = 1.33\text{A}$

（3）励磁功率 $P_f = U_fI_{fN} = 110\times1.33\text{W} = 146.3\text{W}$

（4）额定转矩 $T_N = 9550\dfrac{P_N}{n_N} = 9550\times\dfrac{2.2}{1500}\text{N}\cdot\text{m} = 14\text{N}\cdot\text{m}$

（5）额定电流时的反电动势 $E = U_N - I_{aN}R_a = 110V - 25A \times 0.4\Omega = 100V$

（6）启动电流 $I_{st} = \dfrac{U_N}{R_a} = \dfrac{110}{0.4}A = 275A$

（7）$2I_N > U_N / (R_a + R_{st})$，启动电阻 $R_{st} > \dfrac{U_N}{2I_{aN}} - R_a = \dfrac{110V}{2 \times 25A} - 0.4\Omega = 1.8\Omega$　　$K_m\Phi_N =$

$9.55K_e\Phi_N = 9.55 \dfrac{U_N - I_N R_a}{n_N} = 9.55 \times \dfrac{110 - 25 \times 0.4}{1500} (N \cdot m)/A = 0.637 (N \cdot m)/A$。

此时的启动转矩为

$T_{st} = K_m\Phi_N 2I_N = 0.637 \times 2 \times 25 N \cdot m = 31.85 N \cdot m$

11. 根据关系式 $\dfrac{E_{a1}}{E_{a2}} = \dfrac{U_{a1} - U_{a0}}{U_{a2} - U_{a0}} = \dfrac{n_1}{n_2}$，代入已知数据可得 $\dfrac{50 - 4}{U_{a2} - 4} = \dfrac{1500}{3000}$，解得 $U_{a2} = 96V$

12. 有死区。当转速 $n = 0$ 时，$U_a = U_{a0} \dfrac{R_a}{K_m\Phi} T_s$，死区电压与起始负载转矩、电枢电阻、励磁电压和电动机结构有关。

13. $E_a = U_a - I_a R_a = (110 - 0.4 \times 50)V = 90V$

根据感应电动势公式 $E_a = K_e\Phi n$，可知

$K_e\Phi = \dfrac{E_a}{n} = \dfrac{90}{3600} = \dfrac{1}{40}$

$K_m\Phi = \dfrac{60}{2\pi} K_e\Phi = \dfrac{60}{2\pi} \cdot \dfrac{1}{40} = \dfrac{3}{4\pi}$

$T = K_m\Phi I_a = \dfrac{3}{4\pi} \times 0.4 N \cdot m = \dfrac{3}{10\pi} N \cdot m \approx 95.5 mN \cdot m$（取 $96 mN \cdot m$）

$T_L = T - T_0 = 96 mN \cdot m - 15 mN \cdot m = 81 mN \cdot m$

14. 功率小　精度高

第4章

1. C

2. A

3. 控制电压

4. 单相绕组通入直流电会形成恒定的磁场，单相绕组通入交流电会形成脉振磁场，两相绕组通入两相交流电会形成脉振磁场或旋转磁场。恒定磁场在磁场内部是一个匀强磁场，不随时间变化。脉振磁场的幅值位置不变，其振幅随时间做周期性变化，对某时刻来说，磁场的大小沿定子内圆周长方向做余弦分布，对气隙中某一点而言，磁场大小随时间做周期性正弦规律的变化。圆形旋转磁场特点为磁通密度在空间按正弦规律分布，其幅值不变并以恒定的速度在空间旋转。

5. 当两相绕组匝数相等时，加在两相绕组上的电压及电流值应相等才能产生圆形旋转磁场。当两相绕组匝数不等时，若要产生圆形旋转磁场，电流值应与绕组匝数成反比，电压值应与绕组匝数成正比。

6. 旋转磁场的转速称为同步转速，以 n_s 表示。同步转速只与电动机极数和电源频率有

关，其关系表达式为 $n_s = \dfrac{f}{p}$（单位为 r/s）$= \dfrac{60f}{p}$（单位为 r/min）。假设电源频率为 60Hz，电动机极数为 8，电动机的同步转速代入上式可得 900r/min。

7. 一般情况下，当两相绕组产生圆形旋转磁场时，这时加在定子绕组上的电压分别定义为额定励磁电压和额定控制电压，并称两相交流伺服电动机处于对称状态。当两相绕组产生椭圆形旋转磁场时，称两相交流伺服电动机处于非对称状态。两相绕组通上相位相同的交流电流不能形成旋转磁场，只能形成脉振磁场。

8. 把两相交流感应伺服电动机励磁绕组与控制绕组中任意一相绕组上所加的电压反相（即将相位改变 180°）就可以改变旋转磁场的转向。因为旋转磁场的转向是从超前相的绕组轴线（此绕组中流有相位上超前的电流）转到落后相的绕组轴线，而超前的相位刚好为 90°。

9. 当电动机的轴被卡住不动，定子绕组仍加额定电压，此时电动机处于堵转状态，转子绕组感应电动势 E_R 较大，所以转子电流会很大。两相交流感应伺服电动机从起动到运转时，转子绕组的频率、电动势及电抗会变小，因为电动机转动时，转子导体中感应电流的频率、电动势及电抗分别等于转子不动时频率、电动势及电抗乘以转差率，转差率从起动到运转时逐渐减小（即 $s=1 \rightarrow s=0$）。

10. 当两相交流感应伺服电动机有效信号系数 $0 < \alpha_e < 1$ 变化时，电动机磁场的椭圆度将变小，被分解成的正向旋转磁场增大，反向旋转磁场减小。

11. 当伺服电动机的控制电信号 U_k 为零时，只要阻转矩小于单相运行时的最大转矩，电动机仍将在电磁转矩 T 作用下继续旋转的现象叫作自转现象。为了消除自转，交流伺服电动机零信号时的机械特性应位于二、四象限。

12. 与幅值控制时相比，电容伺服电动机定子绕组的电流和电压随转速的增加而增大，励磁电压 U_f 的相位也增大。因机械特性在低速段随着转速的增加，转矩下降得很慢，而在高速段，转矩下降得很快，从而使机械特性在低速段出现鼓包现象（即机械特性负的斜率值降低）。

13. 电动机处于对称状态，当转速接近空载转速 n_0 的一半时，输出功率最大，通常把这点规定为交流伺服电动机的额定状态。电动机可以在这个状态下长期连续运转而不过热，这个最大的输出功率就是电动机的额定功率 P_N。

14.（1）旋转磁场的同步转速 n_s 为

$$n_s = \frac{60f}{p} = \frac{60 \times 400}{1} \text{r/min} = 24000 \text{r/min}$$

正向旋转磁场切割转子导体的速率为

$$n_f = n_s - n = (24000 - 18000) \text{r/min} = 6000 \text{r/min}$$

反向旋转磁场切割转子导体的速率为

$$n_r = n_s + n = (24000 + 18000) = 42000 \text{r/min}$$

（2）正向旋转磁场切割转子导体所产生的转子电流频率为

$$n_f = \frac{p n_f}{60} = \frac{1 \times 6000}{60} \text{Hz} = 100 \text{Hz}$$

反向旋转磁场切割转子导体所产生的转子电流频率为

$$n_r = \frac{p n_r}{60} = \frac{1 \times 42000}{60} \text{Hz} = 700 \text{Hz}$$

（3）正、反向旋转磁场作用在转子上的转矩方向相反，反向旋转磁场作用在转子上的转矩大，做成的交流伺服电动机零信号时的机械特性应位于二、四象限，此时要求电动机的反向电磁转矩应大于正向电磁转矩。

17. B

18. 不能自行起动

19. BD

20. 因为永磁式同步电动机旋转磁场的同步转速很高，不能将静止的转子牵入同步运行，需要在转子上安装笼式绕组，使旋转磁场切割笼式转子导条产生异步转矩而起动，当转子转速接近同步转速时，就很容易被牵入同步运行。

21. 转子上安装笼式绕组的永磁式同步电动机转速不等于同步转速时，笼式绕组起作用，永磁铁不起作用。当转速等于同步转速时，永磁铁起作用，而笼式绕组不再起作用。因为此时转子转速等于同步转速，旋转磁场与转子相对静止，不再切割笼式转子导条，也就没有转矩产生。

22. 同步电动机转子上的笼式绕组起异步起动、同步运行的作用。在整个起动过程中，笼式绕组产生异步起动转矩，而永磁体产生发电制动转矩，但当达到同步转速时，异步起动转矩为零，而发电制动转矩转变为同步牵引转矩，带动电动机正常同步运行。

23. 同步电动机正常运行时，定子磁极和转子磁极之间可看成有弹性的磁感线联系。当负载增加时，定子磁场轴线与转子纵轴方向夹角将增大，这相当于把磁感线拉长；当负载减小时，定子磁场轴线与转子纵轴方向夹角将减小，这相当于磁感线缩短。当负载突然变化时，由于转子有惯性，定子磁场轴线与转子纵轴方向夹角不能立即稳定在新的数值，而是在新的稳定值左右要经过若干次摆动，这种现象称为同步电动机的振荡。同步电动机转子上装有笼式的短路绕组后，当转子振荡时，转子相对于旋转磁场发生相对运动，在笼式导条中产生了切割电流。由楞次定律可知，这个电流与磁场相互作用所产生的转矩阻碍了转子相对于旋转磁场的运动，因而使振荡得到减弱，起到了阻尼作用。

28. 交流伺服放大器　交流伺服电动机　光电编码器

第5章

1. 逆压电效应　振动　微小变形　机械共振放大　摩擦耦合

3. 超声波电动机按照所利用波的传播方式分类，可以分为行波型超声波电动机和驻波型超声波电动机。按照结构和转子的运动形式划分，超声波电动机又可以分为旋转型电动机和直线型电动机。按照转子运动的自由度划分，超声波电动机则可以分为单自由度电动机和多自由度电动机。按照弹性体和移动体的接触情况，超声波电动机又可以分为接触式电动机和非接触式电动机。

4. 环形行波型超声波电动机由定子和转子两大部分组成。以振动体为主体的定子一端面开有齿槽，另一端面不开槽，粘贴压电陶瓷片，同一区域内相邻分区的压电陶瓷片极化方向相反，每个极化分区的宽度为半个波长，A、B两区在空间上有 $\lambda/4$ 的相位差，转子为一圆环结构，在定、转子接触的表面有一层特殊的摩擦材料，装配后依靠碟簧的弹性变形产生的轴向压力将定子与转子紧紧压在一起。由于压电陶瓷片相邻分区的极化方向相反，在共振频率的交流电压激励下，相邻极化区将会产生伸长和收缩运动，从而在定子弹性体中激励出弯曲振动,形成驻波。使用两相对称交流电压同时激励 A 区和 B 区,就可以在定子环中激励出行波振动。此时定子弹性体表面任意一点按照椭圆轨迹运动,从而使定子弹性体表面质点对转子产生一种驱动力,使转子旋转,其旋转方向与行波方向相反。

8. 集中控制方式　分散控制方式　主从控制方式

9. 调压调速　调相调速　调频调速　脉宽调制调速

第 6 章

1. 液压动力元件

4. 因为液压控制阀将输入的机械信号(位移)转换为液压信号(压力、流量)输出,并进行功率放大,移动阀芯所需要的信号功率很小,而系统的输出功率却可以很大。

5. 圆柱滑阀　喷嘴挡板阀　射流管阀　滑阀

7. 负载流量　负载压力　滑阀位移

9. 理想滑阀是指径向间隙为零,工作边锐利的滑阀。实际滑阀是指有径向间隙,同时阀口工作边也不可避免地存在小圆角的滑阀。

10. 根据精确的流量方程 $q_L = C_d W x_v \sqrt{(p_s - p_L)/\rho}$,阀的压力-流量特性是非线性的,而对系统进行动态分析时又必须采用线性化理论,故将精确流量方程在某一个工作点附近全微分,在这一点附近可以近似当作线性关系来分析。

12. 阀的工作点是指压力-流量曲线上的点,即稳态情况下,负载压力为 p_L,阀位移 x_v 时,阀的负载流量为 q_L 的位置。零位工作点的条件是 $q_L = p_L = x_v = 0$。

13. 零开口四边滑阀的零位系数为

零位流量增益 $K_{q0} = C_d W \sqrt{\dfrac{p_s}{\rho}} = 0.62 \times 3.14 \times 8 \times 10^{-3} \times \sqrt{\dfrac{70 \times 10^5}{900}} \, \text{m}^2/\text{s} = 1.37 \text{m}^2/\text{s}$

$$\text{零位流量-压力系数 } K_{c0} = \frac{\pi r_c^2 W}{32\mu} = \frac{3.14^2 \times (5 \times 10^{-6})^2 \times 8 \times 10^{-3}}{32 \times 1.4 \times 10^{-2}} \, \text{m}^3/(\text{Pa} \cdot \text{s})$$

$$= 4.4 \times 10^{-12} \text{m}^3/(\text{Pa} \cdot \text{s})$$

$$\text{零位压力增益 } K_{p0} = \frac{32\mu C_d \sqrt{\dfrac{p_s}{\rho}}}{\pi r_c^2} = \frac{32 \times 1.4 \times 10^{-2} \times 0.62}{3.14 \times (5 \times 10^{-6})^2} \sqrt{\frac{70 \times 10^5}{900}} \, \text{Pa/m} = 3.12 \times 10^{11} \text{Pa/m}$$

14. 正开口四边滑阀的零位系数为

零位流量增益 $K_{q0} = \dfrac{q_c}{U} = \dfrac{5 \times 10^{-3}}{60 \times 5 \times 10^{-5}} \, \text{m}^2/\text{s} = 1.67 \text{m}^2/\text{s}$

零位流量-压力系数 $K_{c0} = \dfrac{q_c}{2p_s} = \dfrac{5 \times 10^{-3}}{60 \times 2 \times 70 \times 10^5} \, \text{m}^3/(\text{Pa} \cdot \text{s})$

$$= 5.95 \times 10^{-12} \text{m}^3/(\text{Pa} \cdot \text{s})$$

零位压力增益 $K_{p0} = \dfrac{K_{q0}}{K_{c0}} = \dfrac{2p_s}{U}$

$$= \frac{2 \times 70 \times 10^5}{5 \times 10^{-5}} \, \text{Pa/m} = 2.8 \times 10^{11} \text{Pa/m}$$

将数据代入得

$K_{q0} = 1.67 \text{m}^2/\text{s}$;

$K_{c0} = 5.95 \times 10^{-12} \text{m}^3/\text{s} \cdot \text{Pa}$;

$K_{p0} = 2.8 \times 10^{11} \text{Pa/m}$

15. 根据零开口四通滑阀负载流量计算公式,可得:

$$q_{L0} = C_d W x_v \sqrt{\frac{p_s - p_L}{\rho}} = 0.61 \times 3.14 \times 10^{-3} \times 0.9 \times 10^{-3} \times \sqrt{\frac{21 \times 10^6 - 0}{870}} \text{m}^3/\text{s}$$

$$= 2.68 \times 10^{-3} \text{m}^3/\text{s}$$

根据零开口四通滑阀的零位阀系数计算公式,可得:

$$K_{q0} = C_d W \sqrt{\frac{p_s}{\rho}} = 0.61 \times 3.14 \times 10^{-3} \times \sqrt{\frac{21 \times 10^6}{870}} \text{m}^2/\text{s} = 2.98 \text{m}^2/\text{s}$$

$$K_{c0} = \frac{\pi W \delta^2}{32\mu} = \frac{3.14 \times 3.14 \times 10^{-3} \times (6 \times 10^{-6})^2}{32 \times 174 \times 10^{-4}} \text{m}^3/(\text{Pa} \cdot \text{s}) = 6.38 \times 10^{-12} \text{m}^3/(\text{Pa} \cdot \text{s})$$

$$K_{p0} = \frac{K_{q0}}{K_{c0}} = \frac{2.98}{6.38 \times 10^{-12}} \text{Pa/m} = 4.67 \times 10^{11} \text{Pa/m}$$

16. 根据正开口四通滑阀的零位阀系数计算公式,可得:

$$K_{q0} = 2 C_d W \sqrt{\frac{p_s}{\rho}} = 2 \times 0.61 \times 10^{-3} \times \sqrt{\frac{21 \times 10^6}{870}} \text{m}^2/\text{s} = 1.895 \text{m}^2/\text{s}$$

$$K_{c0} = \frac{C_d W U \sqrt{\frac{p_s}{\rho}}}{p_s} = \frac{0.61 \times 10^{-3} \times 0.015 \times 10^{-3} \times \sqrt{\frac{21 \times 10^6}{870}}}{21 \times 10^6} \text{m}^3/(\text{Pa} \cdot \text{s})$$

$$= 6.769 \times 10^{-13} \text{m}^3/(\text{Pa} \cdot \text{s})$$

因此,零位工作点的线性化流量方程为 $q_L = 1.895 x_v - 6.769 \times 10^{-13} p_L$

17. 根据正开口四通滑阀的零位阀系数计算公式,可得:

$$K_{q0} = C_d W \sqrt{\frac{p_s}{\rho}}$$

所以 $W = \sqrt{\frac{\rho}{p_s}} \dfrac{K_{q0}}{C_d}$,又对于全周开口的阀,$W = \pi d$

所以 $d = \sqrt{\frac{\rho}{p_s}} \dfrac{K_{q0}}{C_d \pi} = \sqrt{\frac{900}{14 \times 10^6}} \times \dfrac{2}{0.62 \times 3.14} \text{m} = 8.24 \times 10^{-3} \text{m}$

$W = \pi d = 3.14 \times 8.24 \times 10^{-3} \text{m} = 2.6 \times 10^{-2} \text{m}$

零开口四通滑阀负载流量计算公式为 $q_{L0} = C_d W x_v \sqrt{\frac{p_s - p_L}{\rho}}$

故 $U = x_v = \sqrt{\frac{\rho}{p_s - p_L}} \dfrac{q_{L0}}{W C_d} = \sqrt{\frac{900}{14 \times 10^6}} \times \dfrac{2.5 \times 10^{-4}}{2.6 \times 10^{-2} \times 0.62} \text{m} = 1.24 \times 10^{-4} \text{m}$

18. $K_{c0} = \dfrac{\pi W r_c^2}{32\mu}, \mu = \rho\gamma, W = \sqrt{\dfrac{\rho}{p_s}} \dfrac{K_{q0}}{C_d}$

$$K_{c0} = \frac{\pi W r_c^2}{32\mu} = \frac{\pi W r_c^2}{32\rho\gamma} = \frac{3.14 \times 2 \times (0.05 \times 10^{-3})^2}{32 \times 900 \times 3 \times 10^{-5} \times 0.62} \sqrt{\frac{900}{14 \times 10^6}} \, \text{m}^3/(\text{Pa} \cdot \text{s}) = 2.35 \times 10^{-10} \, \text{m}^3/(\text{Pa} \cdot \text{s})$$

因此，零位工作点的线性化流量方程为 $q_L = 2x_v - 2.35 \times 10^{-10} p_L$

19. 液压动力元件（或称为液压动力机构）是由液压放大元件（液压控制元件）和液压执行元件组成的。控制方式可以是液压控制阀，也可以是伺服变量泵。有四种基本形式的液压动力元件：阀控液压缸、阀控液压马达、泵控液压缸和泵控液压马达。

20. 总压缩体积 $V_t = A_t L + Al = 1.5 \times 10^{-2} \times 0.6 \, \text{m}^3 + 1.77 \times 10^{-4} \times 1 \, \text{m}^3 = 9.177 \times 10^{-3} \, \text{m}^3$

管道中油液的等效质量 $m_0 = Al\rho \dfrac{A_t^2}{A^2} = 1.77 \times 10^{-4} \times 1 \times 870 \times \dfrac{(1.5 \times 10^{-2})^2}{(1.77 \times 10^{-4})^2} \, \text{kg} = 1106 \, \text{kg}$

液压缸两腔的油液质量 $m_1 = A_t L\rho = 1.5 \times 10^{-2} \times 0.6 \times 870 \, \text{kg} = 7.83 \, \text{kg}$（取 7 kg）

则折算到活塞上的总质量 $m_t' = m_t + m_0 + m_1 = (2000 + 1106 + 7) \, \text{kg} = 3113 \, \text{kg}$

所以，液压固有频率 $\omega_h = \sqrt{\dfrac{4E_y A_t^2}{V_t m_t'}} = \sqrt{\dfrac{4 \times 6.9 \times 10^8 \times (1.5 \times 10^{-2})^2}{9.177 \times 10^{-3} \times 3113}} \, \text{rad/s} = 147.4 \, \text{rad/s}$

液压阻尼比 $\zeta_h = \dfrac{K_c}{A_t}\sqrt{\dfrac{E_y m_t'}{V_t}} = \dfrac{5.2 \times 10^{-12}}{1.5 \times 10^{-2}} \times \sqrt{\dfrac{6.9 \times 10^8 \times 3113}{9.177 \times 10^{-3}}} = 5.3 \times 10^{-3}$

第 7 章

1. 电液转换　功率放大
2. 电气　液压　流量　压力
3. 电气-机械转换器　液压放大器　反馈机构
4. 双喷嘴挡板两级电液伺服阀
5. 位置反馈　负载压力反馈　负载流量反馈　位置反馈
6. 响应速度快　功率质量比大　抗负载刚度大　控制精度高　输出功率大
7. 按系统被控制的物理量的性质来区分，如果是要实现位置控制，当然就是位置电液伺服系统。

9. 当电液伺服阀的频宽与液压固有频率相近时，电液伺服阀的传递函数可用二阶环节来表示；当电液伺服阀的频宽大于液压固有频率（3~5 倍）时，电液伺服阀的传递函数可用一阶环节来表示。又因为电液伺服阀的响应速度较快，与液压动力元件相比，其动态特性可以忽略不计，而把它看成比例环节。一般的液压位置伺服系统往往都能够简化成以下的这种形式：

$$G(s)H(s) = \frac{K_v}{s\left(\dfrac{s^2}{\omega_h} + \dfrac{2\zeta_h}{\omega_h}s + 1\right)}$$

10. 不同的校正方法，会得到不同的改善效果。比如用滞后校正（PI 校正）加大低频段增益，降低高频段的增益，在保证系统稳定性的前提下，减少系统的稳态误差，以提高系统的稳态精度。又如速度反馈校正可以提高主回路的静态刚度，减少速度反馈回路内的干扰和非线性的影响，起到提高系统静态精度的作用。在电液位置伺服控制系统性能的校正中，常用速度与加速度反馈校正以及压力反馈与动压反馈校正等方法。

参 考 文 献

［1］ 日本机器人学会. 新版机器人技术手册［M］. 宗光华，程君实，等译. 北京：科学出版社，2007.

［2］ 韩建海. 工业机器人［M］. 4版. 武汉：华中科技大学出版社，2019.

［3］ 黄志坚. 机器人驱动与控制及应用实例［M］. 北京：化学工业出版社，2016.

［4］ 姚屏，等. 工业机器人技术基础［M］. 北京：机械工业出版社，2020.

［5］ 郭洪红. 工业机器人技术［M］. 3版. 西安：西安电子科技大学出版社，2016.

［6］ 青岛英谷教育科技股份有限公司. 机器人控制与应用编程［M］. 西安：西安电子科技大学出版社，2018.

［7］ 戴凤智，乔栋. 工业机器人技术基础及其应用［M］. 北京：机械工业出版社，2020.

［8］ 郝丽娜. 工业机器人控制技术［M］. 武汉：华中科技大学出版社，2018.

［9］ 孙树栋. 工业机器人技术基础［M］. 西安：西北工业大学出版社，2006.

［10］ 陈恳，杨向东，刘莉，等. 机器人技术与应用［M］. 北京：清华大学出版社，2006.

［11］ NIKU S B. 机器人学导论：分析、控制及应用　第二版［M］. 孙富春，朱纪洪，刘国栋，等译. 北京：电子工业出版社，2018.

［12］ 中华人民共和国工业和信息化部. "十四五"机器人产业发展规划［EB/OL］.（2021-12-21）［2022-12-31］. https：//www. miit. gov. cn/jgsj/ghs/zlygh/art/2022/art_ 3ad294e8a8e9415793abedb20eb1c407. html.

［13］ 赵臣，王刚. 我国工业机器人产业发展的现状调研报告［J］. 机器人技术与应用，2009（2）：8-13.

［14］ 叶晖. 工业机器人工程应用虚拟仿真教程［M］. 2版. 北京：机械工业出版社，2021.

［15］ 中国电子学会. 中国机器人产业发展报告：2021年［R］. 北京：中国电子学会，2021.

［16］ 中国电子学会. 中国机器人产业发展报告：2022年［R］. 北京：中国电子学会，2022.

［17］ 李团结. 机器人技术［M］. 北京：电子工业出版社，2009.

［18］ 米勒 M R，米勒 R. 工业机器人系统及应用［M］. 张永德，路明月，代雪松，译. 北京：机械工业出版社，2019.

［19］ 蔡自兴，等. 机器人学基础［M］. 3版. 北京：机械工业出版社，2021.

［20］ 李云江，司文慧. 机器人概论［M］. 3版. 北京：机械工业出版社，2021.

［21］ 朱世强，王宣银. 机器人技术及其应用［M］. 2版. 杭州：浙江大学出版社，2019.

［22］ 张玫，邱钊鹏，诸刚. 机器人技术［M］. 2版. 北京：机械工业出版社，2016.

［23］ 刘宝廷，程树康. 步进电动机及其驱动控制系统［M］. 哈尔滨：哈尔滨工业大学出版社，1997.

［24］ 孙冠群，蔡慧，李璟，等. 控制电机与特种电机［M］. 北京：清华大学出版社，2012.

［25］ 李光友，王建民，孙雨萍. 控制电机［M］. 2版. 北京：机械工业出版社，2015.

［26］ 王建民，朱常青，王兴华. 控制电机［M］. 3版. 北京：机械工业出版社，2020.

［27］ 李小光. 基于ARM9和LM629的电机伺服控制系统设计［J］. 沈阳工程学院学报（自然科学版），2010，6（4）：351-353.

［28］ 李小光，曲振峰. 足球机器人控制系统的设计与实现［J］. 宁夏工程技术，2010，9（3）：220-222.

［29］ 陈隆昌，阎治安，刘新正. 控制电机［M］. 3版. 西安：西安电子科技大学出版社，2000.

［30］ 程明. 微特电机及系统［M］. 3版. 北京：中国电力出版社，2022.

［31］ 寇宝泉，程树康. 交流伺服电机及其控制［M］. 北京：机械工业出版社，2008.

［32］ 孙冠群，于少娟. 控制电机与特种电机及其控制系统［M］. 北京：北京大学出版社，2011.

［33］ 李永明，王健. 焊接机器人控制系统的研究［J］. 仪表技术，2009（6）：31-33.

[34] 王爱元. 控制电机及其应用 [M]. 上海：上海交通大学出版社，2013.

[35] 王丰，李明颖，琚立颖. 机电传动控制技术 [M]. 北京：清华大学出版社，2014.

[36] 冯清秀，邓星钟，等. 机电传动控制 [M]. 5 版. 武汉：华中科技大学出版社，2011.

[37] 陈冰，冯清秀，邓星钟. 机电传动控制 [M]. 6 版. 武汉：华中科技大学出版社，2022.

[38] 陈隆昌，阎治安，刘新正. 控制电机 [M]. 4 版. 西安：西安电子科技大学出版社，2013.

[39] 郁建平. 机电控制技术 [M]. 2 版. 北京：科学出版社，2021.

[40] 王宗才. 机电传动与控制 [M]. 2 版. 北京：电子工业出版社，2014.

[41] 赵淳生. 面向 21 世纪的超声电机技术 [J]. 中国工程科学，2002，4（2）：86-91.

[42] 赵淳生，朱华. 超声电机技术的发展和应用 [J]. 机械制造与自动化，2008（3）：1-9.

[43] 赵淳生. 超声电机技术与应用 [M]. 北京：科学出版社，2007.

[44] 胡敏强，金龙，顾菊平. 超声波电机原理与设计 [M]. 北京：科学出版社，2005.

[45] 贺红林，赵淳生. 机器人的超声电机驱动及其控制研究 [J]. 压电与声光，2005（6）：694-697.

[46] 邢仁涛. 超声电机驱动多关节机器人的设计与控制 [D]. 南京：南京航空航天大学，2007.

[47] 周丽平. 超声电机驱动五指灵巧手的研制 [D]. 南京：南京航空航天大学，2008.

[48] 陈维山，李霞，谢涛. 超声波电动机在太空探测中的应用 [J]. 微特电机，2007（1）：42-45.

[49] 任韦豪，李晓牛，杨淋，等. 超声电机在生物医疗领域的应用与发展趋势综述 [J]. 生命科学仪器，2022，20（1）：17-22.

[50] 吴新开. 超声波电动机原理与控制 [M]. 北京：中国电力出版社，2009.

[51] 史敬灼. 超声波电机控制技术 [M]. 北京：科学出版社，2018.

[52] 李怀勇. 新型杆式压电电机研究 [D]. 秦皇岛：燕山大学，2013.

[53] 李冲. 机电集成压电谐波传动系统研究 [D]. 秦皇岛：燕山大学，2016.

[54] 邢继春，顾勇飞，李冲，等. 旋转尺蠖压电电机钳位机构设计及动力学分析 [J]. 振动与冲击，2015，34（20）：150-154；160.

[55] 孙志峻，邢仁涛，黄卫清. 超声电机驱动关节机器人位置反馈控制研究 [J]. 压电与声光，2007，29（3）：370-372.

[56] 孔祥东，姚成玉. 控制工程基础 [M]. 4 版. 北京：机械工业出版社，2019.

[57] 伍锡如. 自动控制原理 [M]. 西安：西安电子科技大学出版社，2022.

[58] 董景新，赵长德，郭美凤，等. 控制工程基础 [M]. 5 版. 北京：清华大学出版社，2022.

[59] 王占林. 液压伺服控制 [M]. 北京：北京航空学院出版社，1987.

[60] 常同立. 液压控制系统 [M]. 北京：清华大学出版社，2014.

[61] 王春行. 液压控制系统 [M]. 北京：机械工业出版社，1999.

[62] 曹树平，刘银水，罗小辉. 电液控制技术 [M]. 2 版. 武汉：华中科技大学出版社，2014.

[63] 吴振顺. 液压控制系统 [M]. 北京：高等教育出版社，2008.

[64] 田源道. 电液伺服阀技术 [M]. 北京：航空工业出版社，2008.

[65] 汪首坤，王军政，赵江波. 液压控制系统 [M]. 北京：北京理工大学出版社，2016.

[66] 梅里特. 液压控制系统 [M]. 陈燕庆，译. 北京：科学出版社，1976.

[67] 宋志安. 基于 MATLAB 的液压伺服控制系统分析与设计 [M]. 北京：国防工业出版社，2007.

[68] 成大先. 机械设计手册：单行本 液压控制 [M]. 6 版. 北京：化学工业出版社，2017.

[69] 丁良宏. BigDog 四足机器人关键技术分析 [J]. 机械工程学报，2015，51（7）：1-23.